熊本大学
政創研叢書 9

持続可能な地下水利用に向けた挑戦
――地下水先進地域熊本からの発信――

嶋田 純
上野眞也 [編]

成文堂

口絵は本文中の図の中でカラー図がふさわしいものを掲載した。

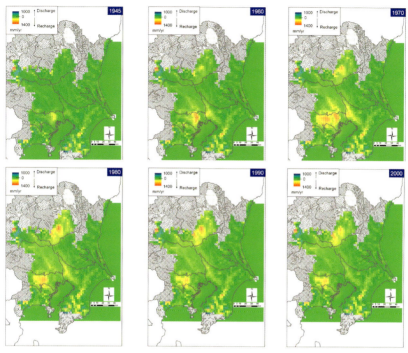

図1-5 関東平野における広域地下水頭変化に伴う地下水涵養域の変遷

(Aichi et al. 2008, による)

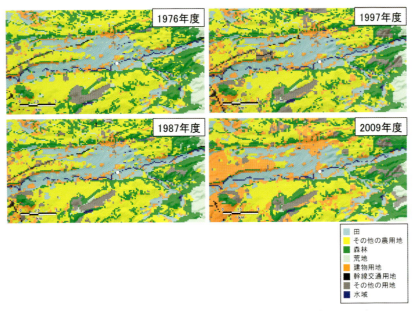

図3-9 白川中流域における土地利用の変化。1976年,1987年,1997年,2009年の比較。(国土地理院発行の土地利用図より作成)

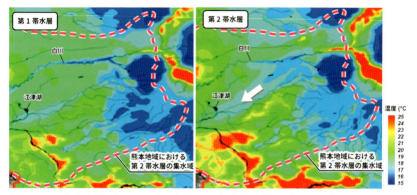

図4-9 実測水温プロファイルを基にした物質輸送モデルから得られた地下水温分布

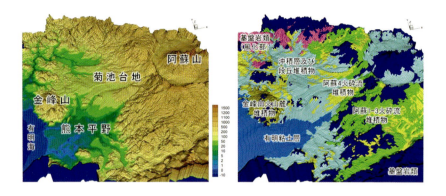

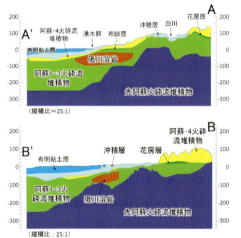

解析領域　　：約3,000km²
計算格子数　：998,220
水平分解能　：100~500m
垂直分解能　：1~500m

図6-7　熊本流域圏モデル

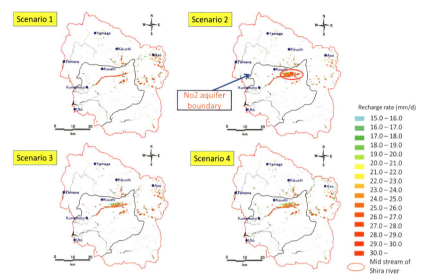

図7-5 異なる土地利用シナリオに対する3次元地下水シミュレーションモデルに基づく第2帯水層への地下水涵養量分布

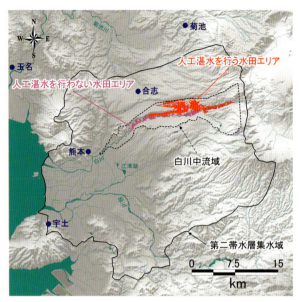

図7-6　白川中流域低地の範囲と水田エリア

図7-7　白川中流域低地の灌漑水堰系統図

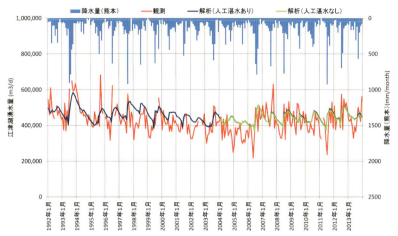

図7-8 転作田水張事業開始前から開始後10年経過時までの期間における
3次元地下水流動モデルを用いて推定された江津湖湧水量変化

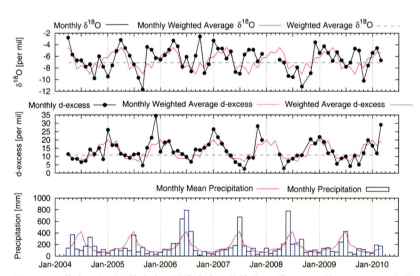

図8-1 熊本における降水中の酸素安定同位体比（$\delta^{18}O$），d-値（d-excess）と月降水量の経月変化。ピンクの実線は，月毎に降水量で加重平均した季節変動を，灰色の点線は年加重平均値をあらわしている（田上，2010）。

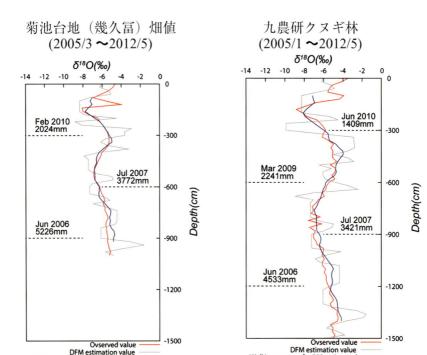

図8-2　菊池台地の畑地および広葉樹林におけるDFMを用いた地下水涵養量の推定

（真崎，2013）

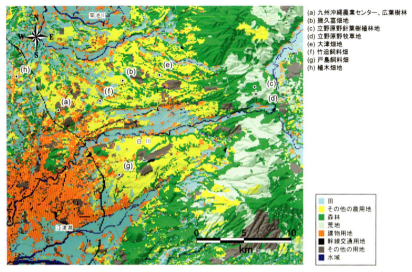

図8-3 熊本地域の土地利用と地下水涵養量評価地点
(※土地利用図は国土交通省国土数値情報土地利用細分メッシュ(平成9年度)による)

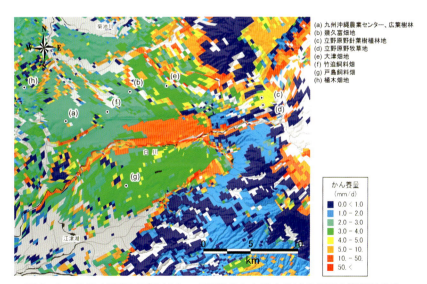

図8-6 地下水流動モデルによって推定された熊本地域の地下水涵養量分布

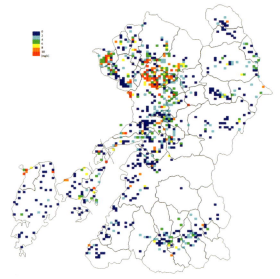

図10-4　硝酸性窒素の濃度分布
(2007〜2014)

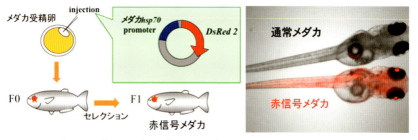

図11-7　遺伝子組換えメダカ(赤信号メダカ)の作製方法(左)と高温処理したメダカの蛍光写真(右)

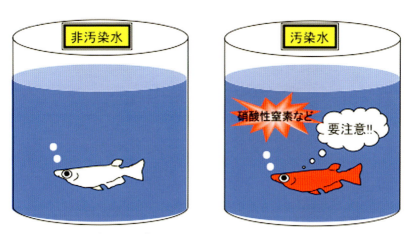

図11-14　赤信号メダカを用いた水質モニタリング法のイメージ図

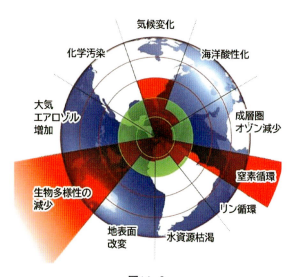

図14-3
地球・人間システムの状態を示す10の指標の現状。中心部の緑の枠(安定状態)を越えているシステムが3つ存在し,窒素循環は生物多様性に次ぐ大きな不安定要素となっている(Rockstrom et al., 2009)。

はじめに

　温暖化に伴う降水量変化に起因する地表水の流量変動の増大に対し，広大な地下水帯水層はバッファー的な効果が大きいため，相対的に安定した水資源として注目されるようになってきている。湿潤温帯に属する我が国の水循環は極めて活発であり，地下水も相対的に速い速度で循環していることが知られている。一方地下水は，地表水に比べるとその滞留時間は長く，汚染に対する脆弱性も相対的に大きいため，地域地下水の流動場としての帯水層の全貌の把握とその流動特性を踏まえた適確な利用を目指すことが肝要である。

　降水量から蒸発散量を差し引いた『水余剰量』が存在している我が国を含むモンスーンアジア地域では，地下水涵養が潜在的に存在している。このような水文特性を持つ地域においては，地下水帯水層の構造とその循環様式・水収支を詳細に把握し，それを基に適確な揚水量と涵養量の管理を行うことで，水資源としての地下水の水量に関する持続的な確保は可能である。また，適確な水質保全方針に基づいて良好な水質を確保するためには，従来行われてきたような単に汚染物質の濃度を知ることだけでなく，その起源や挙動（汚染物質の蓄積・浄化プロセスの把握）を理解しそれに基づく必要な対応策を構築することで，水質に関してもその持続的利用が可能となる。

　熊本大学大学院自然科学研究科に所属する嶋田らのグループは，科学技術振興機構（JST）の戦略的創造研究推進事業（CREST）の「持続可能な水利用を実現する革新的な技術とシステム」研究領域（大垣真一郎総括）に，上述したような背景を踏まえた『地下水資源の持続的利用』をテーマとして応募し，2010年度から2015年度の6年間にわたる研究プロジェクトとして採択された。今年度がプロジェクト最終年度に当たることから，本プロジェクトを通して主に熊本地域において展開されてきた研究成果や熊本地域の水文環境・水理地質構造・地下水関連条例等の既存情報をとりまとめることで，地域の地下水特性や我々のCREST研究で何をしてきたのかを人々に理解して頂くこと

を目的に本書の出版を企画した。

　CREST 研究では，対象地域の地下水流動特性を，帯水層構造や地下水流動・涵養機構に関する現地観測を踏まえた 3 次元シミュレーションにより詳細に把握し，それを基に地下水の流動量に関する適確な観測・管理方法の検討を行うと共に，帯水層汚染物質の動態を解析する鋭利な手法として近年注目されているマルチ同位体法を改良・導入することで地域水循環における硝酸性窒素の挙動を正しく理解する方法論の確立を目指した。また，現在世界的に顕在化している農畜産業に由来する地下水中の硝酸性窒素負荷の軽減や一度汚染してしまった地下水を蘇らせるための水質浄化に関して，●地下水流動に伴う帯水層内での硝酸性窒素低減効果の把握とそれを踏まえた硝酸性窒素負荷に対するポジティブな軽減策の提案，●自然由来の砒素や人為起源の硝酸性窒素等の地下水中の有害物質を安価で簡便な方法で除去する技術の構築というパッシブな軽減アプローチを提案している。これらに加えて地域全体で継続的に地下水中の硝酸性窒素濃度をモニターするための淡水生物を利用したモニタリングシステムの開発も試みた。我々の CREST 研究では，熊本大学の教員メンバーを中心としたチームによって，このような様々な方向からの学際的アプローチにより水量・水質双方の観点から安定した持続的利用法の構築を目指してきた。

　本書の全体の流れは大きく 4 つの系統で章立てられている。第 1 章から第 3 章までは，アジアモンスーン地域の地下水循環特性と，熊本地域における地下水の器としての水理地質特性及び入力としての降水量の特性が述べられている。第 4 章から第 8 章までは，熊本地域での現地観測，およびそれらを踏まえた地下水流動モデルによる地域の地下水流動特性を理解して頂くための基礎情報を網羅している。第 9 章と第 10 章は，地下水を保全する仕組みの考え方とその実践例の提示を，第 11 章から第 13 章までは，熊本大学 CREST 研究の枠組みの中で取り組まれた地下水質のモニタリングや改善策の検討結果を取りまとめており，最後の第 14 章で，CREST 研究の到達目標であった地下水の持続的利用を目指したシステム構築についてまとめている。

　2014 年 3 月に国会で成立した『水循環基本法』，およびその 1 年後の 2015

年7月に策定された『水循環基本計画』は，流域スケールでの地表水・地下水等の水利用と土地利用を総合的に管理することを目指した国レベルの法制度であるが，それを受けた『地下水法』はまだ出来ていない．現行の日本の法律では，地下水は土地所有者に帰属しており河川水のように公水的な管理を行える法体制はまだ整備されていない．地下水利用先進地域である熊本では，地域レベルで個別の管理制度や条例等を制定することで，実質的で実効性のある地下水資源管理を行うことで対処しているのが現状である．

　安定した水資源として注目されてきている地下水資源を持続的に利用するために，これまで着々と講じられてきた熊本県・熊本市の地下水保全・地下水資源の持続的管理の仕組みや，我々のCREST研究の一環として本書で示されてきた研究成果は，我が国を含むモンスーンアジア地域における地下水の水量・水質両面からの持続的地下水管理方策に積極的に貢献するものと確信し，本書を上梓する．

熊本大学　嶋田　純

目 次

はじめに …………………………………………………………………… i

第1章 モンスーンアジア地域での地下水循環特性 ………… 1

 I はじめに ……………………………………………………… 1
 II モンスーンアジア地域の水文特性 ………………………… 2
 III 揚水規制に伴う地下水位低下とその後の急速な回復 …… 4
 IV 地下水資源の持続的利用の可能性 ………………………… 6

第2章 熊本地域の水理地質構成とその地史的背景 ………… 9

 I はじめに ……………………………………………………… 9
 II 熊本地域の水理地質構成とその分布 ……………………… 10
 III 地下水賦存および流動についての把握 …………………… 28
 IV 水理地質の地史的背景—地質および地形の成立過程（地史）…… 30
 V おわりに ……………………………………………………… 31

第3章 熊本地域の水文気象環境とその長期変化 …………… 33

 I 熊本地域の気候 ……………………………………………… 33
 II 河川流量 ……………………………………………………… 41
 III 江津湖の湧水量 ……………………………………………… 46

第4章　地下水中の環境トレーサーからみた地下水流動状況 ………… 53

- I　熊本の地下水流動の概要 …………………………………………… 53
- II　地下水流動の評価・推定方法 ……………………………………… 54
- III　新しい地下水流動の推定方法 ……………………………………… 61

第5章　地下水硝酸汚染の現状と自然浄化の実態 ………………………… 77

- I　はじめに …………………………………………………………… 77
- II　硝酸汚染の現状 …………………………………………………… 79
- III　硝酸汚染の起源 …………………………………………………… 83
- IV　自然浄化の実態 …………………………………………………… 86
- V　微生物の世界 ……………………………………………………… 89
- VI　対策に向けて ……………………………………………………… 95
- VII　おわりに …………………………………………………………… 98

第6章　統合型流域モデリングによる地下水流動の数値シミュレーション ………… 101

- I　はじめに …………………………………………………………… 101
- II　統合型流域モデリング …………………………………………… 102
- III　熊本流域圏モデルの開発 ………………………………………… 110
- IV　バックグラウンドを如何に求めるか？ ………………………… 116
- V　経時的変化を再現するヒストリーマッチング ………………… 118
- VI　流域モデルをどのように活用するか？ ………………………… 121
- VII　フィールド調査との協働 ………………………………………… 124
- VIII　まとめ ……………………………………………………………… 124

第7章 白川中流域低地の水理地質学的特殊性と水田涵養量の定量的評価 …………………… 129

- I 熊本地域の水理地質と地下水流動系 ………………………………… 129
- II 白川中流域低地における転作田水張り事業
  (Trans-boundary groundwater management) ………………… 131
- III 土地利用の改変に伴う地下水流動の変化 ……………………… 134
- IV 転作田水張事業の効果の定量的検討 …………………………… 137

第8章 地下水涵養量の定量的評価と土地利用との対応 …… 141

- I はじめに ……………………………………………………………… 141
- II 地下水涵養量の定量的評価法 ……………………………………… 142
- III 熊本地域の地下水涵養量の実態 …………………………………… 144

第9章 コモンズとしての地下水保全政策 ………… 153

- I はじめに ……………………………………………………………… 153
- II 社会問題を解決する手法 …………………………………………… 155
- III 熊本モデルの成功と課題 …………………………………………… 162
- IV さらなるサステイナブルを目指して ……………………………… 171
- IV おわりに ……………………………………………………………… 175

第10章 地下水管理のための法制度の整備 ……………………… 179

- I はじめに ……………………………………………………………… 179
- II 地下水保全に関する法整備の取組みの背景と経緯 ……………… 180
- III 条例改正の内容 ……………………………………………………… 186
- IV 条例の施行に係る課題と今後の展望 ……………………………… 194

第11章 地域住民意識啓発のための生物モニタリング法の提案 …… 199

- I　はじめに …… 199
- II　ゼブラフィッシュを用いた水質モニタリング法の開発 …… 200
- III　メダカを用いた水質モニタリング法の開発 …… 209
- IV　おわりに …… 217

第12章 硝酸イオン選択性陰イオン交換繊維の開発とその背景 …… 221

- I　地下水汚染問題の顕在化 …… 221
- II　硝酸性窒素濃度の減少メカニズム …… 223
- III　イオン交換反応を用いた硝酸性窒素除去 …… 225

第13章 地下水中の天然由来ヒ素汚染の実態とその対応策の提案 …… 235

- I　はじめに …… 235
- II　帯水層中のヒ素分布 …… 237
- III　ヒ素の溶出プロセス …… 242
- IV　酸化鉄粉末および水酸化鉄粉末による水溶液中のヒ素の除去 …… 245
- V　酸化鉄焼結体による水溶液中のヒ素の除去 …… 247
- VI　多孔質酸化鉄による水溶液中のヒ素の除去 …… 250

第14章 地下水の水量・水質の持続的利用を目指したシステム構築の展望 …… 255

- I　はじめに …… 255

Ⅱ　地下水の水量に関する持続的利用システム ……………………………… 256
Ⅲ　地下水の水質に関する持続的利用システム ……………………………… 259

資　料

熊本県地下水保全条例……………………………………………………… 263
熊本県地下水と土を育む農業推進条例 …………………………………… 287
熊本市地下水保全条例……………………………………………………… 293

おわりに ……………………………………………………………………… 303
事項索引 ……………………………………………………………………… 305

第1章

モンスーンアジア地域での地下水循環特性

I はじめに

　地球における水の発生，循環や分布，水の物理的ならびに化学的特性，そして物理的・生物的環境と水との相互作用，人間活動に対する水の応答を含む地球上の水循環全体の「体系的記述」を取り扱う学問として『水文学』がある。地球の表面付近の温度・圧力環境は，水という物質が固体（氷）・気体（水蒸気）・液体（水）で存在しうる環境になっているため，太陽放射と地球の重力を駆動力として，大気層を含む地球表層に水循環が形成されている。水循環のスピードは，緯度，標高，気温，地質，植生等々様々な要因で変動しており，各水体の貯留量を平均的な循環量で除して得られる平均滞留時間は，水体によって大きく異なっている。

　今，海水以外の淡水水体のみをその対象と考えた場合，陸域での水循環は

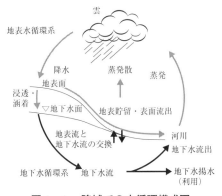

図1-1　陸域での水循環模式図

図1-1に示すように大気中の水（水蒸気），河川水，湖沼水，土壌水等の地表水循環系と地下水循環系の二つに区分できる。前述の滞留時間概念をこれら二つの循環系に当てはめてみると，地上の循環は数日から数年程度の短い滞留時間で活発に循環しているのに対し，地下の循環は地域差もあるが数十年〜数百年から数千年〜数万年といった，地表水系に比較すると極めて長い滞留時間でゆっくりと循環している。このように，地面の下にあって目に見えない『地下水』もまた様々な速度で流動することで，地球上での水循環の一部を構成している。

Ⅱ　モンスーンアジア地域の水文特性

　降水量から蒸発散量を差し引いた残差は，地表面を流下する河川水や地下に浸透する土壌水・地下水として水循環系を構成している。この残差は，地表における水資源の立場からは，『水余剰量』と定義されている。図1-2は，東アジアにおける降水量，可能蒸発散量，実蒸発散量，およびそれらの残差として求められる水余剰量の分布を示したものである。日本，台湾，フィリピンの一部，インドネシア等のモンスーンアジア地域（湿潤温帯および湿潤亜熱帯・熱帯地域）では，年間を通して水不足の無い『水余剰量』が常時プラスの地域であるため，地表水循環系および地下水循環系が非常に活発に循環している。

　河川水のような地表水と地下水は，図1-3に示すように，地表水の流況や地下水の水位変化によって河川水が地下水を涵養したり，その逆に地下水が河川水を涵養したりして相互に交流している。『水余剰量』がプラスの地域では，その余剰水量を潜在的に地表水と地下水が分け合っており，水位が低下して地下水側に不足が生じた場合には，地表水から地下水への涵養による補充が行われることになる。この様な涵養を誘発涵養と呼んで，自然状態の地下水涵養とは区別している。人為的な水位低下が引起した強制的な地下水涵養にあたる。このような誘発涵養の存在は，我が国の3大都市圏における揚水規制時の急激な地下水位回復の経験によって確認されている。

第1章　モンスーンアジア地域での地下水循環特性　｜　3

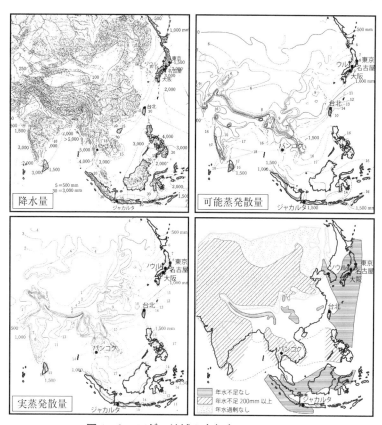

図1-2　アジア地域の水収支（榧根，1972）

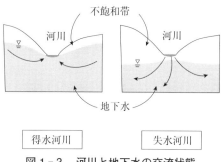

図1-3　河川と地下水の交流状態

Ⅲ 揚水規制に伴う地下水位低下とその後の急速な回復

　我が国の主要産業地帯である関東・中部・関西圏は，いずれも第四紀の脆弱な未固結地盤上に形成された大都市である。これらの都市域では，戦後の急激な経済発展がもたらした地下水の過剰揚水と，それに伴う急激な地下水頭低下・地盤沈下等の地下水障害が地域によって10年前後の時間差はあるものの，いずれの地域においても発生した。この事態に対処するため，2つの揚水規制に関わる法律（工業用水法とビル用水法）及び関連する自治体の地下水保全関係の条例の適用，およびそれに並行して整備された各地域の代替工業用水道の整備により，図1-4に示す様に地下水頭の完全な回復に成功した。この図を詳細に見ると，最も長期間の記録がある東京大学構内の地下水観測井戸の記録に1975年頃からの水頭回復に加えて1945-1947年頃にも僅かな水頭回復が読み取れる。これは第二次大戦の戦後数年間にあたり，東京地域への空襲に伴う経済活動の停止により地下水揚水が停止したために自然涵養によって水頭が回復したものと解釈されている。

　図1-5は関東平野における過去の地下水頭変化データを基に，3次元の

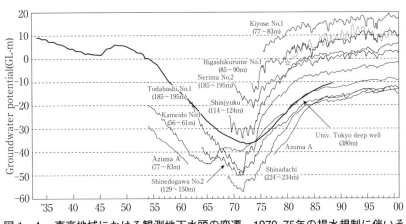

図1-4　東京地域における観測地下水頭の変遷。1970-75年の揚水規制に伴いそれまで低下していた水頭が急激に上昇し現在に至っている。

広域地下水シミュレーションによって再現した地下水涵養域の変遷を示したものである (Aichi, M., Tokunaga, T., 2008)。関東地域では揚水規制の適用が臨海部のみに制限されたため，結果的に地下水頭低下域は臨海部からは消失したが，1980年代以降次第に平野内陸部へと移動していった。その結果地域の主要揚水対象となっている帯水層の涵養域では，沿岸都市部での過剰揚水に伴う地下水頭低下によって自然涵養を上回る強制的な涵養（誘発涵養）が発生し，図1-5にはそれらの涵養域が水頭低下域の移動と共に変遷していった様子が明確に現れている。

関東地域における平均的な年降水量は1500-1600mm程度で，年蒸発散量は700mm程度と見積もられている。したがって潜在的な年平均涵養量は，

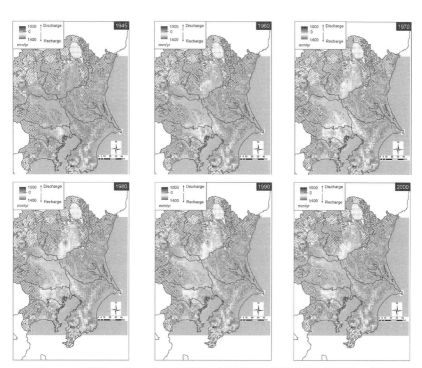

図1-5　関東平野における広域地下水頭変化に伴う地下水涵養域の変遷
(Aichi et al. 2008, による)

両者の差に相当する800-900mm程度存在していることになる。Shimada (1988)によれば，表面流出が殆ど発生しない関東ローム層台地における土壌水のトリチウムプロファイルから求められた台地の地下水涵養量は913mm/d（2.5mm/d）となっており，上記の推定とほぼ一致している。ある程度の傾斜を持った台地地域では表面流出が発生するので，上記の潜在涵養量よりは小さな涵養量となると考えられるが，地下水頭の低下に伴う強制的な涵養を被った場合には，この800-900mm/yと言う潜在涵養量は，最大可能な涵養量と考えることが出来る。実際，図1-5に見られるように，700-900mm/y程度の涵養量を示す地域が1960年代には山手台地付近にあったものが，時代の変遷と共に1970年代には東京西部に拡大し，その後の臨海部の揚水規制と共に山手台地の涵養域は消失し東京西部の涵養も弱体化するが，1970年頃から栃木県南部の台地付近に新たな涵養域が発生し，その後2000年まで継続して拡大している。これらは，過剰揚水域の変遷によって生じた誘発涵養域の変化と解釈することができ，揚水規制で揚水が停止された地域に関しては，年間最大900mmもの潜在的涵養量が示されており，これらの自然涵養＋誘発涵養の相乗効果によって予想外に速い速度で地下水頭の回復がもたらされたものと考えられる。

Ⅳ 地下水資源の持続的利用の可能性

アメリカ西部の西ダコタ州からテキサス州にかけてのハイプレーンズと呼ばれる半乾燥地域は，大豆や雑穀（キビやアワなど）・トウモロコシ等の栽培基地になっており，日本にもこれらの作物を大量に輸出している。これらの作物栽培は第2次大戦後に大規模化したもので，必要な水はオガララ帯水層という地域の主要帯水層から揚水し，センターピボット式と呼ばれる揚水井戸を中心として自走式のスプリンクラーが回転する範囲が灌漑畑となっている。このオガララ帯水層の地下水は今から数万年前の氷河期に涵養されたもので，乾燥したハイプレーンズにおける現在の実質的な地下水涵養は殆どゼロのため，オガララ帯水層からの揚水は所謂『鉱物資源的な地下水揚水

(groundwater mining)』である。そのため年々著しい地下水位低下が発生しており，年間に1m程度，過去数十年間に15から60mもの水位低下が発生している。このまま揚水を継続すると70mの帯水層は今後数十年で汲み尽くされてしまうと言われており，レスター・ブラウン米地球政策研究所理事長は，「目の前の食糧需要を満たすために灌漑用の水を汲み上げすぎると，やがては食糧生産の低下を招く」「現在の農民世代は，地下の帯水層の大規模な枯渇に直面する最初の世代でもある」と厳しく警告している。類似した半乾燥地域における穀物栽培のための『鉱物資源的な地下水揚水』の事例として中国の河北平原やパキスタンのパンジャブ平原等があり，地下水資源の枯渇と農業生産の停滞は近い将来大問題になることが懸念されている。

　一方，前述したような日本を含むアジアモンスーン地域では，地下水を含む水循環が活発であるため，涵養量に見合った地下水利用管理を行えば，その持続的利用が可能である。我が国では，水資源の中で地下水の占める割合は12％程度であり，基本的には表流水が水資源の主体である。温暖化に伴って滞留時間の短い表流水資源の不安定性が増大し，より滞留時間の長い安定な水資源としての地下水資源が注目され出した今日，持続的な利用を目指した地下水管理が是非とも必要となってきている。

(嶋田　純)

<参考文献>

榧根　勇「モンスーンアジアの水文地域」東京教育大学地理学研究報告16, 1972年, 33-47頁。

AICHI, M. and TOKUNAGA, T. "Estimation of the spatio-temporal change of the groundwater recharge in the Kanto Plain, Japan, from numerical simulation.", *Proceedings of IAH Toyama conference*, Oct. 2008, S23.

BROWN, R. "China's water shortages could shake world food security." *World watch*, July/August, 1998.

SHIMADA, J. "The mechanism of unsaturated flow through a volcanic ash layer under humid climatic conditions." *Hydrological Processes*, 2, 1988, pp. 43-59.

SHIMADA, J. "Chemical and Physical Evidences in the Groundwater Aquifer Caused by Over-Pumping of Groundwater and Their Countermeasures in the Major Asian Coatal Cities" *Groundwater and Subsurface Environmnets;*

Human Impacts in Asian Coastal Cities, (Taniguchi, M. ed.), Springer, 2011, pp. 289-309.

第2章

熊本地域の水理地質構成とその地史的背景

I はじめに

　熊本地域において明確に水理地質を取り扱った研究は，宮本ほか（1962）にはじまったといえよう。当時，農林省熊本農地事務局（後の農林水産省九州農政局）の地質に関わる部署では，熊本地域に江津湖や八景水谷といった豊富な水量を誇る湧水池があったことから，農業用ほかの水を確保するために地下水に注目し，その分布や流動に影響を及ぼしている地質の解明に努力が重ねられていて，その概要が示されたのであった。この研究で，阿蘇カルデラ形成時の大噴火による噴出物が，熊本地域の地下水にとって重要な地質要素であることが示された。阿蘇カルデラ形成に関わる地質については，これまでに，渡辺・小野（1969）をはじめ，一連の研究があり，阿蘇火砕流の巨大噴火が4回あったことや，その堆積物それぞれの岩相，分布などが次第に明らかにされてきた。

　熊本地域の地下水に関する実態解明については，農林水産省だけでなく，熊本県や熊本市および周囲の市町村の大きな問題であったことから，各関係部署や担当者により，様々な取り組みが行われてきた。これらの調査や研究により，熊本地域の地下水に関する地質構成の基本的な枠組みが次第に明らかになり，地下水流動や水量の解明や保全に向けた調査が進められている。

　本章では，熊本地盤研究会（2014）が熊本地域のボーリング調査結果の記録を長年に亘って収集し，ボーリング柱状図間の地層構成を厳密に同定して作成した，南北48km，東西36kmに及ぶ地域の，東西方向には3km（一部1km）毎に25断面，南北方向には2km間隔で19断面（熊本市周辺は1km間隔で13断面を追加）の地質断面図に基づいて，熊本地域の地質構成を明確に把握

し，その地史的背景について記述するものである。

II　熊本地域の水理地質構成とその分布

1　地形と地下水盆の概念

　一般的な平野部での地下水の状態は，図2-1に示すように，水理地質基盤に支えられた凹地に地層が堆積し，その地層中に地下水が溜まる。未固結の砂や礫などで構成されて水を通しやすい地層を帯水層，シルトや粘土などで水を通さない地層を不透水層，通しにくい地層を難透水層という。重なっている地層の中の不透水層あるいは難透水層のうち，一番上側にあるものを境に，それより上位の地層中にある地下水は自由地下水面をもつ不圧地下水で第一帯水層といい，その不透水層あるいは難透水層より下位の地層中にある被圧地下水は第二帯水層と呼ばれている。

　ここで取り上げる'熊本地域'は北部の筑肥山地，東部の阿蘇外輪山西側山地，南の益城山地，北西～西の米野山，国見山と金峰山地，およびこれらに取り囲まれた盆地状部とからなる（図2-2）。この地域で，降雨により地上に達した表面流水（蒸発および地下浸透以外の水）は，北から菊池川，白川，緑川の主流河川などにより，北西部の菊水－玉名（菊池川）と南西部の飽田－宇土（白川・緑川）の2箇所の低地から有明海に流れ出ている。

　このような地形からみて，この地域の地下への浸透水が周囲の山地から盆地状部へ流れ込む仕組みになっていることは容易に理解できる。本章では，今日の「熊本地域の地下水」は上記した集水域の範囲から浸透した地下水と，

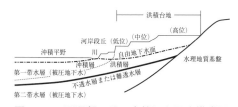

図2-1　平野部の地下水状況を示す模式図

第2章 熊本地域の水理地質構成とその地史的背景 | 11

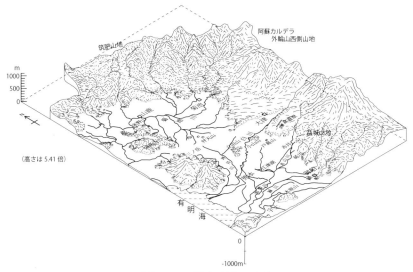

図2-2 熊本地域の地形
(南西から北東に向けた鳥瞰図)

阿蘇カルデラの内側で集められ、立野火口瀬から白川に流出して地下に浸透した地下水とが加わっていると考える。この山地に囲まれた盆地状部は浸透した地下水を貯留する地下水盆となっていると考えられるが、盆地状部には、北西から南東へ(筑肥山地西部から益城山地方向へ)、国見山地の東から岩野山(217.4m)、横山(126.7m)、弁天山(145.7m)、群山(145.4m)、飯高山(125m)、神園山(183m)、小山山(189.6m)、戸島山(133m)の小丘がならんでいる。これらの小丘の地質は後述するように水理地質基盤に属し、盆地状部はこれらの水理地質基盤によって、大きく北東部と南西部に区分されているとみられる。したがって図2-3(A・B)の地質断面図からも分かるように、熊本地域に浸透した地下水の動き(流動)はこれらの小丘に影響を受けることが推察される。

北西～南東方向の小丘列の両側にある盆地状部には、各山地の山麓斜面に続いて標高200m以下の丘陵地や比高20m～50mの平坦な台地があり、台地は標高の高い方から白水面、菊池面、託麻面、保田窪面とよばれている(宮

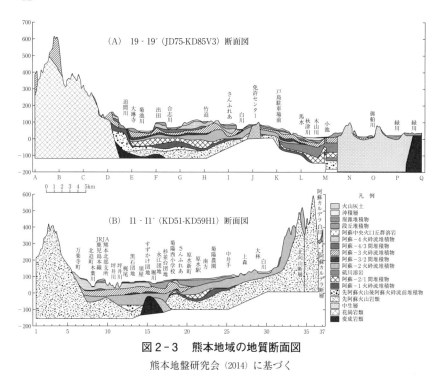

図2-3　熊本地域の地質断面図
熊本地盤研究会（2014）に基づく

本ほか，1962）。また，主要河川には数段の河岸段丘が認められ，さらに低地は沖積低平地である。

2　地下水盆の構成と各構成層（岩体）の水理地質特性

　熊本地域の地下水盆に関わる地質の把握には，地下水を入れる器（うつわ）と地下水を溜める中味（なかみ）という概念をもつのが分かり易いと思われるので，ここでは，器にあたる地質と中味にあたる地質とに分けて記述する。ただし，器には地下水はなく，中味にのみ地下水がある，という意味ではなく，熊本地域における地下水利用という観点で，現在取水されている地下水の存在を捉える時の概念として器と中味とにより理解しようとするものである。例えば，川の流れを考えた場合，川に水があるだけでなく，土手を構成する砂礫や泥の中にも川の水の染み込みによる水が存在する。しかし，流れている水は川の中

にある水であって、土手の砂礫や泥の中にある水は、川の流れと同じ動きをしていない。それと同じで、器の中にも水を含む部分はあるものの、熊本地域でこれまでに解明され、現在利用されている地下水の動きとは異なる性状を示すと考えられるので、その部分の地質を器として捉えておくというのである。

(1) 水理地質基盤

　前述した熊本地域に分布する地質の構成を地質図（図2-4）と層序表（表2-1）に示す。このうち、上記した器にあたる部分について、熊本県・熊本市（1994）は、変成岩類、中・古生層、金峰山火山岩類及び先阿蘇火山岩類を「水理地質基盤」としている。これに従えば、北部では三郡変成岩類に所属する地層群、花崗岩類、鉾ノ甲層・星原層、八方ヶ岳安山岩、東部では先阿蘇火山岩類、南部では肥後・木山・間ノ谷などの変成岩類、御船層群・熊本層群・雁回山層、大岳火山岩類、西部では金峰火山岩類（熊本県・熊本市（1994）は「金峰山火山岩類」としているが、金峰山（一ノ岳）は属さないのでここでは金峰火山岩類と表記する）が水理地質基盤にあたる。一般に、それらの上位にある地層より地下水浸透率が低いことにより、地下に浸透した水を受け止める不透水層または難透水層の役割を果たすものと考えられている。

　先阿蘇火山岩類や金峰火山岩類に属する地質構成についてもこれまで水理地質基盤として取り扱われてきたので、本章でもこれに従って水理地質基盤に含めているが、図2-5は先阿蘇火山岩類、金峰火山岩類、八方ヶ岳安山岩、大岳火山岩類を除いた水理地質基盤の地形を示す。この図は、より上位の地層群をはぎ取った時の水理地質基盤の地形面を示すことから、これらの基盤によって受け止められた地下水があり、地形面の低い方へ流れるとすれば、この地形面上を流れる水の向きは、現在までの認識方向とは著しく異なっていると考えられる。すなわち、その主な流路は大きく二つに分かれ、一つは現在の熊本平野の方向にあるが、他は現在の菊池から大津へ向けて流れ、今の阿蘇地域に向いていたことが読み取れる。このような流路については今日まで認識されたことはなく、本地域における深層地下水を把握する上で、新たに得られた知見である。

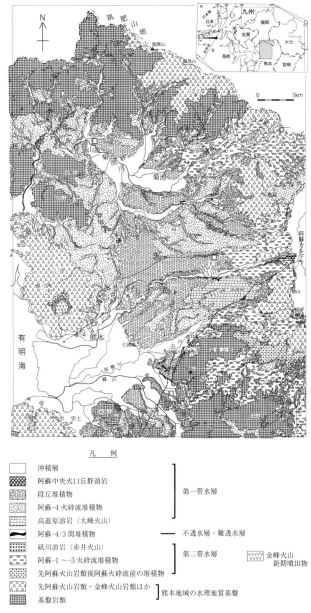

図2-4 熊本県地質図（10万分の1）（2008）に基づく

表2-1 熊本地域の層序

地質時代			地層名	水理地質区分	〔備考〕
第四紀	完新世		沖積層 　　　　黒ボク＜アカホヤ火山灰層	第一帯水層	阿蘇中央火口丘群の活動
	更新世	後期	赤ボク　＜姶良AT火山灰層		
			保田窪砂礫層		
			託麻砂礫層		
			阿蘇-4火砕流堆積物 　　　＜高遊原溶岩（大峰火山）		
		中期	阿蘇-4/3間堆積物	第二帯水層	◀金峰火山新期噴出物
			阿蘇-3火砕流堆積物		
			阿蘇-3/2間堆積物		
			阿蘇-2火砕流堆積物 　　　＜砥川溶岩（赤井火山）		
			阿蘇-2/1間堆積物		
			阿蘇-1火砕流堆積物		
			先阿蘇火山岩類後，阿蘇火砕流前の堆積層（津森層，下陣礫層，水前寺層，合志層など）		
		前期	先阿蘇火山岩類・金峰火山古期岩類	＊（第三帯水層）	
新第三紀鮮新世			星原層・相良部層	水理地質基盤	
古第三紀			鉾ノ甲層		
白亜紀〜			熊本層群 御船層群		
			変成岩類・花崗岩類		

　以下に水理地質基盤に属する各地層・岩体および水理地質的特性を熊本地盤研究会（2014）に基づいて記述する（表2-2）。なお，図2-4の地質図では，水理地質基盤のうち，先阿蘇火山岩類，金峰火山岩類八方ヶ岳安山岩および大岳火山岩類を除く，それより下位のものを基盤岩類として一括して示されている。

　　i　変成岩類（変はんれい岩・超苦鉄質岩類・石灰岩（大理石））
　熊本地域北部では三郡変成岩類に属し，南部では肥後変成岩・木山変成

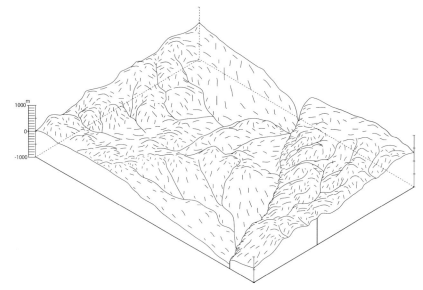

図2-5　熊本地域水理地質基盤（先阿蘇火山岩類などを除く）の地形（高さは5.4倍）

岩・間ノ谷変成岩に属する変成岩類が分布する。これらは先阿蘇火山岩類・八方ヶ岳安山岩直下の基盤をなす地層群で，分布深度は菊陽町堀川の標高−470mから大津町内牧の標高−850mへと東に深くなり，さらに南東では深度は標高−960mとなっている。

　ⅱ　花崗岩類

　熊本県北部に分布する玉名花崗閃緑岩と筒ヶ岳花崗岩がある。

　ⅲ　中生層

　北から南に不動岩礫岩・熊本層群・御船層群・雁回山層がある。いずれも礫岩，砂岩，頁岩，凝灰岩からなり，これらの岩質も固結度が高く，全体として不透水性の水理地質基盤と考えられる。

　ⅳ　古第三紀層および新第三紀層

　古第三紀にあたる鉾ノ甲層と新第三紀鮮新世の星原層，相良部層（あいら）がある。鉾ノ甲層は礫岩・砂岩・泥岩からなり，海生の貝類化石を含むことがある。星原層，相良部層は植物化石を産する鮮新世の湖成層である。分布はいず

表2-2　基盤岩類の水理地質特性

	地層・岩体	水理地質特性
水理地質基盤	先阿蘇火山岩類 金峰火山岩類 八方ヶ岳安山岩 船野山安山岩 大岳火山岩類	深井戸は鞍岳安山岩分布地域に5本（その1本は1010m³/day），阿蘇カルデラ壁輝石安山岩分布地域に12本（最大揚水量4579m³/day），金峰山中期〜古期噴出物地域に13本（最大揚水量5332m³/day），宇土半島大岳火山岩類分布地域に1本（1019m³/day）の揚水記録がある。
	新第三紀中期火山岩類	分布が狭く，水理地質基盤の一部である。
	新第三紀層 古第三紀層	ともに水理地質基盤の一員をなしている。
	中生層	本層からの取水に関しては，御船層群の砂岩から1947m³/dayや熊本層群の砂岩より720m³/dayの揚水記録もあるが，他は87m³/dajyから226m³/dayである。いずれも割れ目系を通る水によるものと考えられる。
	花崗岩類	現在19本の深井戸がみられ，最多揚水量は432m³/dayである。これは硬質の花崗岩体の割れ目が帯水層となっていると考えられるが，マサ状の風化帯は一般には透水性が低いので，不透水性の水理地質基盤である。
	変成岩類	三郡変成岩分布域では，現在，揚水量が50m³/dayから3182m³/dayまでの13本の深井戸があるが，三郡変成岩全体としては泥質片岩優勢の地層であることから不透水性の水理地質基盤とみなされる。

れも県北のごく狭い範囲に限られる。

　ⅴ　新第三紀中期の火山岩類

　先阿蘇火山岩類よりも古い火山活動によるものでは菊池地域の上虎口玄武岩，益城町の権現山玄武岩などがある。上虎口玄武岩，権現山玄武岩などは小規模な活動によるものである。

　ⅵ　先阿蘇火山岩類・金峰火山岩類・八方ヶ岳安山岩・大岳火山岩類

　阿蘇カルデラを形成する阿蘇火山の活動以前には，今の阿蘇火山域および外輪山を含めて中部九州で広範囲に多様な火山活動があった。熊本地域の火山活動による噴出物（溶岩や凝灰角礫岩など）には，阿蘇カルデラ外輪山を含めて阿蘇地域の先阿蘇火山岩類，金峰山付近のものを金峰火山岩類，また，菊池市北方には八方ヶ岳安山岩，益城町と御船町に掛けて船野山安山岩，宇土半島には大岳火山岩類がある。図2-6は図2-5に示した水理

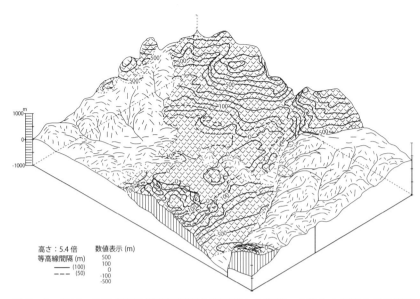

図2-6 図2-5の水理地質基盤を覆う先阿蘇火山岩類・金峰火山岩類などの地形

地質基盤の地形を覆うこれらの火山岩類の分布を示す。

これらの火山岩類は一般に堅硬であるが，溶岩には，マグマ冷却時に生じる柱状節理や板状節理，圧力による変形に伴う割れ目系や断層が発達する場合があり，これらの節理や割れ目は，地下水を貯留し，また地下水を通す役割を果たしていると考えられ，岩体からの湧水現象も生じている（たとえば，西山地区の柿原など）。熊本地盤研究会（2014）は，先阿蘇火山岩類，金峰火山岩類などの火山岩類には豊富な地下水を有する場合があることを明らかにしている。熊本地域周縁部に見られる湧水の中には，このような地質に依存しているものが少なからずあり，かなり豊富な地下水が得られる可能性があることは明らかで，これまでは未開発ながら，注目すべき地下水であると考えられる。

先阿蘇火山岩類や金峰火山岩類中の地下水に関してはすでに柴崎・高橋（1993）や古川ほか（2000）でも指摘され，金峰火山岩類から湧出する地下水に対して「第三帯水層」と呼ばれることもあった。Shimada et al.（2006）および一連の研究は，先阿蘇火山岩類に相当する大岳火山岩類中の地下水流動に関して先駆的な取り組みを行い，その成果を提示した。

（2）帯水層

　熊本地域の実質的な帯水層として第一帯水層と第二帯水層がある。これまでの研究で，第一帯水層は阿蘇－4／3間堆積物より上位の地層中の不圧地下水（自由地下水）であり，第二帯水層はそれより下位の，主に阿蘇－3火砕流堆積物〜阿蘇－1火砕流堆積物およびこれらの間の堆積層中の被圧地下水である。なお，阿蘇－1火砕流堆積物の下位にあり，これまで「未区分洪積層」と表示されていた地層について，その水理地質的位置付けは必ずしも明確ではなかった。しかし，熊本地盤研究会（2014）では，菊池市の深井戸で先阿蘇火山岩類と阿蘇－1火砕流堆積物の間の礫層部分から採水している状況が記されており，その地下水の起源がいずれの地層にあるかは必ずしも明確ではないが，この層が地下水を貯留している可能性も考えられる。したがって先阿蘇火山岩類および金峰火山岩類の後，阿蘇－1火砕流噴出前までの間に堆積した地層を「先阿蘇火山岩類後，阿蘇火砕流前の堆積層」として認識し，この層からの地下水も熊本地域の第二帯水層に属するものとして位置づけるべきと考える。

　以下に帯水層にあたる各地層および水理地質的特性を熊本地盤研究会（2014）に基づいて記述する（表2-3）。

　　i　先阿蘇火山岩類後，阿蘇火砕流前の堆積物

　阿蘇－1火砕流堆積物の下位にあり，益城町津森の金山川沿いに露出する津森層およびその上位の下陣礫層を代表的な地層とみなし，これに対比される水前寺層，芳野層，合志層，茂藤里層が含まれる。これらは先阿蘇火山岩類や金峰火山岩類の形成後の第四紀更新世約100万年前から27万年前の，阿蘇－1火砕流噴火までの間に形成された地層群である。層相は礫層，砂層，シルト層など多様であり，その実態は湖底で堆積して形成された地層だけでなく，河川性の堆積物，火山灰層や一部に海成層も認められ

表2-3 帯水層各層の水理地質特性

第一帯水層	沖積層	大部分は地下水面下に分布し、帯水層を形成する。	不圧地下水
	崖錐堆積物	末端部付近の浸透水や伏流水の出口に位置する浅井戸の水源井では1000m³/dayの揚水実績あり。	
	段丘堆積物	未固結の高透水層であり、地下水面以下に分布すれば優れた帯水層である。	
	阿蘇-4火砕流堆積物	一般に特徴的な白い軽石と灰色火山灰からなることで、著しく透水性が高い。	
	高遊原溶岩・大峰軽石層	溶岩内には地下水面が認められない透水性の高いものになっている。	
	阿蘇-4/3間堆積物	難透水層	
第二帯水層	阿蘇-3火砕流堆積物	一般に阿蘇-3火砕流堆積物は阿蘇-4/3間堆積物の不透水層としての評価により、砥川溶岩帯水層に対して加圧層の働きをしている。	被圧地下水
	阿蘇-3/2間堆積物	阿蘇-3/2間堆積物全体として見た場合、細粒物質によることで難透水性であり、不透水層としての評価となっている。	
	阿蘇-2火砕流堆積物	深井戸において阿蘇-2火砕流堆積物に設置されたストレーナーによる揚水量は1700～3600m³/dayで、多量の揚水実績がある。	
	砥川溶岩	最多揚水量は5000m³/day、最小は100m³/day、平均1994m³/dayの実績が示されている。帯水層としての評価が著しく高い。	
	阿蘇-2/1間堆積物	礫質～砂では帯水層の性質を有し、シルト質部では難透水性を示す。北部地域の阿蘇-2/1間堆積物からの取水には1442～1728m³/dayの揚水記録がある。南部地域では最多揚水量が4351m³/dayあるのに、少ないのは72m³/dayで、変動が大きい。	
	阿蘇-1火砕流堆積物	北部の菊池～大津台地の深井戸では阿蘇-2火砕流堆積物とともに主な帯水層であり、どの井戸も大量の揚水実績がある。大津～菊陽地域の上水道用水・工業用水・農業用水のすべての深井戸(10本)は阿蘇-1火砕流堆積物を主な取水対象にしており、5137～489m³/day、平均1732m³/dayの揚水量がある。	
	先阿蘇火山岩類後、阿蘇火砕流前の堆積物	この地層を対象にした井戸(11本)からは100～1000m³/dayの揚水実績があり、これと阿蘇-1または阿蘇-2などの火砕流堆積物とを組み合わせた井戸(8本)からは288～3103m³/dayの揚水量が記録されている。	

る。これらの地層はその堆積物の性質から，地層中に地下水を賦存するものもあり（たとえば，半固結状の礫層や粗粒砂層など），水理地質としては帯水層の性質を有するものがある。図2-7-1は先阿蘇火山岩類後，阿蘇-1火砕流前の堆積物の分布を示す。

　ⅱ　阿蘇-1火砕流堆積物（Aso-1）

　阿蘇-1火砕流堆積物は鞍岳東部の端辺原野の標高900m付近から熊本市秋津では標高-180mまで広範囲の分布を示す。この間連続して分布する区間がいくつかに分けられる。端辺原野に発する菊池川渓谷沿いの阿蘇-1火砕流堆積物は厚さや広がりが大きく，菊池市から大津～菊陽の台地下にまで連続して分布する。白川の直下では途切れて，南側は幅2～3kmの欠如区間を挟んで分布するが，層厚や広がりも北に比べて小規模である。白川南部のものには熊本市健軍地区の比較的広い分布と木山川の南東部山地の断続するブロックがある（図2-7-2）。

　阿蘇-1火砕流堆積物の岩質はどの地域でも強溶結凝灰岩であり，開口した亀裂も多く豊富な揚水量が保持されている。

　ⅲ　阿蘇-2/1間堆積物（Aso-2/1）

　阿蘇-2/1間堆積物は白川流域を境に北部地域と南部地域に分かれる。北部地域では菊池市～白川間に概ね連続した分布を示す。南部地域は立田山東方～宇土市まで連続する（図2-7-3）。

　阿蘇-2/1間堆積物の形成時期には厚さ数mの輝石安山岩からなる溶岩が阿蘇外輪山のカルデラ壁に認められるが，分布は狭く，水理地質としての評価は低いと考えられる。

　ⅳ　砥川溶岩

　木山川の左岸部を走る日奈久断層の南側（木崎・下鶴・北甘木）には砥川溶岩が露出する。砥川溶岩の大部分は熊本市域の地下に分布する。噴出口は益城町の赤井火山とされる。熊本市に流出した分布域は南北約8km，東西約14kmである（図2-7-4）。厚さは60mである。硬い岩質の輝石安山岩で，上部と下部に多孔質の構造があり，緻密な中間層と共に多くの開いた割れ目を内在し，透水性の非常に高い帯水層となっている。

v 阿蘇-2火砕流堆積物（Aso-2）

阿蘇-2火砕流堆積物は外輪山尾根部の端辺原野・二重峠の標高800～900m付近から，立野火口瀬の南では俵山および地蔵峠の900～1000m付近から分布して，西方へ流れ下り火砕流台地の下地をつくっている。西方の末端部は菊池川流域で標高-60m，白川流域では標高-30mまで達している（図2-7-5）。

厚さは俵山の北西斜面で204m，高遊原台地の下で98m以上，菊陽の台地には70mが認められる。大津～菊陽の台地から白川中流域にかけては厚さ40～60mで連続する。阿蘇-2火砕流堆積物の岩相は溶結凝灰岩（一部強溶結）が多く，スコリア凝灰角礫岩，凝灰質砂などである。

vi 阿蘇-3/2間堆積物（Aso-3/2）

阿蘇-3/2間堆積物は白川流域の北と南に分布する。白川より北の菊池川や合志川流域は阿蘇-3と阿蘇-2火砕流堆積物がそれぞれ連続分布し，その間に厚さ10～20mの阿蘇-3/2間堆積物が認められる。白川の南ではブロック状に断続的に分布する（図2-7-6）。分布標高は主に50m以下であり，標高-50m以下へも及ぶがその先への追跡は困難である。なお，標高50m以上の地域には阿蘇-3と阿蘇-2の間に堆積物は介入せず，それぞれが直接接している。

岩相はローム，シルト，粘土，砂など細粒なものが主であり，まれに玉石混じり砂礫などもあるがこれらは連続性に乏しい。なお，金峰山地域では，この地層形成期に金峰山新期噴出物があり，金峰山の角閃石デイサイトからなる溶岩ドームが形成された。

vii 阿蘇-3火砕流堆積物（Aso-3）

阿蘇-3火砕流堆積物は阿蘇外輪山の鞍岳（1118m）の周辺や俵山（1095m），冠ヶ岳（1154m）周辺の標高900m付近から出現し，西方の菊池川中流域では標高-20mに達し，白川・緑川の下流域では標高-100mまでの広範囲に分布する。菊池川流域では分布標高100m以下に連続的に分布するが，それより高い山地では侵食により谷間側壁に張り付いた状態で分布する。白川流域では標高50m以下に連続分布するもののそれより高

い標高には分布しない。堆積後に侵食されたものと考えられる。緑川中流域は菊池川上流域と同様に谷側壁に侵食から取り残された状態で分布する。白川と緑川下流域の熊本平野における分布標高は0～-100mまで低下するが連続的である。南限は宇土半島の大岳火山岩類や中生層の御船層群の斜面で分布が途切れている（図2-7-7）。

岩相は凝灰岩，溶結凝灰岩，軽石凝灰岩などで，軽石やスコリア混じり砂礫や火山灰質砂礫もあり，これらは非溶結相を示している。

viii 阿蘇-4/3間堆積物（Aso-4/3）

阿蘇-4/3間堆積物は菊池川中流域から緑川の下流域にかけて広く分布する。阿蘇-3火砕流と阿蘇-4火砕流の活動の間にできた水域（湖成・海成）の堆積物である。菊池川流域には佐野層，花房層，木山川上流には布田層，熊本平野の地下には御幸層と呼ばれる阿蘇-4/3間堆積物がある。西原村東部の小森付近で標高240m以上に出現し（布田層），低い分布は熊本市南西の沖新〜海路口付近で標高-80m（御幸層）に達する。分布の高低差は320m以上にもなる。この層が湖成層〜海成層であることから分布する標高の違いはいくつかの湖水や海域で堆積したことを示す（図2-7-8）。

菊池川流域（佐野層・花房層）や白川-木山川流域（布田層）の阿蘇-4/3間堆積物では凝灰質粘土・シルトが主な構成物質である。阿蘇-4/3間堆積物は岩質から難透水〜不透水性であり，熊本地域の第一帯水層と第二帯水層を分ける要素としていち早く認識され（宮本ほか，1962），地下水利用を考える上できわめて重要である。

菊池川中流域と白川中流域に阿蘇-4/3間堆積物が分布しない区域がある。これはもともと堆積しなかったか，堆積後に侵食されたかのいずれかである。阿蘇-4火砕流堆積物形成後，段丘堆積物形成までの間に，菊池川流域では阿蘇-3火砕流堆積物まで，白川流域では阿蘇-2火砕流堆積物まで侵食が及んでいる。

ix 高遊原溶岩・大峰軽石層

高遊原溶岩は白川中流域の南に東西約10km，南北約5kmを有する長

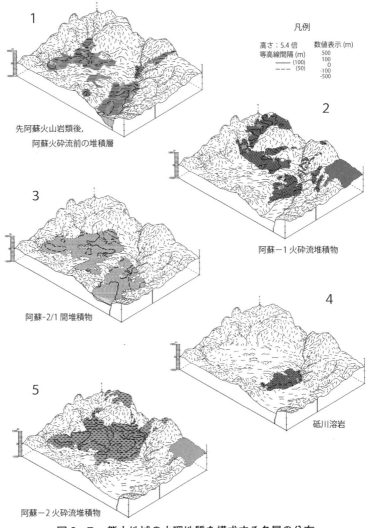

図2-7 熊本地域の水理地質を構成する各層の分布

1. 先阿蘇火山岩類後，阿蘇火砕流前の堆積層　　2. 阿蘇-1火砕流堆積物
3. 阿蘇-2/1間堆積物　　4. 砥川溶岩　　5. 阿蘇-2火砕流堆積物

第2章 熊本地域の水理地質構成とその地史的背景 | 25

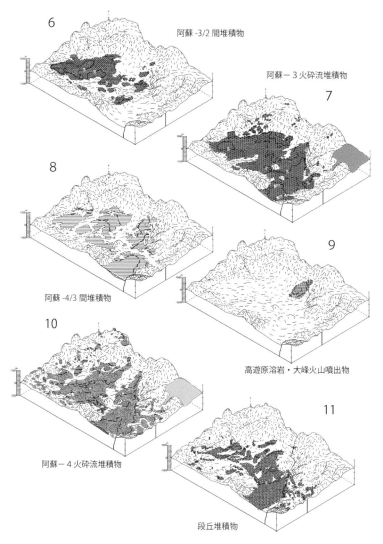

6．阿蘇-3/2間堆積物　　7．阿蘇-3火砕流堆積物　　8．阿蘇-4/3間堆積物
9．高遊原溶岩・大峰火山噴出物　　10．阿蘇-4火砕流堆積物
11．段丘堆積物（託麻砂礫層・保田窪砂礫層）
　なお，図面2，5，7，10（阿蘇-1火砕流・阿蘇-2火砕流・阿蘇-3火砕流および阿蘇-4火砕流）の南東部における分布の概要を熊本県10万分の1地質図によった。

円形の白水台地を形成する溶岩と火砕岩である（図2-7-9）。なお，溶岩噴出に先だって軽石が噴出し，大峰軽石層を形成している。厚さは10cm程度である。溶岩の噴出口は台地東端の大峰（409m）であるとされている。溶岩の厚さは最大125mに達する。台地の北は比高約100mの急崖をなし，南は布田川断層で古い地層と接する。

高遊原溶岩は上下部に厚い自破砕溶岩を有し，中間の緻密な溶岩にも節理が発達している。溶岩の下面は西から東へ20～50mに低下し，北から南へ10～110m低下する。大峰から溶岩が流出直後は西方へ傾斜し南北にはほとんど傾斜は無かったはずなので，布田川断層の影響で現在の傾きになったと考えられている。

　　x　阿蘇-4火砕流堆積物（Aso-4）

阿蘇-4火砕流堆積物は阿蘇外輪山周辺に広く分布する。その分布は外輪山尾根部の標高1000m以上から熊本平野の標高-60mまで追跡される。植木・合志・菊陽の台地部に厚さ40～50mの堆積があり，熊本平野低地部では厚さ10～20mがおおむね連続して分布する（図2-7-10）。

外輪山西麓を流れる菊池川・白川および緑川の中流域に阿蘇-4火砕流堆積物が分布しないところが広がっている。菊池川中流域では阿蘇-3火砕流堆積物まで，白川中流域では阿蘇-2火砕流堆積物の頂部まで侵食が及んでその後の地層群に埋められている。緑川中流域は基盤岩の中生層や変成岩類に達するまで侵食されて阿蘇-4火砕流堆積物は欠如している。

岩相は白色の軽石と灰色の火山灰で，強溶結は見られないが，石材としての搬出には内田川右岸川西の崖，金峰山東斜面の花園付近，宇土市の馬門などがある。

　　xi　段丘堆積物

託麻砂礫層，保田窪砂礫層およびこれらの相当層である。菊池地域には原層や菊池砂礫層がある。合志・大津地域と菊池地域には標高100～200mの高い位置に分布する。西合志・菊陽・植木および託麻台地一帯は標高50～100mにあり，これが台地面を構成する。菊池川中流域の台地と熊本地域の健軍から益城町にかけての台地は標高50m以下になる。熊本地域南

部は沖積層に覆われて標高 0 m から南西に向かって低下し - 60m 付近まで下がる。図 2 - 7 -11はこれらの段丘堆積物を一括して，その分布を示している。

　厚さは 5 ～10m 程度であるが菊池川中流域では阿蘇 - 4 火砕流堆積物が侵食され，その上に厚さ30m に達する。白川中流域では阿蘇 - 2 火砕流堆積物に食い込んでおり，厚さは40m を越えるところもある。熊本地域南部の標高 0 m 以下の分布地区では厚さ10～20m が認められ，その下位に阿蘇 - 4 火砕流堆積物が分布している。

　層相は砂礫・玉石混じり砂礫・粘土交じり砂礫などで礫質であることが多い。未固結の高透水層であり，地下水面以下に分布すれば優れた帯水層である。地下水面上にあっては灌漑水や雨水浸透による地下水涵養に大きな役割をもつ地層である。白川中流域では阿蘇 - 4 火砕流堆積物～阿蘇 - 3 火砕流堆積物が段丘堆積物に置き換えられ，帯水層として評価の高い阿蘇 - 2 火砕流堆積物に食い込んで分布するところであり，地下水涵養地として非常に優れた地質条件ができている。

　xii　崖錐堆積物

　崖錐堆積物は山腹斜面堆積物である。崩積土や扇状地堆積物を含む。主な分布域は阿蘇外輪山西側の斜面，金峰山北斜面などである。岩相は玉石転石を含む礫混じり粘土・粘土混じり礫である。分級の悪い土石の混合物からなり未固結で空隙に富む。

　この層の末端部付近には大きな湧水があり，菊池市若木の湧水はその一つで合志川の源流になっている。合志川支流，米井川・二鹿来川の流れもこの層の分布地域から発生している。矢護川上流の真木付近の湧水群は渓流の流れがこの層に伏流浸透して湧出したものである。

　xiii　沖積層

　沖積層の主要な分布は菊池川中流域の低地，白川・緑川下流域の熊本平野である。阿蘇外輪山西麓台地を刻む中小河川の低地にも狭い分布がある。菊池川中流域の厚いところは10m 程度，一般には 5 ～ 6 m である。熊本平野では60m に達するところもある。暗青灰色，灰色などの還元色の粘

土・砂・礫・玉石などから構成される未固結の地層で空隙に富む。

 沖積層の大部分は地下水面下に分布し，帯水層を形成する。菊池川右岸部に山鹿市水道局の浅井戸水源があり，緑川中流域の右岸部にも浅井戸水源が知られている。これらの浅井戸水源の地下水は河川水の伏流浸透で涵養されている。

　xiv　火山灰土

 火山灰土は山麓のゆるい斜面・火砕流台地・段丘面を覆い広範囲に分布する。基本的に下位に褐色の粘土質火山灰土（赤ボク），上位に黒色の有機質火山灰土（黒ボク）からなる。植木の火砕流台地上や西合志・大津・菊陽の段丘面上には厚さ5～6m，託麻台地東部では10mに達する場合もある。

 阿蘇火山中央丘群の噴火に伴う降下火山灰であることから山地の斜面にも分布する。この層からの取水の記録はない。

Ⅲ 地下水賦存および流動についての把握

 熊本地域で利用されている地下水についての長年の研究により，第一帯水層，第二帯水層に関わる知見はきわめて豊富になり，地下水流動および地下水量の把握が進んでいる。

1　第一帯水層，阿蘇-4/3間堆積物，第二帯水層の把握

 今日までの主要な成果を整理すると，熊本地域の場合，主な地下水体は阿蘇火砕流堆積物（阿蘇-1～阿蘇-4）および砥川溶岩と阿蘇火砕流間の堆積物に依存している。そのうち，阿蘇-4/3間堆積物（白川流域より北側では花房層，南側では布田層と呼ばれる）は難透水性～不透水性の粘土～シルト層や火山灰層からなる部分があることからこの層準より上位の自由地下水である第一帯水層と下方の被圧地下水である第二帯水層として把握されている。

 ボーリング資料に基づく阿蘇-4/3間堆積物の分布の高低差が320mにも及び，しかも，花房層は明らかに湖の堆積環境で形成されたと考えられるが，

布田層の層相は凝灰岩であり，むしろ風成層と考えられる。また，有明海に近い熊本の低地域地下に分布する阿蘇-4/3間堆積物（御幸層；石坂ほか，1995）は海域での堆積物であることから，従来の堆積盆の捉え方（たとえば，熊本県・熊本市，1994）には無理がある。したがって，図2-7-8に示された分布を見る限り，形成後の著しい変形が起こっていないとすれば，標高や堆積環境が異なる地域に堆積したものと考えるべきである。また，熊本地域の地下水は阿蘇-4/3間堆積物により，第一帯水層と第二帯水層に区分されるが，その分布が途切れている場所では，その区分は不明瞭になる。たとえば，八景水谷の湧水は第一帯水層に基づいており，水前寺や江津湖は第二帯水層からの湧水であることが明らかにされている（柴崎・髙橋，1993）が，阿蘇-4/3間堆積物が分布しない部分については，湧水あるいは揚水に関し，

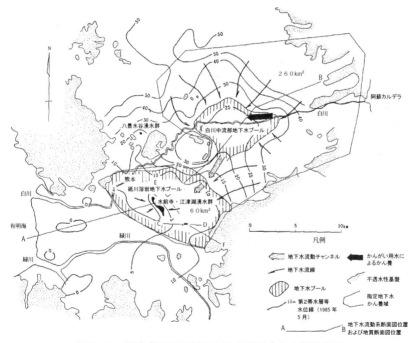

図2-8　熊本市周辺地域における地下水かん養概念図

(柴崎・髙橋；1993による)

第一帯水層と第二帯水層いずれの起源によるかの判断が難しいところである。

2　白川中流域地下水プールと砥川溶岩地下水プール

　熊本地域地下水の賦存構造として，2つの大きな供給域が認められている。一つは白川中流域を中心とする「白川中流域地下水プール」であり，他は南部の砥川溶岩分布域にあたる「砥川溶岩地下水プール」である（柴崎・高橋，1993）（図2-8）。これら2つの地下水プールにより，熊本地域はきわめて安定な揚水を行うことが可能であり，このことが熊本地域地下水の最も大きな特徴である。

IV　水理地質の地史的背景
—地質および地形の成立過程（地史）

　熊本地域における地下水に関わる地質形成の地史的背景を改めて整理する。まず，古生代約2億年にも及ぶ過去から中生代，新生代古第三紀，さらに新第三紀鮮新世の基盤岩類は，九州本島の地質の大部分を作り上げた。この間には大陸の一部であった時代からプレート運動による変動を受け，さらに変成作用や花崗岩類の貫入など構造運動を被った。その結果，これらの基盤岩類は九州の北部と南部に広く露出している。

　一方，中部ではその南北両側を構造線で区切られて陥没し，その結果，これらの基盤岩類は著しく断片的な露出に留まり，その分布の多くは地下に隠れている。熊本地域でも，その北部と南部に山地をつくって露出するが，広くは地下深くにある。ただし，これらをつなぐように基盤岩類の高まりがあり，北西から南東への小丘列をつくっている。この基盤岩類の上に200〜100万年前の先阿蘇火山岩類や金峰火山岩類が厚く重なり，基盤岩類の旧地形を広く覆った。その後の侵食作用は火山岩類の表層に凹凸を生み，低い部分には地域毎に堆積層が形成され，火山岩類表層に生じた凹凸の度合いを少なくした。その後，今から約27万年前，九州の中央部に巨大な噴火が起こり，熊本地域の地表はまず阿蘇-1火砕流堆積物によって覆われた。その後，今か

ら13万年前に阿蘇−2火砕流堆積物，12万年前に阿蘇−3火砕流堆積物がこの地を覆い，約9万年前に阿蘇−4火砕流堆積物が広く，また厚く覆った。このような阿蘇火砕流噴火の休止期間にいくつかの窪地では湖水域ができ，湖成層が形成された。さらに阿蘇−2／1間堆積物堆積後に今の益城町赤井に噴火口をもつ砥川溶岩が流出，阿蘇−4／3間堆積物堆積後には今の阿蘇くまもと空港がある高遊原溶岩が流出した。

　阿蘇−4火砕流の噴火後，広く阿蘇−4火砕流堆積物で埋められた盆地状部には，周囲の山地斜面から流水によって土砂が運び込まれ，火砕流台地上は広く砂礫層で覆われた。その後，立野付近に生じた断層によってカルデラ壁が崩壊し，今の白川流域に巨大な土石流が発生，台地を一気に削り，土石流の後に託麻砂礫層が形成された。このようにして阿蘇カルデラ内には一時湖は消滅し，白川は阿蘇カルデラ域を集水域とすることで，しばしば氾濫する暴れ川となったと考えられる。その後，海水準の低下に伴って侵食基準面が下り，白川流域の河岸段丘が形成された。阿蘇中央火口丘群の活動により，火山灰が降り注ぎ，赤ボクおよび温暖化に伴い有機質の多い黒ボクが形成された。この温暖化に伴って海水準の上昇が起こり，現在の沖積低平野が形成された。

V　おわりに

　熊本地域は熊本市をはじめ周囲の市町村の上水道を地下水によって賄っていることで特筆すべきところである。その豊富な地下水を可能にしている地質的状況の解明と地下水の量や流動の実態把握に重ねられてきた先人の功績は偉大である。これらの調査研究の結果とこれまでに熊本地域で施されてきたボーリング資料の集積に基づく地質構成の把握を行ってきた熊本地盤研究会の多大な努力があった。本章ではこれらの成果に基づき，これまであまり注目されてこなかった基盤岩類の水理地質状況についても幾分言及し，また，熊本地域の水理地質構成それぞれをある意味で可視化することを試みた。

　これらの新たな情報により，熊本地域の地下水の賦存状況は一層把握され

るようになったと言えよう。これまでの第一および第二帯水層についてだけでなく，熊本地域における水理地質構成と地下水の実態との関わりを明確にすることが，地下水保全，あるいは汚染などへの懸念についての対応をより効果的に行うことにつながると考える。

（長谷義隆・中山　洋・古澤　二・荒牧昭二郎）

＜参考文献＞

古川博恭・黒田登美雄・東風平朝司「阿蘇西麓台地の地下水の光と影―熊本地域の地下水盆管理の問題点と新しい視点―」『日本応用地質学会九州支部会報』，21号，2000年3月，2-8頁。

石坂信也・岩崎泰頴・長谷義隆・渡辺一徳・岩内明子・田尻雅則「熊本平野地下に分布する最終間氷期の堆積物と平野の沈降速度」『第四紀研究』，34巻，1995年8月，335-344頁。

熊本地質図編纂委員会（2008）『熊本県地質図（10万分の1）および説明書』社団法人熊本県地質調査業協会。

熊本地盤研究会（2014）『熊本地域の地質断面図』公益財団法人くまもと地下水財団。

熊本県・熊本市（1994）『平成6年度熊本地域地下水総合調査報告書』。

宮本　昇・柴崎達雄・高橋　一・畠山　昭・山本荘毅「阿蘇火山西麓台地の水理地質―日本の深層地下水（第一報）―」『地質学雑誌』，第68巻，第800号，1962年8月，282-292頁。

渡辺一徳・小野晃司「阿蘇カルデラ西側，大峰付近の地質」『地質学雑誌』，第75巻，1969年7月，365-374頁。

柴崎達雄・高橋　一「ふたたび熊本湧水群'水みち'を探る―熊本地域の地下水保全・利用問題の新視点―」『ふたたび熊本の地下水を考えるシンポジウムプレプリント』，1993年11月，9-23頁。

Shimada, J., Inoue, D., Hase, Y., Tsujimura, M. and Taniguchi, M., "Regional groundwater flow system study of the mountainous pyroclastic aquifer including Submarine Groundwater Discharge." *Proceedings of International symposium on "Interrelations between seawater and groundwater in the coastal zone and their effect on the environmental nutrient load toward the sea"*, December 2006, pp. 19-22.

第3章

熊本地域の水文気象環境とその長期変化

I 熊本地域の気候

1 気候値の分布と季節変化

　熊本県の気候は熊本地方，阿蘇地方，天草・芦北地方，球磨地方の4つに分かれており，熊本地方は熊本平野を中心として夏は蒸し暑く，冬の冷え込みが厳しい内陸型の気候である。一方，阿蘇地方は阿蘇外輪山に囲まれた山地型の気候，天草・芦北地方は海に面した海洋型の気候，球磨地方は人吉盆地を中心とした内陸型と山地型の気候である（熊本地方気象台ホームページ「熊本県の気候」）。本節では内陸型の熊本地方，山地型の阿蘇地方，海洋型の天草地方について，気温と降水量の長期平均値（気候値）やその長期傾向について概説する。気温や降水量のデータはすべて，気象庁ホームページ「過去の気象データ・ダウンロード」を利用した。

　熊本県内すべての気象庁観測地点の年平均気温をと年降水量の気候値（1981年から2010年までの平均値）を，図3-1に示す。また，その中でも観測期間の長い熊本，阿蘇山，牛深を選び，日平均気温，日最高気温，日最低気温の月平均値と月降水量の気候値を，図3-2に示す。

　図3-1より，年平均気温の分布は八代海周辺や天草地方などの沿岸域では18℃以上と高く，阿蘇地方や球磨地方などの山岳地域では8℃以下と低い。日平均気温の年平均値は，内陸型の熊本では16.9℃に対して，海洋型の牛深では18.0℃と暖かく，山地型の阿蘇山では9.9℃と寒い。図3-2より3地点の季節変化を比較すると，熊本では1.2℃～33.2℃（年較差32.0℃），阿蘇山では−4.6℃～23.9℃（年較差28.5℃），牛深では5.3℃～32.0℃（年較差26.7℃）である。

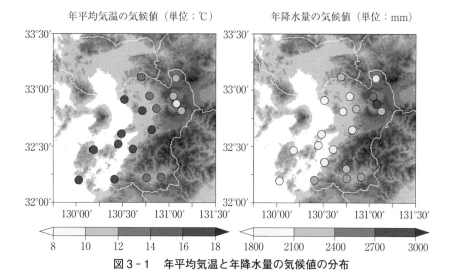

図3-1　年平均気温と年降水量の気候値の分布

同様に，各月の日最高気温と日最低気温の差（月較差）の年平均値は，内陸型の熊本では9.5℃と大きいのに対して，阿蘇山と牛深では6.8℃と小さい。このように，熊本では最高気温は牛深よりも高く，年較差が非常に大きい内陸型の気候の特徴を示している。図は省略するが，旬平均の平年値で見ると，熊本は九州の県庁所在地の中で夏の日最高気温は最も高く，冬の日最低気温は最も低い。

また，図3-1より，年降水量の分布は標高の低い天草地方や熊本地方では1,800mm以下と少なく，標高の高い山岳地域では2,000mmを超え，とくに阿蘇地方では3,000mm以上と多い。年降水量を見ると，熊本と牛深ではそれぞれ1,986mm，1,979mmに対して，阿蘇山では3,206mmと非常に多い。図3-2より，熊本と阿蘇山では6月と7月に降水量が多く，この2か月間で熊本では800mm，阿蘇山では1,300mm程度の降水量があり，年間の約40％に相当する。牛深でも6月と7月に約650mm程度の降水量があるが，年降水量の30％程度である。

このような降水量の季節変化の違いを調べるために，1981年から2010年までの降水量の平年値を用いて，熊本，阿蘇山，牛深の月別時間帯別のグラフ

第3章 熊本地域の水文気象環境とその長期変化 | 35

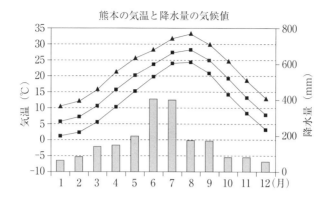

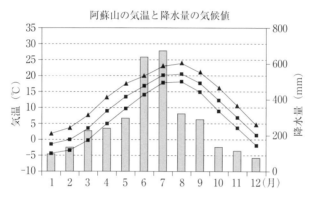

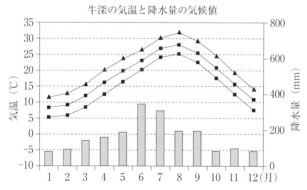

図3-2 熊本，阿蘇山，牛深の月平均気温，月最低気温，月最高気温，月降水量の気候値

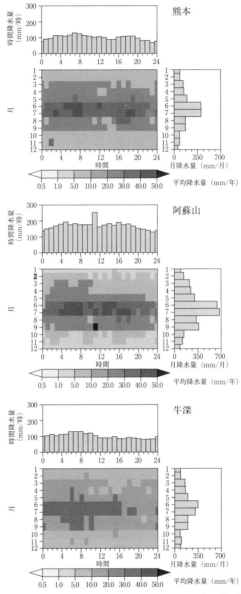

図3-3 熊本，阿蘇山，牛深の月別時間帯別の降水量の気候値

を図3-3に示す。これは，各月ごとに各時間帯の降水量を平均した図で，何月には何時にどれだけの降水量があるかを表している。3地点ともに5月から9月まで降水量が多く，6，7月にはとくに多い。これは，梅雨前線，台風，秋雨前線などによると考えられる。時間帯別に見ると，熊本と阿蘇山では早朝（4時から8時頃）と午後（12時から20時頃）にも降水量が多いが，牛深では早朝のみで午後のピークは見られない。阿蘇山と熊本で夏季の午後に降水量が多いのは，阿蘇山の山麓斜面や熊本の都市域で地表が暖められ，夕立のような対流性降水が多いためと推定できる。

2 長期変化

　熊本，阿蘇山，牛深について，年平均気温と年降水量の長期変化を図3-4に示す。観測期間はそれぞれ，熊本は1891年から，阿蘇山は1932年から，牛深は1950年から2014年までである。その結果，3地点ともに気温の上昇傾向が認められ，熊本，阿蘇山，牛深ではそれぞれ，0.0159℃／年，0.0131℃／年，0.0195℃／年の割合で気温が高くなっている。熊本では1940年代までは上昇傾向は見られないが，50年代から90年代までは上昇しており，2000年以降は再び上昇傾向は見られなくなっている。日本全国で考えると，気温は0.0114℃／年の割合で上昇しており，とくに1990年代以降に高温となる年が多くなっている（気象庁ホームページ「気温・降水量の長期変化傾向」）。熊本県内の気温上昇率は，3地点とも日本全国の平均値よりも大きいことが分かる。

　次に，日平均気温，日最高気温，日最低気温について，3地点のデータが揃っている1950年から2014年までの変化を図3-4に加えて示す。3地点を比較すると，日平均気温の上昇率は熊本では0.0262℃／年，阿蘇山では0.0119℃／年，牛深では0.0195℃／年である。日最高気温と日最低気温の差（日較差）は，内陸性の熊本では約10℃と大きく，阿蘇山や牛深では約7℃と小さい。熊本の日最低気温の上昇率は0.0343℃／年であり，日平均気温や日最低気温の上昇率（0.0158℃／年）よりも大きい。これは，都市化によって深夜や早朝の日最低気温が上昇していることが原因と推定できる。それに対し

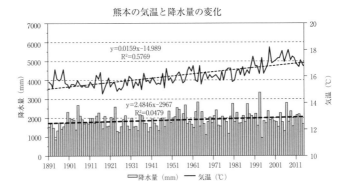

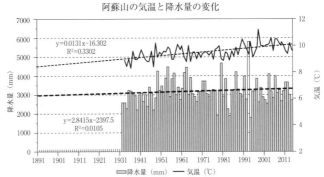

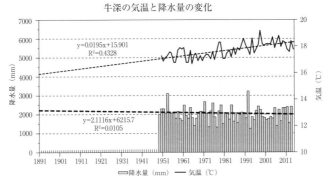

図3-4　熊本，阿蘇山，牛深の年平均気温と年降水量の長期変化

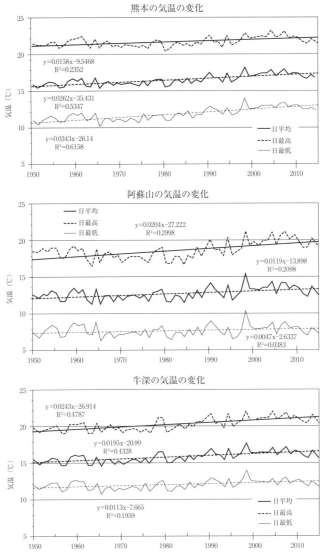

図3-4つづき　熊本，阿蘇山，牛深の日平均，日最高，日最低気温の長期変化

熊本の1時間最大降水量の変化

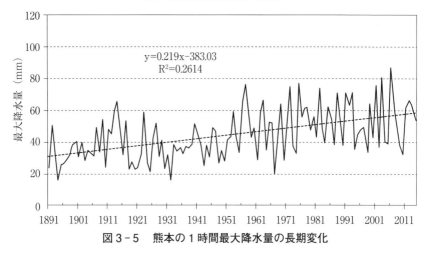

図3-5　熊本の1時間最大降水量の長期変化

て，阿蘇山と牛深では日最高気温の上昇率（0.0204℃/年，0.0243℃/年）の方が，日平均気温の上昇率よりも大きい。これは広域的な温暖化の影響かもしれない。このように気温上昇率を比べてみると，熊本県内でもその要因は異なることが推定できる。気温上昇の原因は，広域的な温暖化の影響と地域的な都市化の影響が考えられ，両者を区別して評価することは難しい。

また，年降水量の長期変化は3地点とも決定係数が低く，長期的なトレンドは認められなかった。そこで，年よりもさらに短い期間について，降水量の長期変化を考察した結果，3地点のうち熊本のみが1時間最大降水量に増加傾向（0.219mm/年）が認められた。図3-5に，熊本の1時間最大降水量の変化を示す。1940年代までは20〜60mm程度だが，それ以降は40〜80mm程度に上昇していることが分かる。熊本では早朝や午後の対流性降水が多いため（図3-3），近年では温暖化によって対流性降水が発達し，1時間最大降水量が増加していると推定できる。

Ⅱ 河川流量

本節では，熊本県内の3河川について，流量の長期変動と季節変化について述べる。河川流量データはすべて，国土交通省河川局「水文・水質データベース」を使用した。白川（陣内と代継橋），菊池川（玉名），緑川（城南）の河川流量と，熊本の年降水量について，1957年から2009年までの時系列変化を図3-6に示す。白川は両地点ともに1960-70年代には20m³/s程度と少ない

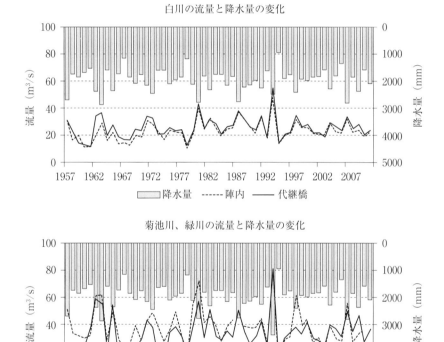

図3-6　白川（陣内と代継橋），菊池川（玉名）と緑川（城南）の河川流量と，熊本の年降水量の変化

が，1980年代から90年代前半には30m³/s 程度と多くなり，それ以降は25-30m³/s 程度である。菊池川と緑川も同様の長期変動が見られるが，白川ほど顕著ではない。熊本の年降水量は1957年から2010年までの平均値は1,963mmであるが，1980年代の降水量は2,127mmと多く，白川の流量が多いのと対応している。3河川ともに全期間を通して流量は降水量と同じ変動をしており，相関係数は白川の陣内で0.83，代継橋で0.89，菊池川で0.85，緑川で0.87と非常に高い。以上より，4地点ともに流量は主に降水量によって決まっていることが分かる。

次に，流量の季節変化を明らかにするため，白川の陣内と代継橋の流量および両地点の差，菊池川と緑川の流量の月平均値を図3-7に示す。また，熊本の月降水量との相関係数の季節変化も加えて示す。その結果，4地点とも降水量の季節変化と同様に，流量は6-7月に非常に多い。各月ごとの相関係数は，白川と緑川では3月から9月までは0.6以上と非常に高く，10月

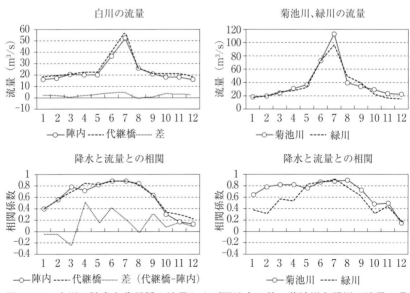

図3-7　白川の陣内と代継橋の流量および両地点の差，菊池川と緑川の流量の月平均値（上図），および熊本の降水量との相関係数の季節変化（下図）

第3章　熊本地域の水文気象環境とその長期変化

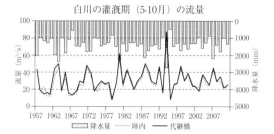

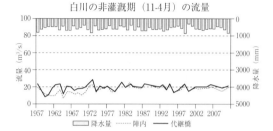

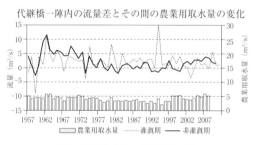

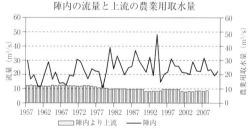

図3-8　灌漑期と非灌漑期における白川（陣内，代継橋）の流量と降水量の変化，代継橋ー陣内の流量差と，その間の農業用取水量の変化，および陣内の流量とそれより上流の農業用取水量の変化

から2月までは0.6より低い。とくに、10月から12月は0.4よりも低い。菊池川では1月から9月まで0.6以上と高く、10月から12月は0.6より低い。4地点ともに冬季を除いて降水量との相関が非常に高く、降水量によって河川流量は変化していることが分かる。しかし、白川の陣内と代継橋の流量の差は、4月と6月には0.4以上と高いが、他の月は0.4よりも低い。流量の差については降水量と相関は無いため、白川からの灌漑用水や河川周辺の地下水などの影響が考えられる。

　そこで、灌漑期（5-10月）と非灌漑期（11-4月）に分けて、白川上流の陣内と下流の代継橋の流量変化と降水量を、図3-8に示す。その結果、灌漑期の流量は降水量による変動が大きく、とくに灌漑期の降水量が2,000mm以上の1963、1980、1987、1993、2006年には流量は45m^3/s以上と大きい。しかし、降水量も流量も長期的なトレンドは認められない。また、非灌漑期の降水量は1,000mm以下であり、こちらも長期的なトレンドは認められない。代継橋の流量は期間を通して20m^3/s程度でほとんど変化していないが、陣内の流量は1960年代だけが15m^3/s程度と顕著に少ない。つまり、1960年代には上流の陣内の流量が少ないため、下流の代継橋までの間に農業用水か、あるいは地下水が流入している可能性が考えられる。

　灌漑期と非灌漑期における陣内と代継橋の流量差と、陣内から代継橋までの農業用取水量の収支の変化も図3-8に加えて示す。白川では灌漑用水を得る取水堰やその還元堰が何ヶ所もあり、農業用取水量とは取水堰や還元堰ごとに水田面積に減水深を掛けて計算した推定値である（地圏環境テクノロジーより提供、第6章を参照）。その結果、灌漑期の流量差は長期的なトレンドは認められないが、非灌漑期の流量差は1960-70年代にかけて10m^3/sから0m^3/sまで徐々に差が少なくなり、1980-90年代はほぼ0m^3/sとなり、そして2000年以降には3-4m^3/sまで徐々に大きくなっている。陣内から代継橋までの間で計算した農業用取水量は、1960-70年代と2000年代以降は5m^3/s程度であり、1980-90年代は4m^3/s程度である。灌漑期における代継橋と陣内の流量差と農業用取水量とは変動が異なり、灌漑用水が原因とは考えられない。また、陣内の流量は1960-70年代にとくに少ないため、代継

橋との流量差が大きい原因となっている。そこで，陣内の流量と陣内より上流の農業用取水量の変化も，図3-8に加えて示す。陣内より上流の農業用取水量は，1960年代の12m^3/s程度から2000年代には8m^3/s程度まで徐々に減少しているが，陣内の流量との相関は認められない。

　以上のように，陣内から代継橋までの白川の流量差については，灌漑用水の影響は認められないと考えられる。それ以外の要因としては，流域の土地利用の変化による浸透量の減少，下水道や排水路の整備，白川の河川工事（田上・上村．1998）など，いくつかの要因が考えられる。そこで，国土交通省の土地利用図を用いて，1976年，1987年，1997年，2009年の白川中流域の土地利用を図3-9に示す。その結果，田や水域の面積はあまり変化していないが，建物用地・幹線交通用地・その他の用地は年々増加しており，とくに2009年には建物用地が増加しているのが分かる。つまり，降水が地下に浸

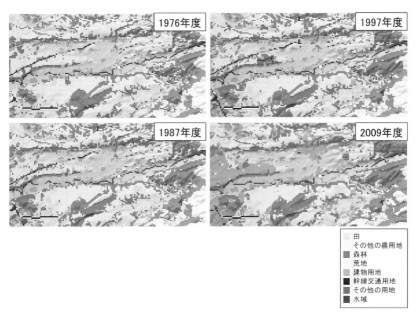

図3-9　白川中流域における土地利用の変化。1976年，1987年，1997年，2009年の比較（国土地理院発行の土地利用図より作成）

透していた農地や森林などの面積が減少し，降水が直接河川に流出する建物用地などの面積が増加したことを示している。このような土地利用の変化も，白川の流量変化の原因になっている可能性がある（第7章を参照）。

Ⅲ 江津湖の湧水量

　白川の河川水は中流域低地の水田から第2帯水層に浸透し，江津湖周辺で湧出している（第7章を参照）。そこで本節では，江津湖の湧水量の長期変化について述べる。東海大学によって調査された1991年12月から2013年12月までの江津湖の月湧水量と，熊本の月降水量の変化を図3-10に示す。江津湖の湧水量は1991年の約500,000m³/sから2005年の約350,000m³/sまで減少しているが，2006年7月には約450,000m³/sまで急激に上昇し，それ以降はあまり変化していない。そこで，これらの時系列データからUC-DHR解析（Kabeya et al., 2015）を用いて季節内変動（年内周期成分）を除去した長期傾向を抽出した。その結果，降水量は有意な長期傾向は見られなかったが，湧水量は2005年までの減少傾向が2006年より有意に増加傾向に変化していることが分かった。つまり，2006年7月の急激な増加は降水量の増加だけでは説明

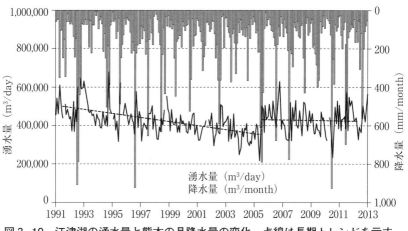

図3-10　江津湖の湧水量と熊本の月降水量の変化。点線は長期トレンドを示す。

できない。このような江津湖の湧水量が回復した理由について，市川（2014）は白川中流域農地における転作田での湛水事業による地下水涵養量の増加と，節水運動による地下水揚水量減少の総和であると結論づけている。

そこで，1991年12月から2006年6月までと，2006年7月から2013年12月までの季節変化を比較するために，両期間について湧水量と降水量の月平均値を図3-11に示す。両期間ともに5月に約400,000m^3/sの最低値を，9月に約475,000m^3/sの最高値を示す季節変化は一致している。しかし，2006年以降の方が10-11月と1月は湧水量が多く，2月と8月には極小を示し，全体的に変動が大きい。降水量は両期間ともに6-7月に多いため，降水から湧出までの地下水流動プロセスが変化した可能性が考えられる。

次に，年降水量と年湧水量との関係について，1992年から2005年までと2006年から2013年までを比較した結果を，図3-12に示す。江津湖の年湧水量は同年の降水量とは相関が認められないが，2006年以降には前年の降水量と相関が認められる。これは，2005年までは湧水量の長期的な減少傾向があるため，降水量との相関が認められないと考えられる。そこで，長期的な減

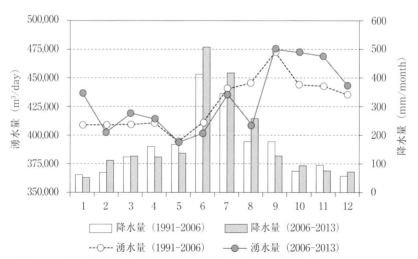

図3-11　1991年12月から2006年6月までと，2006年7月から2013年12月までの月平均した降水量と湧出量の季節変化

少傾向の影響を除くために，長期トレンド（図3-10の点線）からの偏差について比較した結果も，図3-12に加えて示す。その結果，2005年までの年湧水量の偏差は同年の降水量と，2006年以降の年湧水量の偏差は前年の降水量と，それぞれ相関が認められることが明らかとなった。また，相関式の傾きは2005年までは降水量1mm当たり14m³/sと小さいが，2006年以降は49m³/sと大きい。つまり，2006年以降は降水から湧出までの滞留時間が長くなり，降水に対する応答が大きくなったと考えられる。

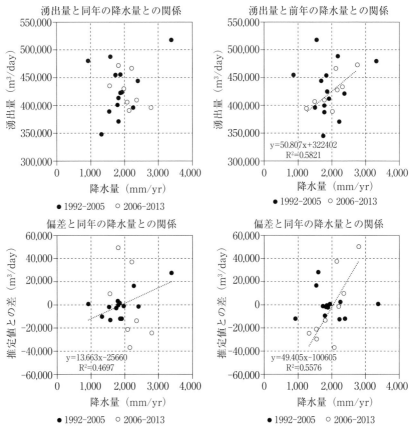

図3-12　1991年から2005年までと2006年から2013年までの年降水量と年湧出量との相関（上図）と，年湧出量の長期変動成分からの偏差との相関（下図）

さらに，熊本大学理学部の学生実験で2007年から2014年まで毎年10月に，藻器堀川の鵜渡橋および県立図書館裏で観測した河川流量とその差（湧出量），および前1年間（10月から9月まで）の熊本の降水量を，図3-13に示す。上流の鵜渡橋では約20,000m^3/sでほぼ一定であるが，下流の県立図書館裏では約90,000m^3/sから120,000m^3/sまで増加しており，前年の10月から同年9月までの降水量（つまり前年の降水量）と非常によい相関が認められる。このように，同じ観測期間であっても降水量に対応して変動している地点と全く変動しない地点があり，江津湖の湧水量を評価することは難しい。

　以上のように，白川の河川流量の長期変動の原因や，江津湖の湧水量が2006年以降に変化した原因については，白川中流域から江津湖までの地下水流動プロセスを正確に把握する必要があり，さらに長期的な観測や数値シミュレーションによる研究が必要である。　　　　（一柳錦平・田上雅浩・市川　勉）

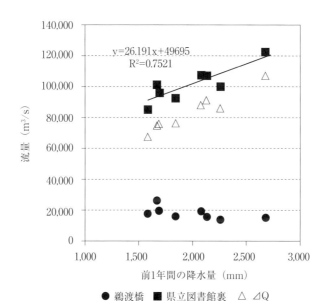

図3-13　藻器堀川の鵜渡橋および県立図書館裏で観測した河川流量とその差（⊿Q，湧水量を示す），および前1年間（10月から9月まで）の降水量の関係

50

写真 3-1　熊本大学理学部の学生実験（地球惑星環境学実験 C）による流量観測の様子

＜参考文献＞

今辻銀二・市川　勉・荒牧昭二郎「熊本水前寺・江津湖における湧水の変動とそのメカニズムについて」『東海大学部紀要産業工学部』1号，2008年，46-52頁。

花尻新也・市川　勉「熊本地域地下水の涵養機構と白川中流域の湛水事業の効果について」『東海大学部紀要産業工学部』1号，2008年，60-66頁。

市川　勉・伊藤ゆい「熊本白川中流域における湛水事業による硝酸性窒素汚染の可能性」『東海大学基盤工学部・産業工学部紀要』1号，東海大学，2013年，7-16頁。

市川　勉「熊本，白川中流域における湛水事業による地下水への影響」『東海大学基盤工学部・産業工学部紀要』2号，東海大学，2014年，1-6頁。

田上敏博・上村雅文「白川の河川史に関する研究」『土木史研究』18号，1998年，259-264頁。

気象庁ホームページ「気温・降水量の長期変化傾向」。http://www.data.jma.go.jp/cpdinfo/temp/index.html（2015年9月22日アクセス）。

気象庁ホームページ「過去の気象データ・ダウンロード」。http://www.data.jma.go.jp/gmd/risk/obsdl/index.php（2015年9月22日アクセス）。

熊本地方気象台ホームページ「熊本県の気候」。http://www.jma-net.go.jp/kumamoto/knowledge/climate.htm（2015年9月22日アクセス）。

国土交通省河川局ホームページ「水文水質データベース」。http://www1.river.go.jp/（2015年9月22日アクセス）。

KABEYA, N., CHAPPELL, N. A., TYCH, W., SHIMIZU, A., ASANO, S., HAGINO, H. (accept) "Quantification of the effect of forest harvesting versus climate on streamflow cycles and trends in an evergreen broadleaf catchment". *Hydrological Sciences Journal*, [10.1080/02626667.2015.1027707].

第**4**章

地下水中の環境トレーサーからみた地下水流動状況

I 熊本の地下水流動の概要

　熊本県は昭和および平成の名水百選において，それぞれ4地点，計8地点の湧水が選定されており，富山県と並び，全国で最多の選定数である。また，水理地質が火山性の物質により形成されていることや，九州地方の相対的に大きな降水量，さらに比較的急峻な地形により活発な地下水循環が形成されており，豊富な地下水資源に恵まれている。上水道水源を地下水に依存している割合は，熊本県全体の生活用水において約8割に達し，人口70万人以上の熊本市においては飲用水源のすべてを地下水で賄っていることからも，地下水資源の恩恵を享受していることが分かる。

　熊本地域における地下水流動の実態把握のために，過去から数多くの研究が行われており，流動特性や季節変動特性が明らかにされている。第2章において水理地質構造が詳述されている通り，熊本地域の地下水帯水層は大きく2つに分けられる。上位にあたる第1帯水層は，段丘砂礫層およびAso-4火砕流堆積物などから構成されており，一方の下位にあたる第2帯水層は，Aso-3以下の火砕流堆積物と火砕流間堆積物から構成されており，本地域の主要な帯水層を形成している。

　上位の第1帯水層の地下水は，阿蘇外輪山斜面から菊池台地にかけて西に向かい，植木付近からは南に向かって流動し熊本平野へ流動する。また，白川以南の高遊原台地から託麻台地では，北東から南西方向へと流動している。この第1帯水層の地下水は，花房層や布田層といった難透水層の分布に従い，その上部に不圧地下水として帯水層を形成している。

　一方，地域の主要な水道水源になっている第2帯水層の地下水流動は，阿

蘇の西麓台地周辺で涵養された地下水が白川の下を潜り，熊本空港の位置する高遊原溶岩台地と，基盤岩の高まりによる孤立丘である小山山・戸島山との間を通り，南西方向へ流動を変え，その後，江津湖周辺域で一部は湧出し，残りは熊本平野を経て有明海へ至る流れが卓越している。その他，植木台地周辺から井芹川や坪井川に沿って南方向へと流動する形態も存在している。

　では，このような地下水の流動形態は，どのようにして把握されるのだろうか。地域の地下水流動の実態を明らかにする方法としては，3種類のアプローチが考えられ，(1) 既存の井戸やピエゾメータを用いて，地下水のポテンシャル分布を直接観測する方法，(2) 同位体や水温，水質をトレーサーとして地下水の流れを推定する方法，(3) 数値シミュレーションによって地下水の流動方程式を境界値問題として解き，地下水のポテンシャル分布を得る方法が挙げられる。しかし，どれか1つの方法だけで広域地下水流動の実態を把握することは難しい。広域にわたる解析においては，解析に必要な十分な基礎的データを得ることが困難である場合が多いからである。したがって，複数の方法を併用し，結果を相互にクロスチェックすることによって，より正確な地下水流動の実態が把握されるものと考えられる。

　次節以降に，それぞれの手法の概要を記し，そこから判明している熊本地域の地下水流動の実態について解説する。

II　地下水流動の評価・推定方法

1　地下水のポテンシャル分布

　地下水の流動状況を知るための基礎的かつ重要な方法に，地下水ポテンシャルの測定がある。地下水のポテンシャルとは通常，地下水の「水理ポテンシャル（水理水頭）」を指す。地下水の水理ポテンシャルは下式に示すように，「重力ポテンシャル（位置水頭）」と「圧力ポテンシャル（圧力水頭）」を足しあわせたものである。

$$h = z + \psi \cdots (1)$$

第4章 地下水中の環境トレーサーからみた地下水流動状況

ここで，h：水理ポテンシャル（水理水頭），z：重力ポテンシャル（位置水頭），ψ：圧力ポテンシャル（圧力水頭）である（図4-1）。不圧地下水の場合は井戸内に現れた水面が水理ポテンシャルと定義されるが，被圧地下水の場合には難透水層などにより加圧されているため，圧力ポテンシャルが増加し，地表面を超えて自噴する場合もある（図4-2）。

この地下水ポテンシャルを多地点で測定することにより，地下水ポテンシャルの分布図を作成することができ，これを地下水ポテンシャル図という。地下水ポテンシャル図は，観測のための井戸を選定し，地面から地下水面までの深さを測定する。そして，その地点で測定された地盤標高値をもって地下水ポテンシャル標高を算出し描くことができる。地下水はポテンシャルの

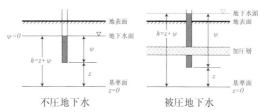

図4-1　水理水頭と位置水頭，圧力水頭の関係

図4-2　自噴井の様子
（左：役犬原の自噴井，右：江津湖湖畔の自噴井）

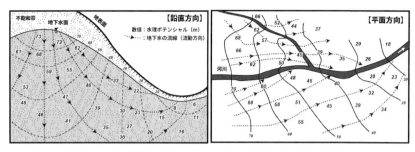

図 4-3 地下水ポテンシャル図と地下水の流線の関係

高い方から低い方へと流動し，流動方向（流線）は地下水ポテンシャル図の等値線の直交する方向と考えられる（例として図 4-3）。

つまり，地下水のポテンシャル分布を精査することは，地下水の流動状況を捉える基礎的方法であるが，さらに，その情報を基にして何らかの地下水汚染が発生した際の汚染状況の把握・汚染源の推定（第 5 章に関係）に繋げたり，地下水シミュレーションでのモデルのバリデーションに活用（第 6 章に関係）したりすることができる。また，長期的な地下水ポテンシャルのモニタリングデータの蓄積は，水位低下対策への応用（第 7・8 章に関係）や，地下水資源の持続的利用（第 10・14 章に関係）に資する基礎情報として活用できる。

(1) 流動形態と季節変化

熊本地域には，県庁，市役所，上下水道局，国交省などが管轄する観測用の井戸（観測井）が 100 本以上存在しており，この多地点の地下水位（ポテンシャル分布）の測定結果と，それらの 30 年以上におよぶモニタリング結果を基に，広域的な地下水ポテンシャル図が作成され，上述したような地下水の大局的な流動特性と水位の季節変化の存在が確認されている。つまり，図 4-4 に示すような熊本地域の地下水ポテンシャル図により，地域の主要な水道水源になっている第 2 帯水層の地下水流動は，阿蘇の西麓台地周辺で涵養され白川の下を潜り，熊本空港が位置する高遊原溶岩台地と，基盤岩の高まりによる孤立丘である小山山・戸島山との間を通り，南西方向へ流動を変え，その後，江津湖周辺域で一部は湧出し，残りは熊本平野を経て有明海へ

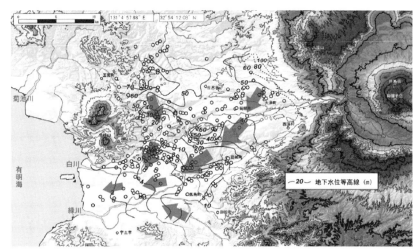

図4-4 熊本地域の第2帯水層における地下水ポテンシャル図と地下水流動方向
(産業技術総合研究所・水文環境図 No.7 熊本地域を基に作成)

至る流れが卓越していることが分かるのである。なお，江津湖以西では地下水ポテンシャル線の間隔が広くなっていることから地下水流動の停滞域に相当しており，この地域の地質分布状況が難透水性である有明粘土層等の存在によりその流動を阻害していることに起因している。

また，この第2帯水層の地下水位の変動特性としては，明瞭な季節変化がみられることと，変動幅に地域性がみられることが挙げられる。季節変化については，梅雨期前の6月に最も低く，夏から秋にかけて水位が上昇し，10月頃に最高になり，その後再び低下するという変動パターンを示す。水位の変動幅については，地下水流動の上流域に当たる外輪山西麓周辺で大きく，下流域の平野部では小さいことが特徴である。

地下水の高水位期と低水位期における第2帯水層を対象とした地下水ポテンシャルの平面分布図を示す（図4-5）。両期間における大局的な地域の地下水流動系は，東部の阿蘇西麓台地から西部の有明海へと流動する機構が主であるが，図中央の基盤岩の高まりによる孤立丘を境にして，北側から金峰山の東側を通り，その後有明海へと流動する機構の存在も認められる。また，

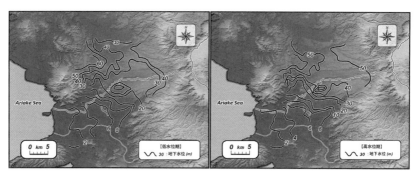

図4-5　熊本地域における低水位期と高水位期の地下水ポテンシャル図

両期間の地下水ポテンシャルの分布形態に着目すると、ポテンシャル線は低水位期に比べ高水位期にはより下流側にせり出す形となり、大きな地下水位変化を示している。30mの等ポテンシャル線が示すように、特に白川中流域低地周辺における水位変化は約15mにもおよぶ。この白川中流域低地には、後述する通り、第1帯水層と第2帯水層を区分する難透水層が存在していないことから、この地域の水田地帯から涵養された水が直接第2帯水層を涵養する流動形態が存在しており、このような大きな季節変化を示す。

(2) 水位の長期トレンド

　熊本県が測定している観測井の地下水位は、流出域にあたる熊本平野においては、ゆるやかな水位低下傾向（0.5m/20年）が認められており、一方、涵養域にあたる阿蘇西麓台地の菊池台地などにおいては、さらに大きな水位の長期低下傾向（3.0m/20年）を示している（図4-6）。また、これに呼応するように、熊本市の主要な湧水地域で熊本水道の発祥地でもある八景水谷や、市民共通の広域水辺リクリエーション地である江津湖における湧水量においても、その長期変動は明らかな低減傾向を示しており、1950年代に日量90万トンあった江津湖の湧水量は、1990年初頭には50万トンに、2000年代には40万トンを下回り、地域の地下水資源量が低下しつつあることが懸念されている（図7-4参照）。

(3) 熊本の地下水流動の特殊性

　熊本地域の2つの帯水層の間には、Aso-3とAso-4と間の湖成堆積物が

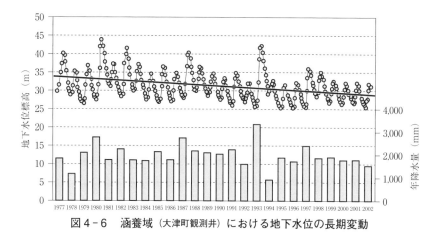

図4-6　涵養域（大津町観測井）における地下水位の長期変動

難透水層として挟在している。しかし，大津町や菊陽町が位置する白川中流域低地には，この難透水層が欠如しており，第2帯水層に対する効果的な涵養域になっていることが，地下水位の季節変化からも明らかとなった。

また，田面からの浸透量を表す言葉に「減水深」がある。これは水田の水持ちを1日当たりの水高で表したもので，その内訳は地下への浸透量と田面および植物からの蒸発散量とで構成されている。白川中流域低地の水田の減水深については，中干し前は代掻きによって20〜70mm/日であるが，中干し後に深いクラックが入ることにより，50〜200mm/日となり，減水深が約3倍に増加することが判明している（伊藤ほか，2012）。一般的な水田の減水深が10〜20mm/日程度であることから，いかに白川中流域低地の水田の減水深が大きいものであるかが理解できる。この白川中流域低地には，多くの水田が分布しており，この水田の灌漑水の浸透が，地下水涵養に重要な役割を果たしている。

さらに，地域の第1帯水層を構成しているAso-4火砕流において，環境トリチウムと安定同位体を用いた土壌水の浸透機構解析と涵養量の評価研究（米坂ほか，2002）によれば，年平均1,137mmに相当する量が，2.29m/年の降下速度で地下水涵養として機能していることが把握されている。このような高い涵養量は，わが国の他地域における涵養量と比べても明らかに大きく，

熊本地域の豊富な降水量と火砕流堆積物の高透水特性を反映したものである。つまり，このような水理地質がもつ大きな透水性能により，活発な地下水流動機構が存在しているのである。

2　環境トレーサーを用いた地下水流動の推定方法

熊本地域の地下水流動機構については，既述の地下水ポテンシャル図により大まかに推定できるが，この流動形態を裏付けるために，他の物質を用いた研究も実施されてきた。その具体例として挙げられるのが，地下水に溶存している主要イオンや，地下水の安定同位体比による手法である。主要溶存イオンを用いた研究例としては，例えば火山を起源とした白川河川水に豊富

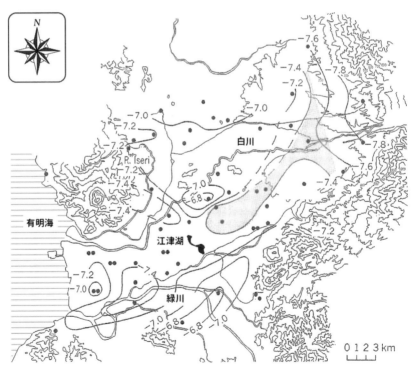

図4-7　水の安定同位体比による第2帯水層における白川からの地下水涵養の影響
(小坂ほか，2002)

に含まれるSO_4イオンを指標とした際に地域の地下水の溶存イオンをみると，白川中流域から江津湖付近にかけての地域において，高いSO_4イオンの水質形態が続いていることを示している（熊本県・熊本市，1995，島野，1999）。これは，白川中流域低地に分布する水田への灌漑により生み出された地下水が江津湖にかけて流動していることを示しており，地域の卓越した地下水流れと整合する。さらに同様の傾向は水の安定同位体比からも読み取れ，相対的に高標高の阿蘇山を涵養源にもつ白川河川水の低い同位体比が，江津湖付近まで舌状に伸びていることが指摘されている（図4-7；小坂ほか，2002）。同位体比の解析結果より，年間を通じて30～40％の割合で白川河川系の成分が第2帯水層を涵養していることが示された。

このように，白川中流域低地の水田は涵養域の中でも相対的に狭い面積ではあるものの，地域の主要な涵養域として機能しており，この地域で涵養された地下水が江津湖付近へと流動する活発な地下水流動機構の存在を水質からも裏付けられ，量的な検討もなされるようになった。言い換えれば，白川中流域低地の土地利用状態の改変が地域の地下水資源量に大きく影響することを示唆しているのである。

Ⅲ　新しい地下水流動の推定方法

これまで，地下水ポテンシャルの分布から推定された地下水流動系が，水質や同位体比のいずれの分布特性からも裏付けられた事例を示したが，最近ではこれまでとは異なる手法により，地域の地下水流動系を裏付けるとともに，さらに流動そのものの実態だけではなく，付加価値を有した情報も見出される新しい研究が行われている。その一例として，「地下水の年代トレーサー」と「難分解性有機化学物質」を紹介する。

1　地下水年代トレーサー

（1）地下水の年齢とは

地下水の源となる降水などが，地中を浸透し地下水面に到達（地下水を涵

養)した時点をゼロ（年）とし，それから地下水として流動している時間（年）を「地下水の年齢」と定義することができ，「滞留時間」とも言い換えることができる。

　この地下水の年齢を推定することは，地域の水循環サイクルの速度を推定することに繋がり，また，地下水の流動に従って年齢が増加することを想定すると，年齢分布が流動を反映していると言える。では，そもそも地下水の「年齢」とはどの程度であろうか。

　世界の地下水の平均年齢は600歳と言われている。この年齢は，世界の全地下水貯留量（8,200,000km^3）が，ある一定の地下水循環量（14,000km^3/年）で入れ替わるとした場合に，どのくらいの時間がかかるかを計算した結果から求められた。つまり，全地下水貯留量÷地下水循環量＝約600歳ということである。しかし，これは全地球規模での平均的な年齢を示しているにすぎない。これまで世界各地で行われてきた地下水の年齢推定研究の結果，年齢は地質条件や地下水の存在形態によって大きく異なっていることが判明した。日本は降水量が多く，地形が急勾配であるため，相対的に若い年齢の水が多いと考えられており，例えば黒部川扇状地の砂丘の地下水は0.14年と非常に短く（日本地下水学会，2009），御岳山麓の湧水も10年以内（浅井・辻村，2010）と，相対的に若い地下水が卓越している。一方で，八代海沿岸の海面下から湧出する地下水の年齢は2,000年以上とかなり長いことが報告されており，地域によっては古い地下水も存在している。さらに，世界にはより長い年齢を有した地下水も多く存在しており，オーストラリアの大鑽井盆地の地下水には，なんと110万年以上と推定される古いものもある（日本地下水学会，2009）。

　地下水には，オーストラリアの事例のように何十万年という年齢を有した地下水も存在しており，はるか昔に降った雨が源の地下水とは，いわば「化石水」と言うことができ，その意味では石油と同様に，1回限りしか使えない資源といえる。これは，地下水の利用や保全を考えるうえで，非常に重要な視点である。

　熊本地域の地下水の年齢についても現在研究が進められており，どうやら

数年〜数十年程度という短いスケールで循環していることが分かってきた（詳しくは次節で解説する）。このことは，熊本の水が比較的早く新しい水と入れ替わっており，オーストラリア大鑽井盆地の「化石水」とは異なり，うまく管理すれば持続的に利用できることを意味している。一方で，一度汚染されてしまうと，すぐに汚染が顕在化してしまう危険性もはらんでいることになり，飲用水源として100%地下水に依存している熊本地域では，市民全員で保全の意識を持つことが重要だと言える。では，地下水の年齢はどのように推定するのだろうか。次節で詳しく述べる。

（2）年代トレーサーを用いた推定

　地下水の年齢を推定する代表的な方法としては，トレーサー（追跡子）を利用する方法が挙げられる。トレーサーとは，水中に溶存し，水とともに挙動するような物質であり，具体的には，水温，安定同位体，放射性同位体，不活性ガス等がある。

－水温

　まず，身近なものであり，簡単にトレーサーとなり得る「水温」を用いて年齢を推定する方法を紹介する。この方法は，ある観測ポイントで地下水の温度を常時観測しておき，そのポイントの上流側に付近の地下水温とは著しく異なる温度の水を浸透させ，浸透させた時間と観測ポイントで温度変化が検出された時点の時間を差し引くと，（正確には，流動モデルや拡散係数等を考慮する必要があるが）年齢を推定することができる。ただし，これは極めて若い年齢にのみ適用可能で，より年齢が古くなる場合，当初の水温を保持できなくなり，温度変化を検出できない可能性がある。この「水温」を用いた具体的な研究事例として，江川の湧水（徳島県）の異常水温を対象として研究した事例が挙げられる（新井・佐倉，1980；新井・横畠，1990；島野・永井，1995など）。一例を図4-8に示しているが，このように水温を継続的に測定することで，季節による水温の位相のズレなどから年齢を推定することができる。さらに水質や水位，電気伝導度などの別の項目も同時に調べることで，より詳細な解析が可能となる。

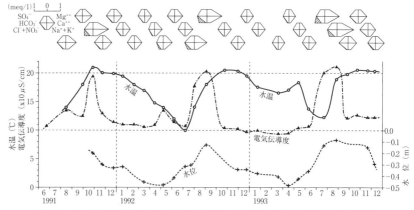

図4-8 江川の湧水温・電気伝導度・水位および水質組成の変化図

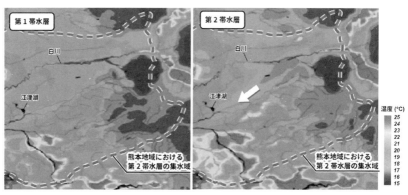

図4-9 実測水温プロファイルを基にした物質輸送モデルから得られた地下水温分布

また，熊本地域の地下水観測井戸による水温プロファイルを基に，地下水流動シミュレーションに熱負荷（地表及び地下深部の双方）を加味した物質輸送モデルの結果として図4-9が得られた。この図は，第1帯水層及び第2帯水層の水温分布を示している。涵養域の阿蘇外輪山西麓斜面で相対的に低い温度で涵養された地下水が，西方向への地下水流動過程で地殻深部から受ける熱量によって次第に水温が上昇してゆく傾向が両方の帯水層共に認められる。特に第二帯水層においては，図中矢印で示されているように，白川中流

域低地から相対的に水温の低い白川系河川水の涵養のために，江津湖方向に向かう地下水流れの存在が明確に認識できる。このような実測値を基にした精度の高いモデルにより，地下水の流動方向の推定や，年齢分布を計算することが可能となる。

－放射性同位体

放射性同位体を用いる際のトレーサー物質としては，トリチウム（^{3}H），炭素14（^{14}C），塩素36（^{36}Cl）などが挙げられる。これらは，天然に存在する放射性物質の放射壊変による濃度減少を用いて推定する方法である。例えば，トリチウムは放射性の同位体であるため，半減期に従いその濃度は12.4年で半減する。天然の水中のトリチウム濃度は約5 T.U.（T.U. は Tritium Unit で，トリチウム濃度の単位である）程度であるが，1960年代前半をピークとした大気中での核実験によって，世界の降水中のトリチウム濃度は約2桁増加した。これ以降，大気中での核実験は禁止されたため，濃度は半減期に従い減少する。この特性を利用すると，1960年頃にトリチウム濃度のピークがあり，年を追うごとに徐々にトリチウム濃度が減少するため，測定対象とした地下水に高いトリチウム濃度を検出した場合，1960年代に涵養された地下水であるとの推測ができる。この方法を用いると，地下水の年齢だけでなく，降水が地中を浸透し不飽和帯を通過する際の降下浸透速度も求めることができる。このトリチウムを用いた具体的な研究事例として，火山灰性の台地（相模原台地）で行われた研究がある（Shimada, 1988；榧根ほか，1980）。ただし，現在はトリチウム濃度が天然レベルにまで低下しているため，1960年代のピークを有した地下水の検出は難しく，この方法の適用は困難である。

－不活性ガス

不活性ガスを用いて推定する際のトレーサー物質としては，CFCs（クロロフルオロカーボン類）やSF$_6$（六フッ化硫黄）などが挙げられる。CFCs を例に考えてみると，CFCs はいわゆる冷蔵庫やエアコンの冷媒など，工業用の用途で人工的に作られた有機化合物である。CFCs は化学的に極めて安定な性質

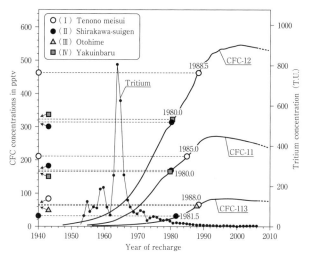

図4-10　CFCs を用いた地下水の涵養年代の推定手法
(利部ほか, 2011より)

を持っているため,地下水中では基本的に涵養された時の濃度を保存したまま流動する。地下水のCFCsを用いた年齢推定は,測定された地下水中のCFCs濃度から(既知の溶解度と涵養温度の関係であるヘンリーの法則を用いて)地下水が涵養された当時の大気濃度を求め,その値を過去の大気のCFCs濃度曲線と対比することによって得ることができる。例を図4-10に示す。

このCFCsと上述したトリチウムを用いて年齢を推定した具体的な事例として,阿蘇カルデラ内の湧水で行われた研究などがある。阿蘇カルデラ内に分布する湧水・地下水を採取し,安定同位体比や水質特性から,地下水流動系を4領域に区分した後,各領域を代表する湧水の年齢を推定した結果,外輪山側では20年程度の相対的に短い年齢が,一方中央火口丘側では,30年以上のより長い年齢が推定された(利部ほか, 2011)。

－クリプトン85 (^{85}Kr)

近年では^{85}Krを用いた手法も適用されている。^{85}Krは半減期10.76年の不活性ガスで,大気中の濃度は使用済核燃料の再処理施設の増加に伴い現在も

増加している。地下水に溶存する^{85}Krは，SF$_6$やCFCsのような陸生起源による濃度付加や人為的付加は考えられず，また微生物分解による濃度減少といった地下水の流動過程における濃度の増減の要因がないことから，^{85}Krは年代推定を行う上で非常に有効なトレーサーであるとされている（馬原・太田，2012）。^{85}Krを用いた地下水年代推定には多量の採水が必要であったり，分析手順が煩雑であったりという難点があり，研究事例は世界的にも多くはみられなかったが，Ohta et al.（2009）やMomoshima et al.（2010, 2011）により，地下水に溶存するガスのみを採取できるメンブレンフィルターを用いた装置の開発と低レベル液体シンチレーション法による^{85}Krの測定システムが開発され，地下水中の^{85}Kr濃度の定量化に成功した。

本手法を用いて熊本地域の主要な地下水流動ライン上の3地点（涵養域・

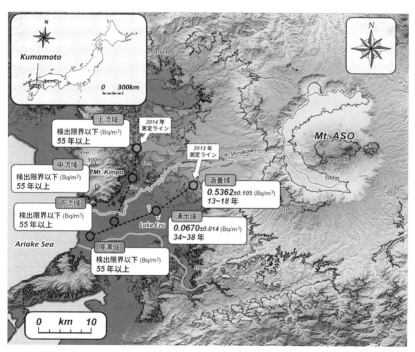

図4-11　^{85}Krを用いた地下水の滞留時間の推定結果

湧出域・停滞域）において，^{85}Krを用いた年代推定を実施した結果，涵養域で約15年，湧出域で約36年，停滞域では55年以上の年齢が推定された（図4-11）。

この年齢分布は，地下水の流動に従って古くなる傾向を示しており，これまで考えられてきた地下水流動に整合する結果となったことから，年齢推定も地下水流動を推定する新しいツールとなり得ることが期待される。

また，^{85}Krで得られた滞留時間を基にして，第6章で詳説されている地下水シミュレーションモデルのバリデーションに活用されている。^{85}Krで滞留時間が得られた井戸を対象として，地下水シミュレーションから計算された滞留時間と実測値から得られた滞留時間とを比較したところ，当初は計算値においてかなり若い滞留時間が推定された。そこで，実測値から得られた滞留時間と整合性のある計算値となるように，帯水層の間隙率や厚さを調整し，かつ他の複数の水文パラメータとの整合性も保つようなモデルを試行錯誤的に構築した。その結果，まだ実測値と計算値との間に僅かな滞留時間

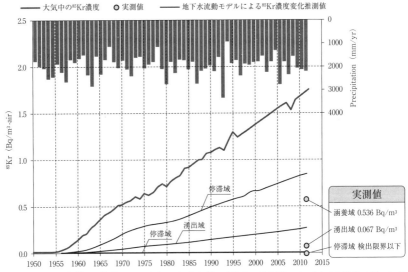

図4-12　大気^{85}Kr濃度および地下水中の^{85}Kr濃度（実測値および地下水流動モデルによる推定値）の経年変化

の差はみられるものの，より実測値に近づく計算値が得られ，このような年代トレーサーによる検証はモデル精度の向上に寄与する結果となった（図4-12）。

　熊本地域では，飲用水源としてほぼ100％を地下水で賄っているが，硝酸性窒素汚染などの問題も顕在化し始めている。地下水の年齢を推定することは，地下水流動機構における"時間軸"を設定する役目を担うことから，この地域の持続的な地下水保全および健全な管理・保全に資する重要な情報となることが期待される。

2　難分解性有機化学物質

（1）人工甘味料と地下水との関係

　前節では，「地下水の年齢」を知る手段として各種トレーサーの存在と，その活用例を紹介した。これらは，地下水資源の保全管理に有用な情報を与えているが，地下水の複雑な生成プロセスを考えると，例えば「年齢30年」はあくまで平均的な時間であり，実際はそれより若い水も古い水も混ざっていると考えるのが自然であろう。では，地下水の「年齢幅」はどうすれば分かるのか。それを知る手がかりとして，本節では従来と異なるトレーサーに着目し，地下水年齢推定のための新たな解析を試みた。キーワードは，難分解性有機化学物質の「人工甘味料」である。

　人工甘味料は飲料等に含まれる食品添加物で，その代表例であるサッカリンは日本では60年以上前から使用されてきた。また，最近は低カロリー志向の高まりに伴い，新たな人工甘味料が流通するようになった。具体的には，アセスルファムカリウムとスクラロースが挙げられ，いずれもショ糖（砂糖）に比べて200倍以上の甘味度を有している（図4-13）。これらの物質は水溶解度が高い一方で，生物体内や水環境中で難分解性を示す。例えば，pH 3.0の水にアセスルファムカリウムを溶解させ約2年間放置したところ，その分解率は僅か5％であった（Lipinski and Hanger, 2001）。ショ糖のように体内で代謝分解されず，結果としてエネルギーを生まないのがこの種の人工甘味料が低カロリーである所以といえる。

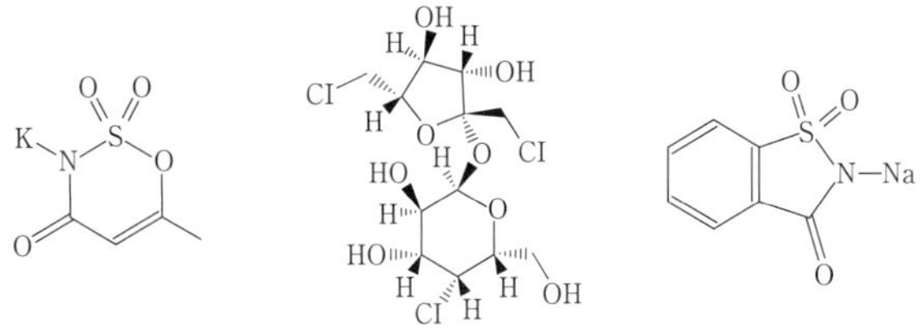

アセスルファムK　　　スクラロース　　　サッカリンNa

	アセスルファム	スクラロース	サッカリン
分子量	201	398	205
水溶解度 (g/100mL, 20℃)	27	28	100
甘味度（砂糖を1とした時の倍数）	200	600	300
国内承認年（年）	2000	1999	1948

図4-13　飲料・食品等に使用される代表的な人工甘味料の化学構造と一般情報

　厚生労働省が国内でスクラロースとアセスルファムカリウムの使用を認めたのは，それぞれ1999年と2000年である。このことは，任意の地下水を分析してこの種の人工甘味料が検出された場合，その中には過去約10年間に涵養した「若い水」が含まれていることを示す。これは，「地下水年齢は30年」というこれまでの平均的な情報に新たな知見を与えるものになろう。そこで筆者らは，2012年に熊本地域の40地点から地下水試料を採集して人工甘味料の分析を行った。分析法は既報（Watanabe et al., 2015）に従い，地下水をろ過後，固相カートリッジで目的成分の抽出とクリーンアップを行い，定性定量は高速液体クロマトグラフ質量分析装置（HPLC-MS）を用いた。

　分析の結果，ほぼ全ての地下水から人工甘味料のアセスルファムが検出され，熊本地域の地下水は涵養から10年程度経過した比較的「若い水」を含むことがわかった（図4-14）。このように短期の地下水年齢を従来のトレーサーで把握することは難しく，この点は指標物質として人工甘味料の有用性を示すものといえよう。

　熊本地域の地下水中アセスルファム濃度は，その主要な涵養域である白川

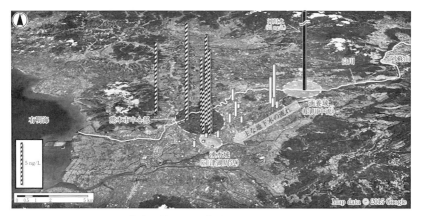

図 4-14　熊本地域の地下水中アセスルファム濃度分布

中流域が高く，湧水域の江津湖周辺で低値を示した（図 4-14）。アセスルファムは熊本地域の下水処理場の排水に高濃度で含まれており，その放流先の白川河川水に高値で検出されている（Watanabe et al., 2014）。このため，河川水の影響を受けやすい涵養域周辺の地下水の濃度が相対的に高くなるのは自然なことと思われた。また，湧水域の江津湖周辺でアセスルファム濃度が低下したのは，白川由来の水が地下を移動中に他地域から混入したアセスルファム濃度の低い地下水で希釈された可能性を示しており，こうした変動パターンは硝酸性窒素をトレーサーにした地下水流動に関する最近の知見（Hosono et al., 2013）を補完している。ところが，熊本市中心部の複数の地下水試料から極めて高濃度のアセスルファムが検出されており（図 4-14），次節においてその原因を探った。

（2）下水マーカーとしての有用性

　熊本市中心部の地下水から高濃度の人工甘味料が検出された理由として，老朽化した下水管が破損し汚水が地下へ漏出した可能性が挙げられる。熊本市の下水道整備は1948年に戦災復興区画整理事業の一環として開始され，現在の管路の延長は2,511kmに達している（熊本市水道局HP）。ところが，東京都が試算した下水管の平均寿命は72年とされており（藤生ら，2007），下水管の老朽化等に起因する道路の陥没事故は全国で年間約3,500件も報告されて

いる（国土交通省HP）。こうした課題に対処するには，下水管破損が疑われる箇所を早期に発見，修復することが重要で，それを知る手がかりとして地下水中の化学物質を下水漏出のマーカーとして分析・活用する例が国内外で報告されている（Kuroda et al., 2012；Yang et al., 1999；Musolff et al., 2010）。そこで本研究では，地下水と下水中のアセスルファム濃度および過去に報告された熊本地域の水収支モデルを元に，以下の1と2式から地下水の下水漏出率を算出した。なお，試算には熊本市内の下水処理場の未処理水中アセスルファム濃度（907ng/L），都市部の地下水中アセスルファム平均濃度（9.38ng/L），熊本市の地下水涵養量（574mm/年）と晴天時平均下水量（286mm/年）（渡部ら，2009）を用いた。

$$\text{地下水のアセスルファム濃度} = \text{下水のアセスルファム濃度} \times \frac{\text{下水漏出量}^*}{\text{熊本市の地下水涵養量}^* + \text{下水漏出量}^*} \quad \cdots (1)$$

$$\text{下水漏出率}(\%) = \frac{\text{下水漏出量}^*}{\text{排水処理施設の晴天時下水量}^*} \times 100 \quad \cdots (2)$$

*：単位はmm/年。

計算の結果，熊本市の下水漏出量は6.0mm/年となり，下水漏出率は2.1%との試算が得られた。このことは，下水管の破損等により熊本市中心部において年間総下水量の約2%が地下に漏出している可能性を示している。他地域でも類似の試算が行われ，難分解性医薬品のカルバマゼピンを下水マーカーにして得られた東京都の年間下水漏出率は，0.8〜1.7%（Kuroda et al., 2012）であった。また，イギリスのノッティンガムでは2.0%（Yang et al., 1999）と熊本市内の値と同程度であったが，旧東ドイツ圏のライプティッヒでは9.9〜13%（Musolff et al., 2010）と高値であることが報告されている。

下水管の老朽化は世界の主要都市に共通した課題であり，早急な対策が求められている。本研究で得られた地下水中の人工甘味料の測定データは，下水管の破損部分を早期かつ高精度で特定し，修復工事の優先順位を決める判断材料になる可能性があり，その有用性をより確実なものにするための調査研究が求められよう。

（利部　慎・渡辺裕太・中田晴彦）

＜参考文献＞

浅井和由・辻村真貴「トレーサーを用いた若い地下水の年代推定法―火山地域の湧水へのCFCs年代推定法の適用―」『日本水文科学会誌』第39巻，2010年，67-78頁。

新井　正・佐倉保夫「最近の江川の異常水温について」『ハイドロロジー』10，1980年，397-407頁。

新井　正・横畠道彦「徳島県江川付近の地下水の温度と流動」『地理学評論』Ser. A 63（6），1990年，343-355頁。

伊藤ゆい・市川　勉「熊本・白川中流域における減反田における湛水事業による地下水涵養の効果」『日本地下水学会2012年秋季講演会講演要旨』2012年，240-245頁。

利部　慎・嶋田　純・島野安雄・樋口　覚・野田尚子「阿蘇カルデラ内における地下水の流動機構」『日本水文科学会誌』41（1），2011年，1-17頁。

榧根　勇・田中　正・嶋田　純「環境トリチウムで追跡した関東ローム層中の土壌水の移動」『地理学評論』53，1980年，225-237頁。

熊本県・熊本市『熊本地域地下水総合調査報告書』1995年，122頁。

熊本市水道局ホームページ（http://www.kumamoto-waterworks.jp/wp-content/uploads/2014insatsu-h_4-13.pdf）。

国土交通省ホームページ（http://www.mlit.go.jp/mizukokudo/sewerage/crd_sewerage_tk_000135.html）。

小坂　寛・嶋田　純・山内　勇「水素・酸素安定同位体比を用いた阿蘇西麓台地及び熊本平野における地下水流動について」『日本水文科学会2001年度学術大会講演要旨』2001年，140-143頁。

島野安雄・永井　茂「日本水紀行（9）四国地方の名水」『地質ニュース』486，1995年，45-55頁。

島野安雄「阿蘇カルデラ内における河川水の水文化学的研究」『宇都宮文星短大紀要』2，1999年，27-37頁。

日本地下水学会・井田徹治『見えない巨大水脈 地下水の科学』講談社，2009年，267頁。

藤生和也・宮内千里「統計的手法による下水管渠の耐用年数確率分布推定及び将来改築必要量予測」『土木学会 建築マネジメント研究論文集』14号，2007年，65-72頁。

馬原保典・太田朋子「溶存希ガスと長半減期核種を地球化学的トレーサーとした地下水の滞留時間の推定と地下水起源の検討」『地学雑誌』121巻，2012年，96-117頁。

米坂　崇・嶋田　純・寺本雅子・竹丸裕一郎「土壌水中の同位体プロファイルを

基にした異なる気候下での土壌水浸透機構の比較」2002年度地球惑星連合大会，2002年，H002-003。

渡部春奈・村上道夫・小村拓也・諸泉利次・古米弘明「国内主要都市における水収支構造と水利用ストレスの評価」『用水と排水』51，2009年，43-54頁。

HOSONO, Takahiro, TOKUNAGA, Takahiro, KAGABU, Makoto, NAKATA, Haruhiko, ORISHIKIDA, Takanori, LIN, In-Tian, SHIMADA, Jun, "The use of δ^{15}N and δ^{18}O tracers with an understanding of groundwater flow dynamics for evaluating the origins and attenuation mechanisms of nitrate pollution,"*Water Research*, Vol. 47, 2013, pp. 2661-2675.

KURODA, Keisuke, NAKADA, Norihide, HANAMOTO, Seiya, INABA, Manami, KATAYAMA, Hiroyuki, DO, An Thuan, NGA, Tran Thi Viet, OGUMA, Kumiko, HAYASHI, Takeshi, TAKIZAWA, Satoshi,"Assessment of groundwater pollution in Tokyo using PPCPs as sewage markers,"*Environmental Science and Technology*, Vol. 46, 2012, pp. 1455-1464.

LIPINSKI, Gert-Wolfhard von Rymon, HANGER, Lisa, Y.,"Acesulfame K"*Alternative Sweeteners*, 2001 (ISBN: 0-8247-0437-1).

MOMOSHIMA, Noriyuki, INOUE, Fumio, SUGIHARA, Shinji, SHIMADA, Jun, TANIGUCHI, Makoto, "An improved method for ^{85}Kr analysis by liquid scintillation counting and its application to atmospheric ^{85}Kr determination," *Journal of Environmental Radioactivity*, 101, 2010, pp. 615-621.

MOMOSHIMA, Noriyuki, INOUE, Fumio, OHTA, Tomoko, MAHARA, Yasunori, SHIMADA, Jun, IKAWA, Reo, KAGABU, Makoto, ONO, Masahiko, YAMAGUCHI, Kahori, SUGIHARA, Shinji, TANIGUCHI, Makoto, "Application of ^{85}Kr dating to groundwater in volcanic aquifer of Kumamoto area," *Journal of Radioanalytical and Nuclear Chemistry*, 287, 2011, pp. 761-767.

MUSOLFF, Andreas, LESCHIK, Sebastian, REINSTORF, Frido, STRAUCH, Gehard, SCHIRMER, Mario,"Micropollutant loads in the urban water cycle,"*Environmental Science and Technology*, 44, 2010, pp. 4877-4883.

OHTA, Tomoko, MAHARA, Yasunori, MOMOSHIMA, Noriyuki, INOUE, Fumio, SHIMADA, Jun, IKAWA, Reo, TANIGUCHI, Makoto, "Separation of dissolved Kr from a water sample by means of a hollow fiber membrane," *Journal of Hydrology*, 376, 2009, pp. 152-158.

SHIMADA, Jun, "Study of Soil Water Movement in the Kanto Loam Formation Using Environmental Tritium as a Tracer. Science reports of the Institute of Geoscience," *University of Tsukuba. Section A, Geographical Sciences*, 4, 1980, pp. 25-67.

WATANABE, Yuta, BACH, Leu Tho, DINH, Pham Van, NAKATA, Haruhiko,"Sweeteners and persistent pharmaceuticals in aquatic environment from urbanized cities with adequate and inadequate sewage treatment systems in Asia,"*Abstract of 35th SETAC Annual Meeting*, 2014, pp. 150.

WATANABE, Yuta, BACH, Leu Tho, DINH, Pham Van, PRUDENTE, Maricar, AGUJA, Socorro, PHAY, Nyunt, NAKATA, Haruhiko, "Ubiquitous detection of artificial sweeteners and iodinated X-ray contrast media in aquatic environmental and wastewater treatment plant samples from Vietnam, The Philippines, and Myanmar,"*Archives of Environmental Contamination and Toxicology*, 2015, In press, DOI: 10.1007/s00244-015-0220-1.

YANG, Y., LERNER, D.N., BARRETT, M.H., TELLAM, J.H.,"Quantification of groundwater recharge in the city of Nottingham, UK,"*Environmental Geology*, 38, 1999, pp. 183-198.

第5章

地下水硝酸汚染の現状と自然浄化の実態

I　はじめに

　地球上において，遅くとも32億年前までには光合成をする生物である藍藻（シアノバクテリア）が現れ，これまで還元的であった海中に酸素が供給されはじめる。太陽エネルギーを用いて水と二酸化炭素から有機物を作り出すという作用が働くと，できた有機物を再び微生物の活動を通じて無機物に分解するというサイクルが生じる。これが生物地球化学的な物質循環の始まりといえる。

　さらに，どんどんと光合成が進み大気中の酸素が増加することによって，これまで還元的であった海で大量の鉄が酸化されるようになる。次第に陸上にも酸素が供給されるようになり，陸上にも生物が進出するようになってきた。こうした，20億年ほど前に起こったとされる地球上の大イベントを境に，地球地表に酸化還元境界層が成立するようになったとされる。つまり，酸化層と還元層に住み分けて共存する微生物世界がつくられることになり，長い地質学的サイクルと，短い生物地球化学的サイクルが共進する，炭素・窒素・硫黄の生物地球化学的物質循環が完成することになる。

　のっけから，大きなスケールでの話となったが，じつは，熊本流域のような『小さなスケール』における現象解明においても，『酸化・還元』や微生物が介在した『物質循環』の概念はとても重要だ。さらに，こうした何億年もかけて粛々と築かれてきた自然界における物質循環のシステムは，今日の人間活動によって大きく攪乱を受けている。化石燃料使用による大気中の二酸化炭素濃度の増加はその最たる例で，多くの方にとって身近な環境問題として認識されているに違いない。

本章で扱う『硝酸』についても同様である。20世紀初頭に，大気中に大量に存在する窒素を用いてアンモニアを生成するハーバー・ボッシュ法が開発されると，これまで希少とされてきた肥料は，化学的な手法によりいくらでも製造できるようになる。良くも悪くも時代を大きく変える大発明といえ，当時の人にとったら魔法のような出来事だったことだろう。とにかく，人口増加に伴う食糧供給の需要増大により，いわゆる『化学肥料』の増産・使用は進むべくして進み，地表環境に農業用の肥料が大量に散布されることとなる。

　かたや，水中における高濃度の硝酸や亜硝酸は，メトヘモグロビン血症による酸素欠乏症の発生や，ニトロソアミンのような発がん性物質の生成につながるため，人体にとって有害となる。世界保健機構や日本では，飲料中の硝酸態窒素ならびに亜硝酸態窒素濃度の和に対して，10mg/Lという環境基準が設けられているのはそのためである。正確には，酸素欠乏症の症例がいくつか出てくるようになったのが先で，後の調査によって原因が突き止められたことが基準設定の経緯となった。ともかく，この濃度を超えた地下水は，決まりの上では飲料用としては利用できない。

　地域の地下水中に，人体の健康を脅かす程度の硝酸が懸念される場合，あるいは，地下水中の硝酸濃度が年々増加する傾向が認められる場合，硝酸汚染として注意が払われるようになる。化学肥料の大量生産は，こうした硝酸汚染問題を，世界レベルの環境問題へと引き上げた，一つの大きなきっかけになったと思われる。地球表層の窒素循環の攪乱は環境問題として顕在化するだけでなく，地中における炭素や硫黄，そしてそれらに絡む微生物を含め，帯水層中の生物地球化学的物質循環の世界を大きく変化させる要因となりうる。このことは熊本地域を例として後ほど取り上げる。

　最近では，化学肥料の代わりに家畜の堆肥を作物肥料として用いるなど，より循環型の営農に取り組むケースも増えてきている。しかし，『地中への窒素成分の負荷』という意味からは，食べていく人間が増えるに従い施肥は増やさざるを得ないため，同様の問題は付きまとう。人間社会にとって，食糧も地下水も，どちらもなくてはならない資源である。要は，現代の社会に

おいて，人間が生きる（食する）というからには，自然の循環システムに何らかの影響が起こる。

熊本地域は地下水の飲用資源としての重要性が高いため，硝酸汚染実態把握や自然浄化機構解明に対して，世界最先端の研究が進められてきた。本章では，著者の一人である細野が執筆した2編の論文（Hosono et al., 2013, 2014）をベースに（菌叢解析については森村が担当），先進研究の成果として得られた知見を解説する。地下水硝酸汚染の現状をどう診るか，そして，問題に対してどう考えるべきか。物質循環を専門とする地球化学者の目から，考えを綴っていきたいと思う。

II 硝酸汚染の現状

まず，2009年11月から2013年11月にかけて我々の調査によって確認された，熊本地域全域における地下水硝酸濃度の分布状況を見てみよう（図5-1）。図5-1から，大まかな傾向として，熊本地域の地下水硝酸濃度は，植木，菊池，高遊原などの台地周辺地域の農業・畜産が集中する地下水涵養域で最も高く，一方，流動末端にかけて減少する傾向が見てとれる。この分布特性は，第一帯水層，第二帯水層共に同じであり，いずれの帯水層についても，汚染源から遠ざかるにつれて，その影響が小さくなる。

調査期間中に採水された合計308試料の地下水（第一帯水層から100試料，第二帯水層から208試料）の硝酸濃度（以降，硝酸濃度とは硝酸イオン態としての濃度を指す）は，全体として0〜73mg/Lの範囲にあった。また，亜硝酸濃度は概ね0.1mg/L以下であった。今回の我々の調査に限っていうと，飲用水の水質基準を超過していたものは7試料のみで，全体の2.3％程度を占めるにとどまっていた。

興味深いことに，水質基準濃度を超えた地下水はいずれも第二帯水層の深層の深井戸から採水した地下水であった（図5-1）。このことは，現在涵養域ではより深層において硝酸が蓄積している可能性を示唆している。一方，流動末端の停滞地下水では硝酸濃度が極めて少なく（概ね0.5mg/Lより小さい），

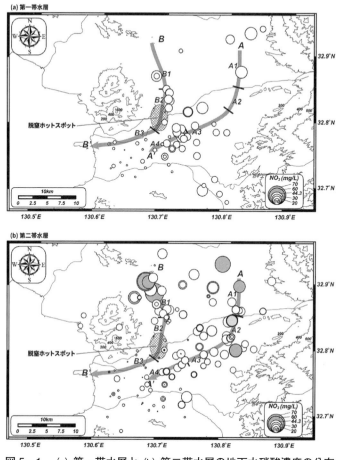

図5-1 (a) 第一帯水層と (b) 第二帯水層の地下水硝酸濃度の分布
(含 A-A' と B-B' line, 脱窒ホットスポット)

中には検出限界以下でほぼ含まれていないものも多く見られた。こうした停滞域もしくは沿岸域の帯水層では還元雰囲気下で脱窒が起こっていることが確認されている。このことは後で詳しく述べる。

実は，今まで紹介してきた我々の調査結果以外に，熊本市や熊本県によって公開されている行政の観測データにより，環境基準を超えている井戸やそ

第5章 地下水硝酸汚染の現状と自然浄化の実態 | 81

の特徴については既に良く分かっている（熊本県・熊本市，2005；熊本市水道局，2008；熊本市，2009；小嶋，2010）。本地域では長期のもので約40年間にわたる観測井での窒素濃度観測データが保管されている（上下水道局，私信）。全国を見渡しても数十年わたる長期観測は希少で，貴重なデータといえる。

たとえば，熊本の皆さんにはなじみの深い水道水源井戸の健軍・5号井における長期データをみてみると（図5-2），1970年代後半にはすでに窒素濃度が増加傾向にあることが読み取れる。この間，水温やpH（図5-2），また基本水質には際立った変化傾向が見られず，今日に至るまで窒素濃度のみが上昇してきていることが分かっている。もう少し古いデータを公表している富家ほか（2011）では，少なくとも1970年代初頭において濃度増加傾向を報告している。当然，こうした現状は地下水保全への意識を高め，随分後にはなるが平成17～19年頃から肥量の削減や畜産廃棄物投棄防止など，窒素負荷

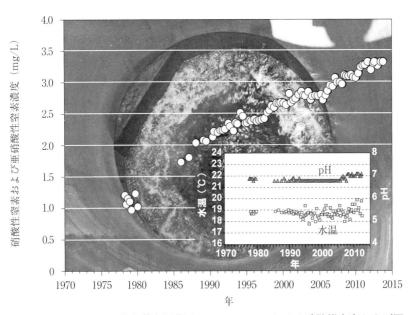

図5-2　健軍・5号井水道水源井戸（図中の写真）における硝酸態窒素および亜硝酸性窒素濃度，水温およびpH（図中右下の小さな図）の経年変化

軽減への対策が講じられてきた。しかし，少なくとも図5-2を見るかぎりでは，そのはっきりとした効果は見られない。

　他の井戸ではどうであろう。公開されているそれぞれ第一帯水層51本，第二帯水層108本の観測井データをさらに詳しくみる。例えば，2014年現在で硝酸濃度基準値を超えている井戸は，それぞれ12本ならびに28本であった。割合にすると，それぞれ第一帯水層では約24%，第二帯水層では約23%の井戸が基準値を超えていた計算になる。いずれも植木，菊池，合志周辺の畑地・畜産地域で顕著に濃度の高い井戸が分布する傾向にあり，我々の調査結果と似た傾向である。

　硝酸濃度の経年的な増減傾向はどうだろう。目方ではあるが，過去数年から20年間にかけての濃度変化傾向を調べてみる。すると，濃度が上昇傾向にあるものは，第一帯水層で約14%，第二帯水層で約26%，逆に，減少傾向にあるものは，第一帯水層で約28%，第二帯水層で約12%であった。つまり，相対的にではあるが，浅い第一帯水層では汚染が減衰傾向にあるものが多く，逆に，深い第二帯水層では進行傾向にあるものが多いということだ。

　ここから何が読み取れるかというと，要するに，浅い第一帯水層では窒素負荷軽減対策がいくらかは功を奏しているということが一つである。もう一つ重要なのは，過去に負荷された窒素成分は帯水層中に蓄積し，時間遅れを伴ってより深い場所で顕在化するという現象が起こっていることである。先に述べた少なくとも1970年代以降硝酸濃度の増加が『顕在化してきた』ということは，それより以前に（もしかすると農林業センサスによる統計がなされる以前に），地表において相応の負荷が起こっていたことを暗示している。

　見えてくる対策としてやるべきことは二つあろう。一つは，浅層の第一帯水層において未だ顕著な濃度上昇がみられる地域に焦点を充て，汚染の原因を調べたうえで対策を考案すること。もう一つは，どの程度の時間遅れを伴って深部の帯水層へと窒素成分が付加されるのかを調べること。こうした予測と，これまでも，そしてこれからも続けられる観測による蓄積データとを照らし合わせ，今後の方針に対する羅針盤を築くことが問題解決にむけて辿るべき道であろう。

Ⅲ 硝酸汚染の起源

　顕在化している硝酸汚染の窒素成分はどこからやってきたのだろう。汚染の起源を突き止めることは，対策を講じる上で基本的に重要となる。窒素負荷の主な汚染由来には，（1）農地における化学肥料の施肥，（2）畜産排泄物の投棄もしくは堆肥による施肥，（3）生活排水の漏洩の3つが挙げられる。いずれの物質から窒素が供給されたとしても，はじめはアンモニア態として存在するが，窒素循環において，土壌中で硝酸態窒素へと変化する（これを硝化反応という）。地下水中で検出された硝酸態窒素の由来は，濃度を測定するだけでは把握しきれない。

　目に見えない窒素の起源を特定する手段として，硝酸中の窒素の安定同位体比を用いる方法がある。その原理を簡単に解説しよう。まず，自然界において，窒素には質量数の異なる二つの同位体が存在する。一つは質量数が14の軽い窒素，もう一つは質量数が15の重い窒素である。この存在比（$^{15}N/^{14}N$）を窒素安定同位体比とよび，標準物質からの千分率偏差（‰）で表し，$\delta^{15}N$と表記する。例えば，硝酸中の窒素安定同位体比の場合は，$\delta^{15}N_{NO3}$などと表記する。

　地球上における^{15}Nと^{14}Nの存在比はおおよそ一定であるが，地表における生物地球化学的循環に関わる様々な窒素形態変化の結果，ほんの僅かではあるが確実に変化することが解っている。そうした理由から，ある物質の$\delta^{15}N_{NO3}$値は，その物質の起源や，物質が形成されたプロセスによって固有の値をもつようになる。我々は，こうした同位体比のもつ固有性を利用し，例えば知りたい地下水中の硝酸態窒素の$\delta^{15}N_{NO3}$組成と考えられる起源物質の$\delta^{15}N_{NO3}$組成を比較することにより，汚染に寄与した窒素源を特定することができる。いわば，犯人をつきとめる指紋のような，トレーサーの役割を果たすのだ。このトレーサー技術を熊本地域の地下水に応用させ，汚染起源の推定を試みた（Hosono et al., 2013）。

　$\delta^{15}N$トレーサーを有効に活用するために，まず，比較検討に利用できるサンプルを選別する必要があった。その指標にしたのは地下水中の溶存酸素

濃度（英語ではDissolved Oxygenなので，略してDOと記す）である。地下水中のDOが少ないと，後に説明する『脱窒』という自然の浄化機構が働き，$\delta^{15}N$が変動することがわかっている。しかしそうなると，$\delta^{15}N$トレーサーを用いた起源判別ができなくなってしまう。

そこで，DOが6mg/L以上で，かつ，硝酸濃度が30mg/Lを超す地下水を対象として，つまり，脱窒による$\delta^{15}N_{NO3}$の変化を被っていない試料を対象として，汚染起源の推定を行った。図5-3を見ていただくと，こうした涵養域汚染地下水の$\delta^{15}N_{NO3}$組成は2～8‰の間に収まることがお解りいただける。概ね30mg/Lを超すような相対的に高い濃度レベルにある地下水の硝酸は，脱窒を経験することなく地下水に蓄積していると仮定し，考えられる起源物質との同位体比較により起源判別を行ったというわけだ。

図5-3から明かなとおり，涵養域地下水の$\delta^{15}N_{NO3}$組成の特徴は，化学肥料そのものの組成，ならびに肥料が施されている畑地周辺の井戸水が示す組成範囲と合致する。このことから，顕在化している地下水汚染は，畜産排泄物由来の窒素の浸透によって起こっているのではなく，主として農業で長年用いられてきた化学肥料の地下への浸透により進行している可能性が高いと考えるに至った。同様に，湧水についても高い硝酸濃度を持つものは施肥による影響を受けていることが確認できる（図5-3）。

涵養域でも菊池台地の一地点において例外的に$\delta^{15}N_{NO3}$値が高い地下水（硝酸濃度が31mg/L，$\delta^{15}N_{NO3}$値は14.9‰）が確認された（図5-3）。農業・畜産地域では家畜由来の窒素の浸透は現在のところスポット的に影響を及ぼしているものと考えられる。生活排水は地下ではなく基本的には河川へと排水される構造となっている。また，都市排水は下水処理施設に集約・処理された後，直接河川へと放流される。河川水の$\delta^{15}N_{NO3}$組成が全体として涵養域の地下水や湧水と比較して有意に高いものが見られることは（図5-3），これらの影響によると考えると説明しやすい。

以上から，本地域で現在進行傾向にある地下水硝酸汚染の主たる原因は，過去に蓄積された化学肥料成分の浸透負荷にあると考えている。1970年以降，化学肥料による窒素負荷と比べ，畜産排泄もしくは堆肥系肥料による負荷が

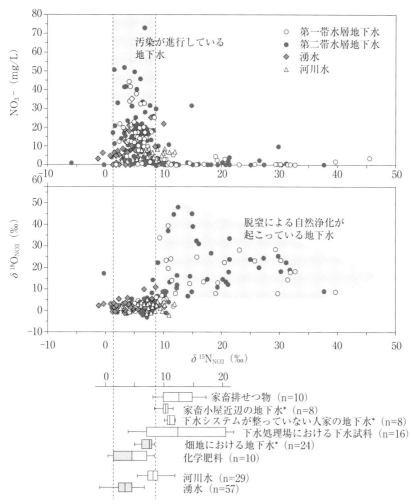

図5-3 熊本地域において採水した地下水試料の硝酸同位体組成と考えられる寄与物質との同位体比較を示した図（Hosono et al., 2013の図6を一部改変して作成）。アスタリスクのデータは廣畑（1999）より引用。

より大きなウエイトを占めてきていることが予想されている（富家ほか，2011）。我々の結果は，地表における窒素負荷源の変化の影響や，近年実施されてきた減肥対策の効果が明瞭現れるまでには，更なる時間を要するとい

う考えを支持している。

　今後，畜産排泄もしくは堆肥系肥料による窒素負荷の影響がより強くなることが想像される。この現状に鑑みると，これまでのような単なる濃度分析にたよる観測だけでは，迫りくる窒素負荷源の変化に伴う地下水硝酸汚染の動向を正しく理解することが困難となる。地点を絞ってでも，$\delta^{15}N_{NO3}$値を継続的に観測することが強く勧められる。畜産業による影響も評価しつつ，汚染の動向を注意深く監視することができれば，地下水資源の保全に根差した先進の観測システムを伴うという意味で，世界の良いお手本となることは間違いない。

Ⅳ　自然浄化の実態

　帯水層中でおこる地下水硝酸汚染の自然浄化には，(1) 一旦汚染されてしまった地下水が，汚染されていない地下水と混ざり合うことによる『希釈』の効果と，(2) 帯水層中で硝酸塩呼吸することにより生きている，いわゆる脱窒菌の活動により硝酸が消滅していく『脱窒』の，代表的な2つのプロセスがある。硝酸中の窒素安定同位体比（$\delta^{15}N_{NO3}$）や酸素安定同位体比（$\delta^{18}O_{NO3}$）は，このような地下水場における『自然浄化』の実態を理解する上でも，素晴らしい威力を発揮する。

　希釈は，ただ濃度の異なる水が混ざり合うだけの現象なので説明はいらないだろう。よって，脱窒について少々説明しておこう。脱窒とは硝酸のような窒素化合物が分子状窒素として大気中へ放散される作用または工程のことを指し，以下のような正味の反応式で表わされる：

$$2\,NO_3^- + 10\,e^- + 12\,H^+ \rightarrow N_2 + 6\,H_2O \tag{1}$$

　脱窒には有機物を電子供与体及び炭素源として用いる従属栄養脱窒と，無機物を電子供与体かつ二酸化炭素を炭素源に用いる独立栄養脱窒の2つが存在し，天然では酸素の少ない嫌気性環境下（目安としてDO＜2 mg/L）で反応

が進む。前者の脱窒反応は例えば下記の式で表され，

$$4\,NO_3^- + 5\,CH_2O \rightarrow 2\,N_2 + H^+ + HCO_3^- + 2\,H_2O \qquad (2)$$

一方，後者の脱窒において，帯水層中で一般に報告されている硫黄酸化脱窒菌による脱窒反応は例えば下記のように表される：

$$14\,NO_3^- + 5\,FeS_2 + 4\,H^+ \rightarrow 7\,N_2 + 10\,SO_4^{2-} + 5\,Fe^{2+} + 2\,H_2O \qquad (3)$$

反応式2と反応式3をみると，脱窒は，窒素循環の重要な一部分を担うだけでなく，冒頭でも述べた炭素や硫黄の物質循環を駆動する役割も担っているのだ。

さらに面白いことに，この脱窒が帯水層地下水中で起こると，水の中に残存する窒素や酸素の同位体比が上昇していくことが知られている。言いかえると，重い同位体の割合が増えるようになる。これは，微生物が硝酸の窒素－酸素間の結合を切って，得た酸素を使って『呼吸』をする際，原子間結合を切るのにエネルギーの少なくて済む軽い同位体を選択的に利用するためである。結果，重い同位体が地下水中に濃縮していくのである。

要は，還元的な帯水層環境で脱窒が進むと，地下水の$\delta^{15}N_{NO3}$や$\delta^{18}O_{NO3}$の組成はどんどん高くなる。地下水の$\delta^{15}N_{NO3}$や$\delta^{18}O_{NO3}$組成は，脱窒の有無やその程度を知る指標として利用できるということだ。実際，熊本でも$\delta^{15}N_{NO3}$や$\delta^{18}O_{NO3}$の組成が10‰以上の組成をもつ地下水が存在し，脱窒が起こったことが解っている（図5-3）。こうした同位体データを交え，希釈や脱窒による自然浄化の実態を，熊本地域の主要な地下水流動系（A-A'とB-B'）（図5-1）に沿って，分かりやすく解説していこう。

まず，菊池の台地から白川中流域低地，ならびに高遊原台地を涵養源とし，江津湖の西へと流動するA-A'で示した流れに沿って見てみよう（図5-4a）。硝酸汚染は涵養域で顕著であるが，途中混合域で値が振れるものの，江津湖までは基本的に流下するにしたがい減衰する。同流動系はDOが高く，

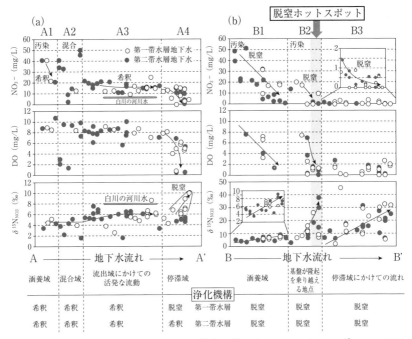

図5-4 (a) A-A' および (b) B-B' の流動に沿った NO_3^- (上段), $\delta^{15}N_{NO3}$ (中段), DO (下段) の変化 (Hosono et al., 2013の図7を一部改変して作成)。図中にはB-B'ライン上に存在する脱窒ホットスポットの位置を示す。

$\delta^{15}N_{NO3}$ もおおよそ4～8‰で一定である。白川中流域での河川水の涵養の効果も大きく，希釈による汚染軽減が起こったことが読み取れる。一方，江津湖西部（図5-4a中のA4の部分）の停滞地下水ではDOの低下と $\delta^{15}N_{NO3}$ 値の上昇がみられる。こうした流動の末端では脱窒が起こっているのだ。

一方，植木の台地から涵養された水が，金峰山と立田山の間を通り，西部沿岸の停滞域へと流動するB-B'ラインでは，流下に伴うより顕著な汚染減衰の傾向が見られる（図5-4b）。面白いのは，全体の流れの中でも，B1，B2，B3で示した流動の途中で急激な硝酸濃度とDOの減少，ならびに $\delta^{15}N_{NO3}$ 値の上昇がみられ，ある特定の部分で顕著な脱窒が起こっていることだ。B2ゾーン末端ではシャープな $\delta^{15}N_{NO3}$ 値の上昇が確認される（図

5-4b)。このことは，ここで顕著な脱窒が起こっていることを暗示しており，私はこのエリアのことを熊本地域の『脱窒ホットスポット』と呼んでいる（図5-1にその範囲を示す）。

以上のように，熊本地域の帯水層地下水は涵養域で一旦汚染されるが，流動の過程で，希釈と脱窒による2つのタイプの自然浄化により，汚染が減衰していることが明らかとなった。A-A'ならびにB-B'にラインにおける濃度減衰から，希釈による浄化率は最大60-80%，一方，脱窒による浄化率は最大98%程度であると見積もられる。したがって，A-A'流動場は更なる窒素負荷に脆弱なのに対し，B-B'流動場は更なる汚染負荷に対して相対的に高いバッファー能力を持つ可能性が指摘できる。

こうして明らかになってきた自然浄化メカニズム，浄化効率の実態，ならびにその空間分布は，地下水資源の管理や対策を行う上で非常に重要な基本情報となる。

V　微生物の世界

硝酸態窒素の安定同位体比から，脱窒菌は確かに帯水層中に生息・活動していそうなことが推測できた。ここでは，脱窒菌の生息環境について，他の元素パラメーターや微生物相解析結果を通じて，脱窒菌の正体と，脱窒が起こる環境特性に焦点を当てながらより詳しく探っていく。

図5-5は顕著な嫌気的微生物反応が示唆された，B-B'地下水流動に沿った地下水中の溶存有機炭素量（英語ではDissolved Organic Carbonなので，略してDOCと記す）とDOの濃度，ならびに硝酸，マンガン，鉄，硫酸，重炭酸イオンの濃度変化を示した図である。ここで，DOCは帯水層内で有機物を酸化させて呼吸を行う微生物の存在可能性を知る指標である。要するに『食べ物』が沢山あるかどうかの指標である。また，DO濃度，ならびに硝酸，マンガン，鉄，硫酸，重炭酸イオンの濃度は，これらの順に，好気的な呼吸，脱窒，マンガン還元，鉄還元，硫酸還元，メタン生成といった，好気的な場で起こる反応からより嫌気的な環境で進む反応まで，生物化学反応の有無を

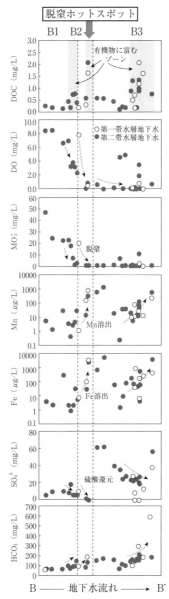

図 5-5　B-B' 地下水流動に沿った地下水中の DOC と DO 濃度，ならびに硝酸，マンガン，鉄，硫酸，重炭酸イオンの濃度変化

知る指標として用いる。

　図5-5より，顕著な脱窒が確認された脱窒ホットスポットや停滞域の地下水は，他地域と比べてDOC濃度が高いことが見て取れる。ここでは有機物を酸化させて呼吸を行う微生物にとって生息しやすい環境が醸し出されていると推測する。さらに，酸素や硝酸イオンの減少に加え，マンガンや鉄濃度の上昇，硫酸イオン濃度の減少，重炭酸イオンの上昇といった，酸化還元パラメーターのシークエンシャルな変化傾向が見て取れる。したがって，脱窒に加え，その後マンガン還元から鉄還元を経て硫酸還元まで微生物還元反応が次から次へと進んだと考えられる。

　これら，同位体比や酸化還元パラメーターに基づく，生物地球化学的反応についての解釈は，実状をきちんと反映しているだろうか？つまり，実際にそこに予想された微生物はいるのだろうか？このことを確かめる意味でも，分子生物学的手法により，遺伝子解析技術を用いて微生物相解析を行ってきている。今回の微生物相解析では，クローン解析という手法を用いた。

　最初に，地下水サンプルをフィルター濾過して微生物を集め，DNAを抽出する。抽出されたDNAは，さまざまな微生物に由来するいろいろな遺伝子が混在している。そこで次に，PCR法（Polymerase Chain Reactionの略：2種類の指定した塩基配列で挟んだDNA断片を酵素反応で増幅する方法）で調べたい遺伝子だけを選択的に増やし，増幅したDNA断片について大腸菌を使って1断片ずつに分配してクローンライブラリーを作成する。それぞれのDNA断片の塩基配列を解析してデータベースと照合することで，サンプル中に存在していた主要な微生物の種類などがわかる。

　例えば，16S rRNA遺伝子はすべてのバクテリアが共通して持っている遺伝子で，これまでの研究で最も豊富なデータベースがある。したがって，16S rRNA遺伝子をPCRで増やして解析すると，サンプル中にどのようなバクテリアが存在するかがわかる。また，脱窒菌だけが持っている*nirS*という遺伝子を調べることで，脱窒菌がいるかいないかが推測でき，うまくいけばどのような脱窒菌がいるかもわかる。

　16S rRNA遺伝子を対象としてどのようなバクテリアが生息するかを調べ

たところ，B-B'ラインには，乳酸菌と同じ Firmicutes 門に分類されるバクテリアや，メタンを利用して生きる methanotroph というバクテリアが多く検出された．また，脱窒菌が有する nirS 遺伝子を対象として調べた結果，B-B'ラインで脱窒が起こっているエリアでは，確かに脱窒菌が検出された（図5-6）．

図5-6は系統樹と言って塩基配列の類似度を示しており，位置が近いほど塩基配列が似ている，すなわち似た種類の微生物であることがわかる．図5-6の下半分に位置する脱窒菌は，これまでよく知られている黒字で記載した脱窒菌が見当たらないグループを形成しており，新しい脱窒菌である可能性が高い．また，脱窒ホットスポットでは脱窒菌に加え，硫酸還元菌ならびにメタン生成菌の存在が確認できた．メタン生成細菌については，*Methanobacterium* 属に分類される，嫌気環境下で水素と炭酸ガスからメタンを生成する菌が圧倒的多数を占めていた（図5-7）．

ついに，どのような脱窒菌が存在しているのか，というところまで分かってきた．ここまできたら，どこにどの程度多くの脱窒菌が生息しているのか，という問にも答えたくなる．少し粗いやり方ではあるが，PCR 増幅強度を生息している微生物量と置き換えて考えてみる．すると，PCR 増幅強度と $\delta^{15}N_{NO3}$ 値の上昇傾向との間には，ある程度良い関係性が存在することが明らかとなってきた．同様の傾向が，硫酸還元菌についても PCR 増幅強度と $\delta^{34}S_{SO4}$ 値の間で確認された．

実は，熊本で発見された傾向と同じようなことが，時を同じくして沖縄本島南部の琉球石灰岩帯水層を対象とした先駆的研究（安元ほか，2015）においても確認されている．どうやら，同位体手法によって半直接的に見出された『脱窒域』は，実際に脱窒菌が活発に活動している範囲と概ね一致するらしい．脱窒ホットスポットは，その名の通り，脱窒菌が他地域と比べ目立って多く生息し，実際に活動している場所として理解して良いというわけだ．

さらに，最後の疑問として残っているのが，ここで起こっている脱窒のタイプについてである．つまり，従属栄養脱窒（反応式2）か，それとも独立栄養脱窒（反応式3）か，どちらのプロセスがより顕著に起こっているので

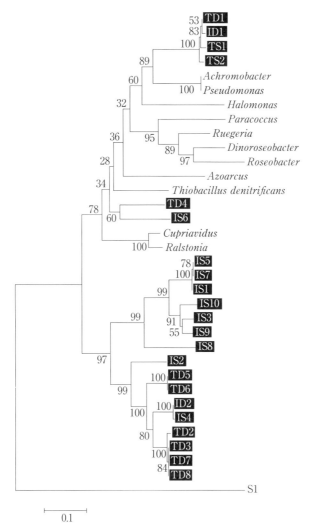

図5-6 脱窒ホットスポットで検出された脱窒菌の系統樹

あろう。今回得られた図5-6の系統樹では，これまでに多くの情報が得られている既知の脱窒菌とは別のグループを形成する脱窒菌が多く検出されており，脱窒タイプを判別することは難しい。しかし，感の鋭い読者にはもう

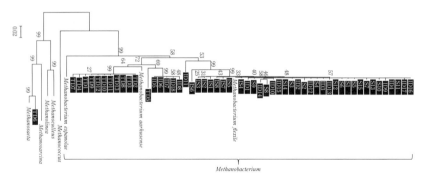

図5-7 脱窒ホットスポットで検出されたメタン生成細菌の系統樹

　答えがお解りだと思うが，次に述べる主として3つの状況証拠から，熊本地域で起こっている脱窒は主として従属栄養脱窒であることが指摘できよう。
　すなわち，一つ目は，脱窒反応が確認されたエリアとDOC濃度が高いエリアが一致すること。二つ目は，この地域の約半数の微生物群集がmethanotrophであるとともに，Firmicutes門に分類される従属栄養微生物も多く検出されるという特徴から，有機物の流入があって微好気的からやや嫌気的な環境にあることが示唆されること。三つ目として，脱窒菌の活動後も，硫酸還元やメタン発酵に至るまで，より還元的な環境で進む従属栄養的な微生物反応が観察されたことが，その理由として挙げられる。
　以上から，熊本地域の地下水硝酸汚染の自然浄化は，従属栄養型脱窒作用によるところが大きいことが言える。人為的に生産された化学肥料を利用した結果，地下水硝酸汚染が進行し，自然の窒素循環に攪乱が生じる。そればかりか，流動に沿って移動してきた硝酸態窒素は，還元的雰囲気，かつ，DOCが存在する環境下で，脱窒によりガス体窒素となって消滅する。
　当然この過程で有機物分解による炭素の消費も起こる。また，本文中には詳しく述べなかったが，硫化物の酸化を通した脱窒も局所的には起こっているようだ（独立栄養脱窒：反応式3）。こうした例からも，窒素の過剰負荷は，自然システムにおける炭素・窒素・硫黄循環，そして微生物の生存分布や生態に至るまで，多様な変化を与えていることが理解できる。

脱窒による汚染の減衰現象は世界のいたるところで報告されている。言いかえると，この窒素負荷をきっかけとして世界のいたるところで炭素・窒素・硫黄循環の攪乱と共に，それに合わせて微生物世界も変容していることが予想される。20億年かけて形成されてきた生物地球化学的循環は，我々が考えている以上に変化を遂げてきているのかもしれない。

Ⅵ 対策に向けて

　20世紀後半くらいからだろうか，窒素負荷量削減対策が我が国でも地域の自治体を通じて推進されてきた。既に述べたが，例えば熊本では特に浅層の第一帯水層については一定の対策効果が見られている。しかし，例えばより深部の第二帯水層で多くみられたように，現地点までに明瞭な効果が確認できないケースも多く存在していることも事実だ。このことは，地下水は一旦汚染が顕在化した地点では既に時が遅く，早期回復にはしばしば困難を伴うことを示唆している。

　考えてみると当たり前で，地下水が不飽和帯を浸透して飽和帯水層へと至るまでには時間がかかるので，地下水汚染が顕在化した時には既にその上部の不飽和帯や土壌中に窒素成分が蓄積してしまっている。したがって，地表での負荷が収まった後でも，引き続きこうした蓄積部分からの窒素供給が原因で，時間遅れを伴って汚染が進行するケースは十分予想されることである。ここで，不飽和帯中の降水の鉛直降下浸透速度を例えば2m/年として，不飽和帯の厚さが仮に15mだとすると，地表にあった水が帯水層へと辿りつくのに単純計算で7年半，もし，熊本のように60〜100mと厚い不飽和帯があるとなれば，単純計算で30〜50年くらいかかることとなる。

　地表の溶存硝酸イオンが土壌水の鉛直降下に従い深層地下水へと辿りつくのには数十年オーダーを見ておいた方が良いのかもしれない。既に述べた通り，浅層の第一帯水層における汚染に対する対応は，その周辺からの負荷について考えられる原因を調べながら対応することが手順となろう。一方，深層はというと，涵養域における不飽和帯が厚いので，まず，この部分におけ

る窒素の挙動を知る必要がある。

　実は，この部分が全く分かっていないのが問題なのである。何十メートルにもなる不飽和帯の中がどうなっているのか？降水や地表水はすぐにでも手に採れる。また，地中にある地下水も井戸があれば，地下から水をくみ上げることで採水し，色々と調べることが可能である。一方，不飽和帯土壌は，通常利用価値が低いため，鉱石でも掘らない限り誰も手に取ろうとしてこなかった。したがって，その特徴について殆ど研究が進んでいない。

　現在私の研究室では，硝酸汚染に絡む帯水層中での窒素循環パラドックスの中で，とくに『ブラックボックス』となっている，不飽和帯の窒素形態変化や窒素負荷・浸透機構を解明しようとしている。なぜ『パラドックス』という言葉を使ったかというと，現在流行のシミュレーションモデルにおいても，熊本地域においては時空間的な硝酸動向を再現しにくく，どこかに根本的なミスジャッジがあると考えているからである。特に，不飽和帯の水や窒素の挙動については実測データがあまりにも乏しい。

　先にも述べたが，窒素負荷は農林業センサスとして統計がはじまる1960年より前からも当然あったであろう。熊本はすでに明治時代から日本を代表する農業地域である。例えば養蚕業は近代日本を支える一大産業として戦前から菊池地域でも盛んにおこなわれていた。お茶とならび，桑の生育には相当の窒素肥料を必要とする。

　そうすると，正しい窒素負荷量の情報が必須となるシミュレーションモデルの構築に困難が生じることは誰の目からも明らかである。1970年代には顕在化していた地下水硝酸濃度の増加は，いつ頃地表に負荷された窒素の影響なのだろうか。若い阿蘇－4火山性堆積物からなる熊本地下水涵養地域の不飽和帯は数十メートルとかなり厚い。コンピューターシミュレーションは一つの有効なツールであることは間違いないが，実際のところ『物』を手に取らないと決め打ちができない。『厚い』不飽和帯の研究は『熱い』のだ。

　地表に負荷された窒素成分が，どれくらいの時間をかけて，どのような挙動を経て，深層帯水層に到着するのか。これが分かれば，現在深層の第二帯水層で増加し続けている硝酸汚染が，何年くらい先に減少していくのかを突

き止める重要な鍵となろう．現在いくつかの箇所で不飽和帯土壌の掘削を行っており（図5-8），今後，解析結果をまとめ上げて，この謎の解明に取

図5-8　(a) 土壌コア掘削風景および，(b) 採取・整理された土壌試料の写真

り組んでいきたいと思っている。

　上記の不飽和帯研究推進に加え，硝酸汚染の今後の動向をより正しく知るためには，これまでの硝酸濃度観測を続けると共に，硝酸態窒素ならびに酸素同位体比（$\delta^{15}N_{NO3}$や$\delta^{18}O_{NO3}$）の観測を追加することが望まれる。還元域における脱窒能の推定を行うためには，合わせてDOCの分析を是非行うべきだ。これは，更なる汚染に対してどの程度のバッファー能力があるかを推定するのに役立つ。今後も行政と大学が共に手を組んで，地域の環境保全について真剣に対応していくことで，対策の策定やその効果を冷静に判断することが可能であると信じている。

Ⅶ　おわりに

　本章をお読みいただいて，『地球温暖化問題』に匹敵するような，地球規模で起こっている環境問題を考える上で本質的に重要な現象の一端が，この地の目に見えない地下で，ひっそりとではあるが，確実に起こっていることがお解りいただけたと思う。金峰山と立田山に挟まれた地域の地下では『脱窒ホットスポット』が存在し，還元的環境に住んでいる微生物の世界や，その中で起こっている目くるめく生物地球化学的物質循環の世界が広がっている。そして今日のその様相は，加藤清正の時代とはかなり変容を遂げているはずだ。熊本市と植木を結ぶ3号線沿いを車で走られた際，その地面の下にこうした不思議な世界が広がっていることを思い出していただければ，執筆冥利に尽きる。

（細野高啓・森村　茂）

＜参考文献＞
熊本県・熊本市「熊本地域地下水保全対策調査報告書」2005年。
熊本市「第二次硝酸性窒素削減計画」2009年。
熊本市水道局「平成19年度水質試験年報（第20集）」『熊本市水道局』2008年。
小嶋誠一「熊本地域における地下水管理行政の現状について」『地下水学会誌』52号，2010年，49-64頁。
富家和男・糸満尚貴・松山賢司・柿本竜治・川越保徳「熊本都市域における地下

水中硝酸性窒素濃度の現状と地理情報システムおよび窒素安定同位体分析による窒素負荷要因の解明」『水環境学会誌』34号，2011年，1 - 9頁。
安元　純・廣瀬（安元）美奈・久手堅剛・宮城雄次・大城要平・聖川健斗・細野高啓・嶋田　純・中野拓治「琉球石灰岩帯水層における脱窒に係わる微生物相解析」『日本地下水学会誌』57号，2015年，153-169頁。

HOSONO, T., TOKUNAGA, T., KAGABU, M., NAKATA, H., ORISHIKIDA, T., LIN, I-T. and SHIMADA, J. "The use of δ^{15}N and δ^{18}O tracers with an understanding of groundwater flow dynamics for evaluating the origins and attenuation mechanisms of nitrate pollution," *Water Research*, Vol. 47, 2013, pp. 2661-2675.

HOSONO, T., TOKUNAGA, T., TSUSHIMA, A. and SHIMADA, J. "Combined use of δ^{13}C, δ^{15}N, and δ^{34}S tracers to study anaerobic bacterial processes in groundwater flow systems," *Water Research*, Vol. 54, 2014, pp. 284-296.

第6章

統合型流域モデリングによる地下水流動の数値シミュレーション

I はじめに

　流域内を循環する物質や熱の収支は，様々な要因が作用した帰結として決まる諸量であるが，そこでの移動実態の全容を捉えることは容易でない。フィールドでの測定結果や採水試料の分析結果は点情報であり，広がりを持った流域の全体像を明らかにすることは難しい。衛星画像や航空写真では比較的広い範囲の面的情報を得ることができるが，地下の状況を知ることはできない。弾性波や比抵抗を利用した物理探査は地下構成物質の物理諸量の一部を表現できるが，測定範囲は地上環境の諸条件に左右されやすく限定的である。

　こうした直接測定できないフィールド情報を補うために，地上から地下を一体化した流域スケールを数値的にモデル化したシミュレーション技術が利用されている。これは，降雨，積雪・融雪，地表水流れ，地下浸透・湧出，蒸発散，土壌浸食・堆積などの地表面における様々な物理現象と地下の流体挙動を一体的に捉えることを目指した統合化技術の一つと考えられている。そこでは，流域内の水のみならず，空気，熱，化学物質，土砂などの様々な物質を含めてモデル化がなされ，河川，地下帯水層，湖沼などの流域を構成する部分を限定して解析される従来の数値解析とは異なった思想が取り入れられており，その概念は「統合型流域モデリング」等と称されている。

　統合型流域モデリングは，河川流量や地下水位などの実測可能な物理量を矛盾なく再現する3次元モデルを基本とし，実測値とシミュレーション結果の比較によるマッチングが図られる。十分なマッチングにより流域の全体像が同定されたモデルは，政策者の意思決定支援や住民の合意形成のための客

観的かつ視覚的にも分かりやすいツールとして利用することが可能となる。これまでに，流域モデリングのための幾つかの数値シミュレータが開発されてきている。それぞれの統合化の考え方や応用領域は異なり，対象とする場や流体系についても同一のものや全てを包含しているものはないように思われる。そのため，利用者はどのような数値シミュレータがどのような応用領域へ適用できるかを事前に把握しなければならないが，実流域への適用事例も限られており，流域モデリングの普及の1つの障壁ともなっている。21世紀の様々な水問題に対し，幅広く適用可能な統合型流域モデリング技術の確立が期待される。

本章では，まずCREST研究で採用した統合型流域モデリングについて，地下水のみを対象とする一般的な地下水流動シミュレーションとの違いに着目して特徴を述べる（Ⅱ）。次に，これを熊本地域の主要な河川流域をカバーした領域へ適用し開発した熊本流域圏モデルの基本諸元について述べる（Ⅲ）。Ⅳ，Ⅴでは熊本流域圏モデルによるシミュレーション結果の再現性検証について，その考え方と手順を述べる。また，Ⅵでは流域モデルの活用について述べ，フィールド調査との協働の重要性をⅦで述べる。最後に，流域モデルの活用に着目した今後の課題と取組みについて述べる。

Ⅱ 統合型流域モデリング

1 源流から河口，地上から地下を統合化

図6-1に源流から河口，地上から地下をカバーする流域スケールにおける対象システムの概念を示す。

対象とする場は大気，地表面，地下に大別される。大気では物質や熱の移動自体は考慮せず，降水や気温等の接地境界層と呼ばれる地表面付近の気象場を反映させた場として取り扱う。地表面は地形，土地利用，植生，被覆等の不均一な分布をもつ2次元空間として表現し，地表水流動は水深方向に平均化した近似法を用いて記述する。地下は土壌や岩石の広がる3次元空間と

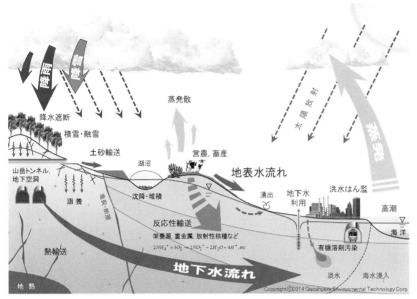

図 6-1　対象システムの概念

して表現する。

　これらの場は分断せず一体的にモデル化され，地表面を通過する物質，エネルギーの出入り（地上・地下相互影響）を含めた流体，エネルギー，化学物質及び土砂の同時輸送挙動を解析するものである。対象領域は地形や地層の不均一性を柔軟に表現できる3次元変形格子によって直接的に表現し，源流から河口までの流域物質・エネルギー輸送場の時空間変動を解析する。

　図6-2は，上述の大気－地表面－地下地層系を表現する三次元格子モデルの概念を示したものである。

　大気層は無限大の容量をもつ空間として表現され，地表面での状態変化（水深変化）に応じた気相流動のバッファーとなる。また，対象地域の気象変化（大気圧，気温）を反映することができる。

　大気層下の地表層では，降水遮断，蒸発散，積雪・融雪，河川や斜面の地表水流動，潜熱・顕熱輸送，湖沼・海洋の貯水体等の様々な地表面過程を表

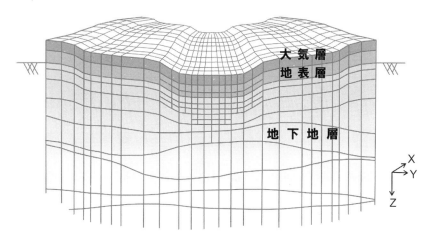

図6-2　大気-地表-地下地層系を表現する三次元格子モデルの概念

現する。地表水は浅水近似と呼ばれる水深方向に平均化した流れとして扱う。場所による地表水の動き易さの違いは，土地利用や被覆状態に対応付けて与えられる地表面の粗さや浸透能等によって考慮される。

　なお，地上の土砂移動とそれによって生じる浸食・堆積については，本研究では扱わないため詳しい記述は割愛する。

　地表面下の地下地層は，多孔質な土壌や岩石からなる固体として表現し，一般化ダルシー則と呼ばれる物理法則に従った物質・熱移動現象を扱う。地層間隙中の地下水，熱エネルギー，化学物質等の動き易さを表す物性値（透水係数，熱伝導率，拡散係数など）は，フィールド調査の結果や文献などを参考にして個々の格子に対して与えられる。

　源流から河口，地上から地下を統合した具体的な流域モデルの開発とそれを用いた数値シミュレーションは，図6-3に示す手順により進められる。

　まず，流域モデルを作成するために必要な様々な基礎データを収集する。これらのデータをもとにして，気象，土地利用等の地表面状態と地下の地層構造のモデル化を行い，これらを格子系へ組み込むことで流域モデルを完成させる（Ⅲ参照）。

　次に，平衡状態での流動場を求めるバックグラウンド計算を行う（Ⅳ参照）。

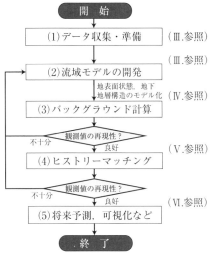

図6-3 流域モデルを用いた数値シミュレーションの手順

平衡状態のシミュレーション結果は，地下水位や河川流量等の観測値をある期間で平均化したもの等と比較し，モデルの再現性を検証する。再現性が不十分な場合は，モデルを修正して同様の計算と比較・検証を繰り返す。良好な再現性が得られた後，観測データの経時的変化を再現するヒストリーマッチングを行う（Ⅴ参照）。最終的に良好な再現性が得られた段階で流域モデルを確定し，将来予測やシナリオ計算等を行う（Ⅵ参照）

各ステップの詳しい検討内容については，Ⅲ～Ⅵで後述する。

2 なぜ統合型流域モデリングか？

流域スケールを考えると，地下水流動は水循環の一部を構成し，土地利用，蒸発散，地表水流動等の地表面過程との関係を常にもつものである。一般に行われる数値シミュレーションは，河川，斜面，地下の不飽和帯，飽和帯等の流域を構成するコンポーネントとそれらの物質のやり取りを定義することで，特定のコンポーネントや流域全体を統合化して解析を行うものである。流域コンポーネント間の関係をどのように定義するかは数値シミュレーショ

ンやモデル化の方法によって異なるが，このことは流域内の物質の移動経路を予め決めることに他ならない。ここでは，これを Watershed Routing (WR) と呼ぶことにする。

　例えば，後述する MIKE-SHE や SHETRAN といった著名な流域シミュレータは，河川流を1次元流れ，斜面流を2次元流れ，地下地層中の不飽和域は鉛直方向のみを考慮した1次元流れ，飽和域を3次元流れとしてモデル化され，これらのコンポーネントを再結合することで流域スケールの解析を行うものである。しかし，流域内の状態が時々刻々と変動する場の中で，どこまでが河川でどこからが山地斜面になるか，あるいはどこまでが不飽和帯でどこからが飽和帯かなど，流域コンポーネントを確定的に区別することは決して容易なことではない。

　このような WR の考え方は，現象を支配する重要な流域コンポーネントのみをできるだけ簡易に記述するという考え方を背景とするものであり，モデリングの対象を限定する設計ツールとしては有効なものである。

　しかしながら，近年，我々はこれまで経験したことのない豪雨や渇水を身近に体験し始めている。想定外の自然・人工災害と人間との関わりを的確に予測し，適応・緩和してゆくための具体的な方策を論じてゆかなければならない。そのためには，WR のような適用が限定されるモデリング手法ではなく，現象を支配する正確な物理法則と数学モデルのみに基づき統合化された流域モデリングが重視されるべきである。

　このような考え方に基づいた統合型流域モデリングとして，登坂ら (1996, 1998a, 1998b, 2006) によって開発された自然流体・熱系の結合シミュレーション手法がある。この手法は，流域空間の全体を3次元格子を用いて直接的に表現し，流域コンポーネントやそれらの関係性を予め決めることなく局地から広域，短期から長期にわたる流域統合化を可能とするものである。

　図 6-4 に解析結果の一例を示す。これは，流れを可視化するため，地表面から粒子を出発させ，それらの流動経路を描画したものである。これより，斜面に沿った地表水流れが谷地の河川へ流入する経路，その途中で地下へ浸

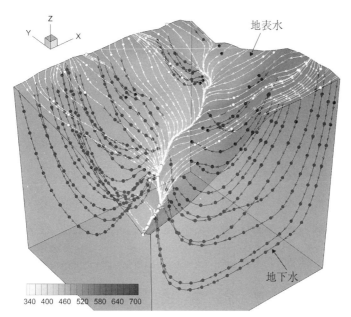

図6-4　統合型流域モデリングによる地表水－地下水結合流れの解析例（森ほか，2015）

透し，地層中を流れて再び河川や谷地へ湧出する経路等を明瞭に見ることができる。地上と地下を流れる水が分断されることなく，それらが一体化された流線として自然らしく解析することができる。

3　数値シミュレータ

　水の移動速度は，地上と地下では随分と異なるものである。そのため，水と共に運ばれる様々な物質や熱の移動現象を一体的にモデル化するには，地表面を介した地上と地下の関係を如何に適切に取り扱うかが極めて重要となる。専門的にはこれを地上・地下連成解析などと呼ぶが，そのやり方にもいくつかのものがある。

　図6-5は地上・地下連成手法の違いを分類したものである。①は地上の状態変化を一方的に地下へ反映する手法であり，実質的には連成がなされな

い解法（非連成），②は地上，地下の状態変化を双方向でデータ交換し，これを反復させることによる解法（反復連成），③は地上，地下を分離せず，両者を一体的に解く手法である（完全連成）。ここでは数値計算上の詳しいテクニックは述べないが，一般には地上，地下間の相互作用が顕著であるほど，①よりは②，②よりは③の取扱いが望ましいとされる。

MIKE SHE（Refsgaard et al. 1995；DHI, 2007）は，1977年に英，仏及びデンマークのコンソーシアムにより開発が開始され，1980年代半ば以降はデンマークのDHI（Danish Hydraulic Institute）社によって開発と機能拡張が進められてきた著名な数値シミュレータの1つである。MIKE SHEでは，降水遮断及び蒸発散，水路及び斜面流れ，地表面から地下水面より上の領域の不飽和帯，地下水面より深い飽和帯，融雪，河川－帯水層相互作用の複数のコンポーネントの組み合わせによって流域全体を表現する。すなわち，既に述べたWRのアプローチである。河川等の水路内の流れは1次元，斜面は平面2次元，不飽和帯は鉛直1次元，飽和帯は3次元でモデル化される。地上・地下連成は，上記の①または②である。水以外にも，土砂，栄養塩等の化学物質の移動現象を取り扱うことができるが，熱移動を扱うことはできない。

HydroGeoSphere（HGS）は1993年にカナダのウォータールー大学によっ

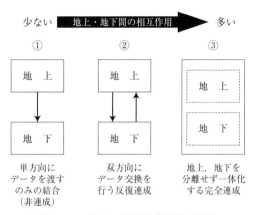

図6-5　地上・地下連成手法の概念

て開発され，2次元地表流，溶質輸送及び飽和・不飽和地下水流動，物質，熱輸送を解析対象とすることができる数値シミュレータである（Therrien et al., 2010）。InHMはHGSとほぼ同等の機能を有し，1998年以降，米国スタンフォード大学によって開発が行われ，土砂輸送解析機能の拡張など等が行われてきた（VanderKwaak, 1999；Heppner et al., 2006）。HGS，InHMはいずれも完全連成の解法によって地上・地下の相互作用をモデル化できるものであるが，そこには特殊な経験的パラメータを必要とすることから，部分的にWRの取扱いを残すものと言える。

　我が国で開発されたGETFLOWSは，流域における様々な物質とエネルギーのダイナミクスを任意の時間・空間スケールで解析する数値シミュレータである。上述の経験的パラメータを必要としない物理法則に基づいた完全連成を基本とし，水以外の流体（例えば，空気，油，有機溶剤など），熱，化学物質，土砂等の包括的な同時輸送過程を取り扱うことができるため，適用分野が極めて多岐にわたる。GETFLOWSの初期バージョンは1990年代に東京大学登坂博行教授によって開発され，それまで別々に扱われてきた地表水と地下水の動きを，独自に開発したアルゴリズムを用いることで結合させ，WRに依らない統合型流域モデリングを可能とする新たな数値解析技術の開発に成功した（登坂ほか，1996；Tosaka et al., 2000；登坂，2006）。その後，流域スケールにおける熱輸送解析（登坂ほか，1998a，1998b；吉岡ほか，2010），土砂輸送解析（森ほか，2011），化学変化を伴う水質解析（森ほか，2015），等の様々な機能拡張が図られ，多数のコンピュータを用いた超並列計算による大規模高速シミュレーション等も行われている（例えば，Mori et al, 2010；多田他，2015）。

　CREST研究では，後述する熊本流域圏モデルの開発にGETFLOWSを適用し，他の地域では類を見ない膨大かつ多様な観測データを用いて流域の実態把握に取り組んできた。熊本地域の水量・水質に関する様々な測定データを矛盾なく再現するモデルを開発することで，流域の内部構造，とりわけ水収支に着目した地域固有の特性を明らかにしようとした初めての試みである。

III 熊本流域圏モデルの開発

1 対象とする領域

　白川中流域から熊本市内へ向かう地下水流動は，透水性の良い火山性の岩石を水瓶とした地下水プールともよばれるが，その詳しい分布域や水理的性状は必ずしも明らかになっていない。このような地域の対象領域を決定する際には，地表水と地下水の集水域が異なる点に十分留意しなければならない。一般に，対象領域の端部にはモデルに含まれない域外との関係を境界条件として取り入れる必要がある。具体的には，領域端における地下水，溶存物質，熱量等の出入り（単位時間当たりの体積など）を決めることになる。この境界条件は，場所や時間によっても異なるものであり，フィールドスケールの不均質な系では，通常，どのような境界条件が適切なものかはわからないことも多い。実験室の模型や人工構造物内を対象とする流体シミュレーションと大きく異なる点である。そこで，領域外との水の出入りが無いと考えられる閉じた境界（閉境界と呼ぶ）を見出し，この境界に囲まれる領域を対象とする方法がとられる。山地の尾根や河川に沿ったラインがこれに相当するが，気象，地質，揚水等の条件によっては，そうでないこともあるため，注目する地域をカバーする十分広い領域を設定する等の工夫をする。

　図6-6に対象領域を示す。地形起伏で決まる地表水の分水嶺で言えば，白川，菊池川，坪井川，緑川の4つの流域をカバーするものである。本章では，これを熊本流域圏と呼ぶことにする。

　なお，深さ方向の対象領域についても同様のことが言える。ここでは，透水性の極めて低い水理基盤を含む十分な深度として，標高-2000mを対象領域とした。

2 必要な入力情報

　流域モデルへ組み込む入力情報は，気象，植生，地形，土地利用，水利用，地層，負荷源の7分類に大別される。表6-1に入力情報の分類と主な内容

第6章　統合型流域モデリングによる地下水流動の数値シミュレーション | 111

図6-6　数値シミュレーションの対象領域

を示す。

　流体データは，水，空気等の流体相毎に与える基礎的物性値である。気象データは，降水量や日射量等の流域モデルへ与える外力となるものである。地形データは，地表面の地形標高値であり，海等の水域の場合には海底地形の標高値を与える。植生データは，樹冠遮断，蒸発散等に関係し，樹種や林齢に対応付けたパラメータとして与えられる。また，土地利用データは，地表水流れに対する抵抗を表す地表面粗度や負荷源データと関係付けられる。水利用データは，生活用水，工業用水，農業用水等の人間活動に伴う河川水取排水や地下水揚水を考慮するためのものである。負荷源データは流域へ排出される水質汚濁物質の負荷量を与えるものであり，通常は単位時間当たりの体積等で表される。負荷源には人為由来と自然由来とがある。地層データは，

表6-1　入力情報の分類と内容

分類	内容
a) 流体	流体相毎の物性（密度，粘性，圧縮率）
b) 気象	降水，気温，湿度，風速，日照時間等
c) 地形	標高（陸域，水域）
d) 植生被覆	樹高，貯留量，遮断率，葉面積，アルベド等
e) 土地利用	荒地，森林，建物用地，農地，水域，海浜等
f) 水利用	河川取排水，地下水揚水，ダム，堰，灌漑等
g) 負荷源	排水（生活，工業），施肥，畜産，大気降下，地力
h) 地層	土壌，岩石の区分に応じた物性

土壌や岩石等の地下地層の3次元分布とその物性を与えるものである。この物性には，地層間隙中の流体の動き易さ等を表す水理物性（浸透率，透水係数など），地層の熱の伝わり易さ等を表す熱物性（熱伝導率，比熱など），間隙流体中の物質（例えば，環境同位体や塩分など）の動き易さ等を表す移行パラメータ等がある。

　これらの入力情報の多くは，政府や自治体の公共データや現地調査等によって得ることができるものであるが，流域内の全体を詳しく把握できるほど十分なものではない。気象データには欠測期間が含まれたり，流域内の数地点の情報しか得られていないことも少なくない。また，地下地層構造に対しては，ボーリング調査データが利用できるが，調査点数は通常多くない。

　このような時間的，空間的に断片化された入力情報をもとに，検討対象とする領域と期間の全体へどのように拡張（補間）するかは，モデリングの最も重要な検討事項であり，シミュレーション結果に重大な影響を与えるものである。

3　熊本流域圏モデルの基本諸元

　上述の様々な入力情報を統合して開発された熊本流域圏モデルを図6-7に示す。このモデルは，当初，国土交通省熊本河川国道事務所で水循環解析モデルとして作成されたものである（濱里他，2009；菊池他，2012）。CREST研

第6章　統合型流域モデリングによる地下水流動の数値シミュレーション　｜　113

究では，これを様々な環境トレーサ，物質等の移動現象を取り扱うことができるよう大幅に拡張した。

　熊本流域圏モデルの基本諸元等を表6-2～表6-4に示す。

　取り扱う流体は，水，空気2相系を基本とした（表6-2）。この水・空気2相流体の複雑な流れを解析することによって，地層間隙内に水と空気の両者が含まれる不飽和領域，水のみが含まれる飽和領域が表現される。表中に示した様々な環境トレーサ，窒素化合物は，ここでは水の流動によって輸送

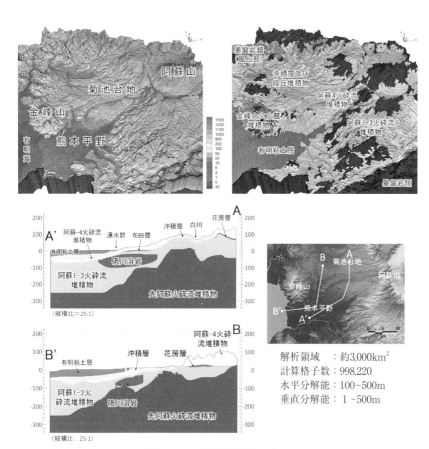

図6-7　熊本流域圏モデル

されるものとし，空気の流動や土砂移動によるものは考えないこととした。

表6-3，表6-4は，それぞれ地表面過程，地下地層構造のモデル化と利用データ，主な物性値について概要をまとめたものである。ここに示した透水係数等の物性値は，後に述べる水量・水質の同時マッチングによって同定された最新のものである（河川流量，地下水位，濃度などの多項目の観測データと流域モデルの解析結果を矛盾なく一致させることで，流域の内部構造を同定しようとすることを，ここでは同時マッチング，特に経時的変動に着目したマッチングをヒストリーマッチングと呼ぶ）。

表6-2　流体システムの基本諸元

項　目	内　容
流体相	水相・空気相（水・空気2相流体）
地表水流動	マニング則（平均流速公式）
地下水流動	一般化ダルシー則
環境トレーサ	^3H，温度，$\delta^{18}O$，^{85}Kr
化学物質	窒素化合物（NH_4^+，NO_3^-），DO，DOC

表6-3　地表面過程の基本諸元

項　目		内　容	データソース
気象	降水	熊本気象台ほか全41地点の地上観測データ（日単位）を用い，ティーセン法によって空間分布を仮定	a），b）
	気温	熊本気象台の地上観測データ（月単位）と気温減率 -0.0059℃/m を用いて空間分布を仮定	b）
	気圧	標準大気圧（0.1MPa）	
土地利用	地表面粗度	土地利用分類（S30，S40，S51，S62，H3，H9，H18）にマニングの粗度係数及び地表面浸透能を対応付けて設定	c）
地形	陸域	基盤地図情報10mメッシュ（標高）	d）
水利用	河川水田	主要河川からの取水（白川，菊池川，緑川）及び水田かんがいを考慮	

a）水文水質データーベース：http://www1.river.go.jp/
b）気象庁アメダス：http://www.data.jma.go.jp/obd/stats/etrn/index.php
c）国土数値情報土地利用細分メッシュ：http://nlftp.mlit.go.jp/ksj/
d）国土地理院基盤地図情報：http://www.gsi.go.jp/kiban/

第6章　統合型流域モデリングによる地下水流動の数値シミュレーション

表6-4　地下地層構造の基本諸元

項目	内容			
地質区分	表土，有明粘土層，沖積層及び段丘堆積物，金峰山火砕流堆積物，阿蘇4火砕流堆積物，阿蘇1-3火砕流堆積物，砥川溶岩，先阿蘇火砕流堆積物，水理基盤岩類（風化部，新鮮部）			

項目	地層区分	透水係数 (cm/s)	間隙率 (-)
水理物性	表土層	1.0×10^{-2}	0.5
	沖積層及び段丘堆積物	3.0×10^{-2}	0.3
	金峰山火山麓堆積物	1.0×10^{-3}	0.3
	有明粘土層	1.0×10^{-3}	0.3
	阿蘇-4火砕流堆積物	$1.0 \times 10^{-5} - 1.0 \times 10^{-2}$	0.2
	花房層・布田層	1.0×10^{-7}	0.01
	阿蘇-1～3火砕流堆積物	$1.0 \times 10^{-6} - 2.5 \times 10^{-1}$	0.03 - 0.2
	砥川溶岩	5.0×10^{-1}	0.2
	先阿蘇火山岩類	$1.0 \times 10^{-5} - 2.5 \times 10^{-1}$	0.2
	基盤岩類（風化部）	1.0×10^{-3}	0.3
	基盤岩類（新鮮部）	1.0×10^{-6}	0.1

項目	地質区分	比熱 (J/kg/K)	熱伝導率 (W/m/K)
熱物性	表土層	2400	0.5
	沖積層及び段丘堆積物	2400	0.5
	金峰山火山麓堆積物	1000	3.14
	有明粘土層	920	1.25
	阿蘇4火砕流堆積物	1000	1.435
	花房・布田層	2500	1.5
	阿蘇1-3火砕流堆積物	1500	1.435
	砥川溶岩	840	2.4
	先阿蘇火山岩類	1500	1.435
	基盤岩類	920	3.5

項目	物質	分子拡散 (m²/s)	半減期 (y)	硝化速度 (d⁻¹)	脱窒速度 (d⁻¹)
移行パラメータ	^3H	1×10^{-9}	12.3	-	-
	$\delta^{18}O$	1×10^{-9}	-	-	-
	^{85}Kr	1.68×10^{-9}	10.74	-	-
	NH_4^+	1.38×10^{-9}	-	0.24	-
	NO_3^-	1.23×10^{-9}	-	-	0.0012

項目	内容
地下水揚水	年間取水量10万m³以上の井戸[a]からの取水を考慮

a) 熊本地下水保全条例に基づく地下水取水量報告，熊本市

表6-5 利用可能な観測情報

項目	観測点数	観測開始[a]	測定回数	データソース
河川流量	12	1952年	連続	b)
地下水位	43	1976年	連続	c), d)
^3H	26	1973年	2-7	e)
温度	47	1986年	1-3	e)
$\delta^{18}O$	90	2009年	1-9	e)
^{85}Kr	3	2012年	1	e)
NH_4^+	152	2010年	1-3	e)
NO_3^-	159	2009年	1-3	e)
DO	241	2009年	1-4	e)
DOC	50	2013年	1	e)

a) 最も古い観測年, b) 国土交通省, c) 熊本県, d) 熊本市, e) 熊本大学ほか

　表6-5はこれまでに蓄積された観測データに，新たに取得されたデータを加えた観測情報のリストである。これらのデータは，それぞれシミュレーション結果と比較し，構築モデルの再現性を検証する。

IV　バックグラウンドを如何に求めるか？

　直近のある時期を対象とした再現解析や将来予測の出発状態となる初期流動場は，過去から現在に至る長期の時間変動を経て形成された一時点を示すに過ぎない。この長期の時間変動パターンをここではバックグラウンドと呼ぶことにする。そこでは現状がほぼ平衡状態にある地域や緩やかな変動の途上にある地域等の様々な状態が考えられる。

　このバックグラウンドを表す諸量には，任意の地点の地下水位，河川流量，温度，物質濃度など様々なものがあるが，対象とする領域全体に対してある時点の流体，熱量，化学物質等の空間分布を与えることは容易でない。

　そこで，対象地域の気象外力を与え続けた長期の非定常計算によってバックグラウンドを再現することを考える。このとき使用する気象外力は多年に

第6章　統合型流域モデリングによる地下水流動の数値シミュレーション | 117

わたる平均値でも何らかの長期的な時間変動パターンを考慮して与えることでも構わない。このような再現解析では，例えば，温暖化やヒートアイランドなどの地上環境変化，過剰な地下水揚水等による地上・地下間の長期的な相互影響を考慮できることが特に重要となる。

図6-8にバックグラウンド計算の概念と諸量の時間変化パターンを示す。計算開始前の初期条件は遠い過去の時点に関係づけるなどとした仮の状態設

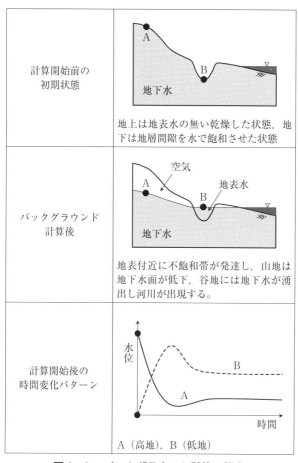

図6-8　バックグラウンド計算の概念

定から出発し，現在の状態に近づいてゆく過程を計算する。例えば，流域内の水や空気の流体分布は，かつて海底下にあった陸域が隆起し天水に曝されてゆく長期過程をイメージし，地層中を水で飽和させた状態から非定常解析を始める。本来は地形発達や地層堆積等の長期過程を考慮するべきであるが，それらの過去の状態を詳しく知ることは困難である。計算上は現況が再現できる範囲で多少大胆に場の表現を簡略化する。解析結果は，河川流量，地下水位，濃度（例えば，放射性物質，同位体他），温度等の実測値と比較することで再現性を客観的に検証することができる。解析値と実測値に違いが認められる場合は，それらの差異から推定される実際とモデルの相違を分析し，解析モデルへ反映させて十分な精度が得られるまでこれを繰り返す。

V　経時的変化を再現するヒストリーマッチング

　ヒストリーマッチングの初期状態には，前述のバックグラウンド計算の終状態となる結果を用いることができ，着目する変化に応じて時間分解能を細かくするなどして諸量の経時的変化を再現する。このような経時的変化を再現することは，一定の気象外力を与え続けた平衡状態の再現解析のみからは分からない流域の動的変化に関する情報を得ることができるようになり，一般に精度が向上するものである。

　言うまでもなく，このヒストリーマッチングの主目的は観測値とシミュレーション結果を一致させることだけでは無い。ヒストリーマッチングを通じて全容を直接視ることができない流域の内部構造を推定（同定）しなければならない。出来る限り多くの地点で得られた，多種の観測データを矛盾なくマッチングすることがより良いと考えられる。観測値とシミュレーション結果の差異は，実際のフィールドとモデルの間にある相違を表すものである。言い換えれば，まだ適切にモデル化されていない事項を示唆する重要な手がかりになるものと言える。ヒストリーマッチングでは，この観測値とシミュレーション結果の差異を丁寧に分析し，科学的に考えられ得る仮説を立て，それらをモデル化へ反映して再びマッチングの良否を検証するプロセスを繰

第6章 統合型流域モデリングによる地下水流動の数値シミュレーション

り返す．

　地下水流動シミュレーションが行われる多くの場合は，観測井で測定された地下水位がどれほど良好にマッチングされたかに関心が払われる．統合型流域モデルを用いる場合には，これに河川流量を加えて同時にマッチングの良否を評価することが可能となる．時期や場所によっても異なるものであるが，河川を流下する水は流域内の地下水の湧出によっても保たれている．そのため，流域内の複数地点の河川流量を良好に再現可能なモデルは，地表面を出入りする水量を適切に評価するものと考えられる．

　さらに，これらの水量に関する観測データに加え，異種複数の環境トレーサや物質濃度をヒストリーマッチングの対象とすることができる．流域内のある地点の濃度は，流れの速度や滞留時間に関する情報を強く反映する．そのため，流域内の複数地点の濃度を良好に再現できるモデルは，地層内の地下水流速を適切に与えるものと考えられる．

　前述した熊本流域圏モデルは，表6-5に示した多数の観測データ（地下水位，河川流量，トリチウム^{3}H，温度，酸素安定同位体δ^{18}O，クリプトン^{85}Kr，硝酸性窒素NO_3^-など）のいずれもが矛盾なく再現するようヒストリーマッチングを経て改良を積み重ねてきたものである．水量データのヒストリーマッチングは，地下水位43地点，河川流量12地点に対していずれも良好なマッチングを得ることができた（図9，図10）．濃度データのヒストリーマッチングからは，異なるトレーサに対して，当初はいずれも共通する食い違いがみられた．具体的には，シミュレーション結果は観測値よりも高くなる傾向が認められた．その原因を種々の視点から詳細な分析を行った結果，流域モデルに組み込まれた帯水層の厚さが実際よりも薄く，地下水流速が過大に評価されている可能性が推定された．この推定結果は，他の地質調査資料等により確認を行い，ほぼ妥当であると判断されたため，流域モデルへ反映して再度ヒストリーマッチングを行った．その結果，上述の濃度が過大となる傾向は改善され，良好なマッチングが得られるようになった．図6-11はトリチウム濃度の再

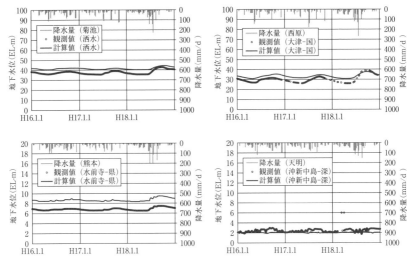

図6-9 地下水位変化の再現解析結果例（泗水，大津，水前寺，沖新中島）

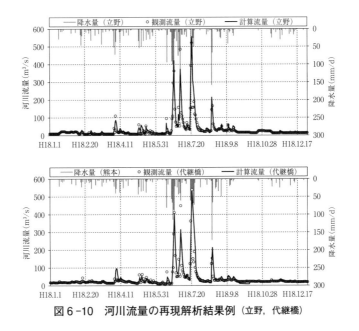

図6-10 河川流量の再現解析結果例（立野，代継橋）

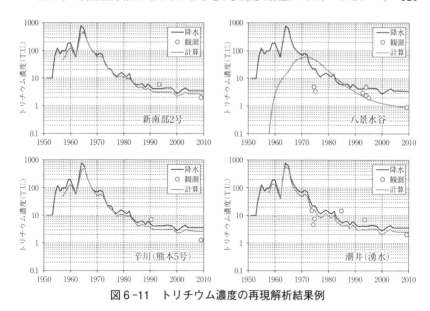

図6-11 トリチウム濃度の再現解析結果例

現解析結果の一例である。

　以上より，地上・地下を一体化した流域モデルによる河川流量，全水頭及び異種多数の環境トレーサを同時にヒストリーマッチングすることは，流域内を通過する地下水の速度をより正確に同定できる可能性をもつものである。このことは，流域管理に不可欠となる水収支の推定・評価精度を向上させることを意味し，地下水位等の水量に関する観測データのみのヒストリーマッチングでは困難な流域特性と言えよう。

VI　流域モデルをどのように活用するか？

　ヒストリーマッチングを経て再現性が十分に検証された流域モデルは，実に様々な用途での活用が期待される。それらは流域モデルから得られる多様な出力情報を用いるものである。これらの出力情報は，注目する保存量（流体，熱，化学物質，土砂等）によって異なり，数値シミュレーションの結果とし

て得られる計算格子毎の状態量（一次出力）と一次出力を用いて求められる諸量（二次出力）があり，それらは表6-6に示すようにまとめられる。

流域モデルの主な用途としては，次のものがあげられよう。

1 現象理解・解釈

流域モデルから得られる様々な出力情報を用い，地下水流動パターンの地域性や経時的変化の特徴に関する解釈を与え，物質や熱の移動機構に対する現象理解を深める。異なる出力情報の関係性を分析することも効果的である。また，フィールドで直接測ることが困難な物理量として，地表面や地下帯水層の任意の面を単位時間あたりに通過する水量が得られるが，これらは流域を単位とした水収支の評価に不可欠な重要な物理量である。これらを他の観測情報と突き合わせて総合的に評価することが求められる。

2 将来予測・シナリオ計算

将来の気象条件，土地利用，水利用等の環境変化をインプットし，地下水流動をはじめとした流域内の状態変化を予測することができる。また，実際には起こっていない仮想の状態設定に対して，あるいは遠い過去の状態設定に対して，どのような変化が生じるかを実験的に調べることも可能である。

3 流域管理ツール

流域管理には様々な数値指標（これをインディケータと呼ぶ）による環境監視

表6-6　流域モデルから得られる主な出力情報

保存量	一次出力				二次出力								
	圧力	飽和度	温度	濃度	水位・水深	土壌水分	全水頭	流速	フラックス	熱量	相対湿度	体積・質量	平均年代	移動経路
流体	✓	✓			✓	✓	✓	✓	✓		✓	✓	✓	✓
熱			✓						✓	✓	✓			✓
化学物質				✓					✓			✓		✓

が不可欠となる。このうち，流域における流体，化学物質，熱エネルギー等の保存量に対する「入」と「出」の収支の不均衡は環境変化のシグナルとなる重要な数値指標の1つである。

流域環境の変化の兆候を早期に捉えることは，幅広い対策案を検討する上で極めて有用である。絶えず変化する気象，土地，水利用等の地上環境に対して，水収支等の重要なインディケータを逐次モニタリングすることにより，様々な対策のための意思決定と行動を支援することが可能となる（図6-12）。

4　可視化

流域モデルから得られる膨大な出力情報をできるだけ分かり易く可視化することは，専門家のみならず一般の方々の理解を助ける良い資料となる。新たな現象理解や解釈を深化させる上でも効果的である。

近年では，地理情報システムやGoogle Earth等を用いて様々な出力情報を地図や航空写真の上に階層化して重ね合せたり，3次元グラフィック，アニメーション等を用いて動きのあるビジュアルなコンテンツとして表現することは困難なく行われているようになってきた。専門家でない方々であって

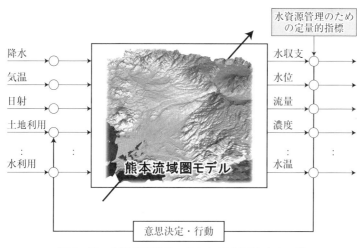

図6-12　水資源管理ツールとしての活用イメージ

も，ウェブサイト上のリンクを選択するだけで，Google Earth が起動されてデータが表示され，閲覧者自身が可視化されたデータを自在に動かすことも可能である。情報の発信側と受け手側を双方向につなぐ新しいコミュニケーションツールとしての利用も期待される。

VII　フィールド調査との協働

　ヒストリーマッチングを通じて同定された流域の内部構造は，その時点で利用可能な観測情報を前提とする点を認識しなければならない。従って，それらの推定結果は，その後のフィールド調査の中でできる限り直接的に確認されることが望ましい。しかしながら，地下地層構造など直接的に確認することが難しいことも少なくない。多くの場合，新たな調査研究計画を立てられる時間的・コスト的制約も伴うであろう。少なくとも推定された結果が支持される，または否定される等，間接的であっても客観性のある事実確認に繋がるフィールド情報を得るよう努めることが肝要である。水量，水質の観測データが継続的に得られている場合には，その後の新たな解析データとシミュレーション結果を定期的に比較し，必要に応じてモデルのバージョンアップを図る。

　フィールド調査から得ることのできる観測情報は，時間的，空間的に断片化されたものにならざるを得ないものであるが，流域モデルはそれらを補間することができる強力な利点をもつ。しかし，この流域モデルはマッチングに用いた際の観測情報の質と量に左右される。継続的に蓄積される観測情報を有効活用するには，流域モデルとフィールド調査とのより一層の連携がキーとなると考える。

VIII　まとめ

　統合型流域モデリングによる地下水流動シミュレーションについて概要を述べた。

熊本流域圏モデルは，国土交通省熊本河川国道事務所で開発された初期モデルをベースに，過去の水文調査研究で得られた膨大な観測情報を加えて，2011年より開発・改良を続けてきたものである。このモデルの特徴は，源流から河口，地上から地下までの流域スケールを一体化することにより，熊本地域に特有の地上と地下の関係（例えば，白河中流域における稲作と地下水資源賦存量など）を解析できるようにした点に加えて，従来，河川流量，地下水位の水量に関する観測データの再現のみでは困難であった帯水層中の地下水流速及び水収支を多地点，多種類のトレーサ濃度データを用いて推定した点にある。すなわち，熊本地域を循環する水の量と質をほぼ矛盾なく再現する統合型流域モデルを開発したと言える。このような成果は，熊本地域におけるそれまでの継続的な水文観測と膨大な観測データの蓄積なしでは達し得なかったものであろう。

　今後は，引き続き熊本地域の水文観測が行われ，更なる観測データが蓄積されていく中で，如何にしてモデルを活用し，更新してゆくか？その具体的方策を提示する必要性に迫られている。すなわち，流域スケールの水資源管理における実践的な利用であり，様々な意思決定や行動を助ける情報を活用することに他ならない。このような社会実装の試みは，モンスーンアジア地域の地上環境変化の特徴を鑑みると，東南アジア諸国の効果的な水資源管理にも貢献できるものとなるであろう。

（森　康二）

＜文献＞

菊池英明・大石　朗・中元道男・山田文彦・才田　進「熊本地域における地表水と地下水の統合型水循環モデル構築の試み」『日本地下水学会2012年秋季講演会講演要旨』2012，208-213頁。

多田和広・森　康二・田原康博・吉田堯史・柿澤展бри・飯山敦子・山田　正・登坂博行「日本列島の水循環解析」『第23回土木学会地球環境シンポジウム講演集』札幌，9月2日～9月4日，2015年，27-31頁。

登坂博行（2006）『地圏水循環の数理－流域水環境の解析法』東京大学出版会

登坂博行・伊藤　彰・田中将希・岩井　卓「自然水理系の流体・熱移動統合モデリンの試み，その１．流体・熱移動の新しい定式化と実験的検討」『地下水学会誌』41（3），1998a，147-158頁。

登坂博行・伊藤　彰・岩井　卓「自然水理系の流体・熱移動統合モデリングの試み，その２．フィールドシミュレーションによる適用性の検討」『地下水学会誌』41（3），1998b，159-176項．

登坂博行・小島圭二・三木章生・千野剛司「地表流と地下水流を結合した３次元陸水シミュレーション手法の開発」『地下水学会誌』第38巻，第４号，1996，253-267項．

濱里　学・中元道男・山田文彦・下津昌司・才田　進「熊本地域拡大流域圏における統合型水循環モデル構築について」『日本水文科学会学術大会発表要旨集』，24，2009，21-24項．

森　康二・田原康博・多田和広・山田　正・登坂博行「流体・熱・化学物質・土砂の同時輸送過程を考慮した統合型流域モデリング」『第23回土木学会地球環境シンポジウム講演集』札幌，９月２日〜９月４日，2015，23-26項．

森　康二・多田和広・内山佳美・山根正伸・登坂博行「陸水・流砂連成解析手法の開発」『土木学会論文集Ｂ１（水工学）』67（4），2011，739-744項．

吉岡真弓・登坂博行・中川康一「大気・地下連成－水・熱環境モデルを用いた屋外散水実験の再現性の検討」『日本ヒートアイランド学会論文集』，5，2010，24-32項．

DHI（Danish Hydraulic Institute）, *MIKE SHE User Manual, vol. 2 (Reference Guide)*, 2007.

HEPPNER C. S., RAN Q., VANDERKWAAK J. E. and LOAGUE K. "Adding sediment transport to the integrated hydrology model (InHM): development and testing", *Advances in water resources*, 29(6), 2006, pp. 930-943.

MORI, K., TADA, K., TAWARA, Y., OHNO, K., ASAMI, M., KOSAKA, K. and TOSAKA, H. "Integrated watershed modeling for simulation of spatiotemporal redistribution of post-fallout radionuclides: application in radiocesium fate and transport processes derived from the Fukushima accidents", *Journal of Environmental Modelling & Software*, 72, 2015, pp. 126-146.

MORI, K., TADA, K., TAWARA, YAMASHITA, K., SATO, S. and TOSAKA, H. "Large-scale Terrestrial Fluid-Flow Modeling to Predict the Climate Change Impacts on Regional Water System", IAHR International Groundwater Symposium 2010, Valencia. Spain, 22th-24th September 2010.

REFSGAARD J. C. and STORM B. "MIKE SHE, Computer models of Watershed Hydrology", V. P. Singh Ed., Water Resources Publications, Colorado, USA, 1995, pp. 809-846.

THERRIEN R., MCLAREN R. G., SUDICKY E. A. and PANDAY S. M. *"Hydro-GeoSphere a Three-dimensional Numerical Model Describing Fully-integrat-*

ed Subsurface and Surface Flow and Solute Transport", Groundwater Simulations Group, Un Ⅳ ersity of Waterloo, Waterloo, ON, 2010.

TOSAKA H., ITOH K. and FURUNO T. "Fully coupled formulation of surface flow with 2-phase subsurface flow for hydrological simulation", *Hydrological Processes*, 14, 2000, pp. 449-464.

VANDERKWAAK J. E., "Numerical Simulation of Flow and Chemical Transport in Integrated Surface-subsurface Hydrologic System", Univ. of Waterloo, Waterloo, ON, Canada. 1999.

第7章

白川中流域低地の水理地質学的特殊性と水田涵養量の定量的評価

I 熊本地域の水理地質と地下水流動系

　熊本地域の第四紀層の大半は阿蘇火砕流堆積物で，基盤岩類や安山岩を覆い，台地部では火砕流台地を形成している。火砕流台地は河川によっていくつかの台地に分断され，一部の台地は段丘堆積物に覆われている。第四紀層の大半を占める阿蘇火砕流堆積物は，噴出時期の違いにより大きく4つに区分される。これらは，堆積時期の古いものから順に Aso-1，Aso-2，Aso-3，Aso-4 と呼ばれている。

　これらの火山起源の地層は，熊本地域の帯水層を構成する主要な地層で，河川の沖積堆積物からなる帯水層を主体としているわが国の他の地域の地下水と大きく異なっている。阿蘇火砕流による帯水層は相対的に高い透水性と大きな動水勾配を持ち，九州地域の高い降水量が加わった水文地質状況は熊本地域の活発な地下水循環の特徴となっている。各火砕流堆積物間には，それぞれの火砕流活動の休止期の堆積物として，砥川溶岩や大峰火砕丘堆積物，高遊原溶岩などの溶岩類や「花房層」・「布田層」などの湖成堆積物が分布しており，前者は主として帯水層に，また後者の湖成堆積物は，帯水層間の難透水層として機能している。阿蘇カルデラ西側の熊本地域に分布する Aso-4 は非溶結の火砕流堆積物で，一部強溶結の部分と未固結の軽石・礫混じりの凝灰質砂から構成されており，基本的に透水性が高く，その下位の 4/3 間隙堆積物である「花房層」・「布田層」などの湖成層を基盤として不圧帯水層（第1帯水層）を形成している。一方これらの湖成層起源の難透水層より下位にある Aso-1，Aso-2，Aso-3 の火砕流堆積物及び江津湖周辺や嘉島町の浮島や下六嘉付近にみられる著しく発泡した多孔質部や割れ目密

図7-1　Aso 4 / 3 間の難透水性湖成堆積物分布図
(熊本地盤研究会 (2014) による)

集地帯からなる砥川溶岩は，中・古生代の堆積岩系基盤岩をベースに被圧帯水層 (第2帯水層) を形成している。地域の主要地下水資源は，この第2帯水層からの取水に依存している。

　熊本県・熊本市は平成6年「熊本地域地下水総合調査」において，地下水の分布と地下水の流動状況を明らかにするために，前述の第1帯水層及び第2帯水層について約500箇所の既存井戸を対象に一斉測水調査を実施した。この結果によれば，第2帯水層においては，6月に低水位期，10月に高水位期を持った季節変動を示しているが，阿蘇西麓台地の地下水涵養域にあたる

第7章　白川中流域低地の水理地質学的特殊性と水田涵養量の定量的評価　131

菊池台地においては，地下水頭の季節変動は10m-20mもの大きな変動を示すことが特徴的である。特に図7-1に示すように，前述のAso4/3間の難透水性湖成堆積物の存在しない白川中流域低地が第2帯水層に対する効果的な涵養域になっていることが明らかにされている。

II　白川中流域低地における転作田水張り事業
(Trans-boundary groundwater management)

　熊本地域はその水道水源のほぼ100％を地下水に依存しているため，熊本市・熊本県による地下水資源の維持管理の取り組みが積極的であり，多くの地下水帯水層構造に関する調査研究と観測井戸による20-30年以上の期間に渡る地下水位変動データを保持している。

　100本近い地下水観測システムによる20年以上にわたる地下水位変化記録によれば，流出域にあたる熊本平野においては，ゆるやかな水位低減傾向（0.5m/20年）が認められており，一方地下水涵養域にあたる阿蘇西麓台地の菊池台地等においては，より大きな水位の長期低減傾向（3m/20年）を示している。これに伴い，流出域にあたる熊本市の八景水谷や江津湖等の湧水湖の湧水量は，1950年代に比べて20-30％近い明確な長期低減傾向を示しており，地域の地下水資源量が低下しつつあることが懸念されてきた。

　これまでの熊本県・熊本市による調査研究によって，この地下水資源の低下要因は，熊本地域の都市化と減反政策による水田面積の減少による涵養域の低減にあることが判明している。地下水を上水道として利用している地域最大の地下水利用者である熊本市は，このような地域の根幹の水資源である地下水の長期的低減傾向に危機感を抱き，2004年より地下水資源の持続的利用のための涵養強化策に取り組みだした。

　検討された対応策は，熊本地域の水源対象となっている第2帯水層（被圧帯水層）の地下水域の中で，加圧層となる粘土層が欠落しているため水理地質学的に熊本地域の有望な涵養地域として考えられている白川中流域低地において，転作田を所有する農家に1-3か月間の水張りを依頼する事業であ

る。具体的には，図7-2に示すような熊本市内の地下水利用者からの基金をベースに，白川中流域低地の転作田を一定期間借り上げ，農家の所有している水利権を利用して転作田に水を張ってもらうことで地下水涵養効果を高める仕組みである。この地域の水田は，もともと減水深が100mm/日にもなるざる田であるため，農家にとっては泣かせどころであったが，地下水涵養にとっては有難い存在で，400年前に加藤清正が新田開発に着手しだして以降，熊本地域における重要な地下水涵養地域となっている。水張を行う転作田が，熊本市域外の大津町・菊陽町の農家に帰属することから，行政境界を越えた地下水管理（越境地下水管理 Trans-boundary groundwater management）としても注目される事業である。

同事業は10年目を迎えた2014年に更新され現在に至っている。この10年間の事業効果は，図7-3に見られるように，参加農家数，湛水面積，助成金

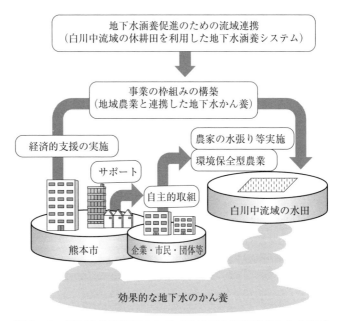

図7-2　地下水涵養促進のための転作田水張事業を介した流域連携システム

第7章 白川中流域低地の水理地質学的特殊性と水田涵養量の定量的評価 | 133

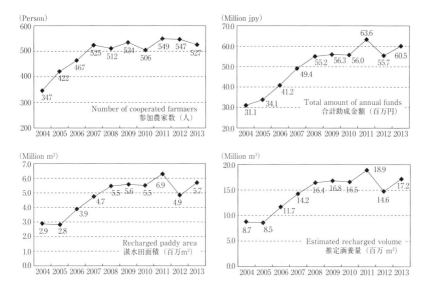

図7-3　転作田水張事業の推移

(熊本市による)

額の伸びと共に推定涵養量も順調に増大してきた。但し，2008年頃より頭打ちの傾向が見えてきており，湛水を行える転作水田がほぼ上限に達してきたためとも言われている。現在のところ，湛水期間は慣行水利権のある夏期の灌漑期のみであるため，白川の水利権に特例を認めて，冬季にも水田湛水が行えるような仕組みの構築が強く求められている。

図7-4は，東海大学市川研究室によって観測されてきた江津湖の湧水量の変化を示している。2004年の転作田水張事業が行われるまでは，長期的な湧水量の低減傾向が顕著でかつては日量50万トン以上あったと言われている湧水量が40万トン／日を下回るようにまで低下したが，2006年以降上昇に転じ，2007年以降は，ほぼ45万トン／日前後の湧水量が維持されている。その変動傾向が図7-3に示される転作田水張事業による人工涵養の変動傾向に類似していることから，その確認を含めた転作田水張事業の効果を定量的に確認することが求められている。

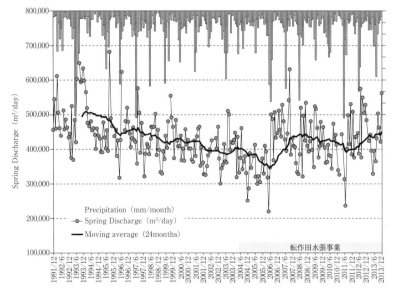

図7-4　江津湖の湧水量の長期変化
(東海大学による)

Ⅲ　土地利用の改変に伴う地下水流動の変化

　CREST研究によって構築された熊本地域における詳細な3次元地下水シミュレーションを利用して，Shimada et al. (2012) は，白川中流域における土地利用が異なる以下の4つのシナリオに対する地下水流動の違いを比較検討した．

　①加藤清正による白川中流域の新田開発前（シナリオ1），
　②1930年代の水田耕作最盛期（シナリオ2），
　③近年の転作田水張事業前（シナリオ3），
　④水張事業に成果が出てきた最近数年間（シナリオ4）

　これらのシナリオに対応した，土地利用，降水量，気温（蒸発散量），地下水揚水量を入力として設定したシミュレーションモデルを用いて，第2帯水層への地下水涵養量等を評価した．その結果，白川中流域低地での水田耕作が最も盛んであった1930年代（シナリオ2）に，同低地において最も高い地下

第7章　白川中流域低地の水理地質学的特殊性と水田涵養量の定量的評価 | 135

水涵養量とそれに伴う流出域にある江津湖の湧水量の最大値が確認されており，同低地からの第2帯水層への地下水涵養が第2帯水層への地下水涵養全体の40％以上を占め，その内6％程度が水田からの涵養効果であることが示された。これは，図7-5に示した4つのシナリオに対応する第2帯水層への涵養域分布にも明確に示されている。ここで，モデルで評価した白川中流域低地の水田は，図7-6に示した領域の水田を対象としており，転作田の水張事業については，灌漑期間を5月10日から10月10日までの5か月間とした。図7-7に示した中流域低地に白川から灌漑水として取り入れている6つの導水堰（上井出堰，下井出堰，畑井出堰，津久礼堰，迫・玉岡堰，馬場楠堰）の中で，現地ヒアリング（国土交通省熊本工事事務所による）によって転作田水張事業が盛んに行われていることが確認された4つの堰掛かり水田地域（上井出堰，下井出堰，畑井出堰，津久礼堰）の水田エリアに均等に，推定かんがい量を上記の湛水期間中，かんがいする条件を設定している。尚，毎年，減反や人工かんがいで実際にかんがいされる水田は変わるため，その全貌を把握す

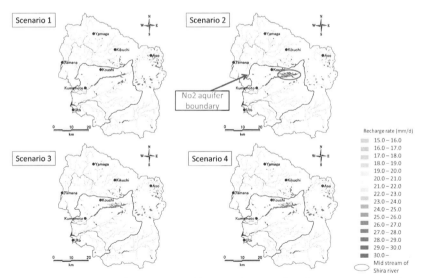

図7-5　異なる土地利用シナリオに対する3次元地下水シミュレーションモデルに基づく第2帯水層への地下水涵養量分布

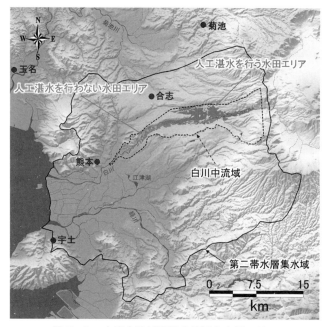

図7-6　白川中流域低地の範囲と水田エリア

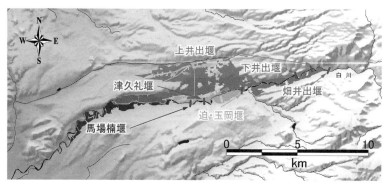

図7-7　白川中流域低地の灌漑水堰系統図

ることは困難であることから，堰掛かりの水田エリアは固定し，減反率と人工かんがい量に応じて，水田へのかんがい量を調整するというモデル化を行った。

加藤清正によって開発された白川中流域低地の水田は，コメの増産ばかりでなく地域の地下水涵養源として機能することで，結果的に地下水資源の増加にも貢献していたことになる。減反政策や都市化による水田の減少は，明らかに地下水涵養量を減少させその結果として地下水資源量の低減（地下水位の低減や流出域湧水の湧水量低下）をもたらし，その後の人工的な地下水涵養に相当する転作田水張事業は，水田湛水と同等の機能の復活により地下水資源量の低減に歯止めをかける効果をもたらしたと読み取れる。これらの結果は，人間活動に伴う地表面の土地利用（水利用）の改変が，地下水流動系に影響を与えた好事例と解釈することが出来よう。

Ⅳ 転作田水張事業の効果の定量的検討

水理地質構造上特異な特性を持つ白川中流域低地において，転作田を活用した水張事業による地下水人工涵養策は，事業開始後10年を経過し，図7-3に見られるような事業の推移に伴って，江津湖湧水量の長期低減傾向の歯止め策として機能してきたことが，図7-4の観測値から推察された。

図7-8は，転作田水張事業開始前から開始後10年経過時である2013年までの期間における前述の3次元地下水流動モデルを用いて推定された江津湖湧水量変化である。図には東海大学による江津湖湧水量の観測値，モデル推定値（水張湛水による人工涵養有），モデル推定値（水張湛水による人工涵養無）を示してある。図7-5に示された中流域の地下水涵養量としては，転作田水張は涵養量増として明確に示されていたが，江津湖の湧水量としては，図7-8に示されているように，それ程顕著な効果としては見えていない。むしろ2007年以降の降水量増加傾向による影響の方が効いているようである。

そこで，白川中流域の土地利用条件（水田灌漑及び人工湛水の状況）のみの感度解析を，表7-1に示す様な4つのケースについて検討を試みた。降水量，気象データ，地下水取水量は，いずれのケースも2013年のデータを利用し，白川中流域低地の水田部分の利用形態のみ変更（水田無し，水田100%，水田50%，水田50%＋人工湛水（転作田））して，水田域の水利用形態が地下水収支に

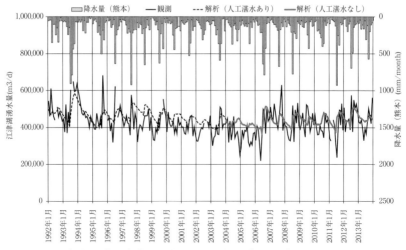

図7-8　転作田水張事業開始前から開始後10年経過時までの期間における
　　　　3次元地下水流動モデルを用いて推定された江津湖湧水量変化

与える影響を比較検討した。今，熊本地域全体の地下水域（1011.4km^2）と白川中流域低地（94.3km^2）を比較すると，両者の地表面積では白川中流域低地は10％以下の狭い地域であるが，第2帯水層への地下水涵養量としては，水田化していない時（Case 1）で30％，水田化した時には37-41％程度（Case 2-4）もの高い涵養効果を持つ特異な地域であることが示されている。また，表7-1に基づいてCase 1の水田無しの状態とCase 2の100％水田の状態を比較することで，中流域低地の水田化は，第2帯水層への地下水涵養量を20％程度上昇させる効果があることが分かる。さらに減反に伴う水田率の低下は当然のことながら中流域低地の第2帯水層への地下水涵養量の低下をもたらし，転作田の水張事業による水田への人工湛水は相応の涵養量に結びついていることも合わせて示されている。これらの土地利用との対応関係は，流出域に当たる江津湖の湧水量変化としても同じような増減効果を導き出していることも，これらのモデルから示され，白川中流域の転作田水張事業は，地域の地下水涵養量増加に伴って，流出域である江津湖の湧水量増加にもある程度の効果を持っていることが定量的に裏付けられた。

第7章　白川中流域低地の水理地質学的特殊性と水田涵養量の定量的評価

表7-1　白川中流域低地における水利用に伴う地下水収支の感度解析結果

検討対象領域	水収支要素	単位	Case 1 水田無し	Case 2 水田100%	Case 3 水田50%	Case 4 水田50%＋人工湛水
地表部（熊本地域全域）	降水量（2013）	$\times 10^6 (m^3/y)$ (mm/d)	2036 5.52	2036 5.52	2036 5.52	2036 5.52
	蒸発散量（2013）	$\times 10^6 (m^3/y)$ (mm/d)	749 2.03	750 2.03	750 2.03	750 2.03
	涵養量（2013）（含灌漑水等）	$\times 10^6 (m^3/y)$ (mm/d)	1576 4.27	1690 4.58	1657 4.49	1668 4.52
第2帯水層上面（熊本地域全域）	涵養量	$\times 10^6 (m^3/y)$ (mm/d)	490 1.33	582 1.58	552 1.5	557 1.51
	地下水取水量	$\times 10^6 (m^3/y)$ (mm/d)	158 0.43	158 0.43	158 0.43	158 0.43
白川中流域	地表面からの涵養量（含灌漑水量）	$\times 10^6 (m^3/y)$ (mm/d)	288 8.37	415 12.03	367 10.65	377 10.94
	第2帯水層への涵養量	$\times 10^6 (m^3/y)$ (mm/d)	144 4.17	236 6.86	206 5.96	212 6.14
江津湖	地表面からの湧出量	$\times 10^6 (m^3/y)$	159	181	174	175
	第2帯水層上面からの湧出量	$\times 10^6 (m^3/y)$	162	185	178	179

（嶋田　純・田原康博）

＜参考文献＞

熊本県・熊本市「熊本地域地下水総合調査」1994年，122頁。

熊本地盤研究会「熊本地域の地質断面図」2014年，くまもと地下水財団，94頁。

SHIMADA, J., ICHIYANAGI,K., KAGABU,M., SAITA,S. and MORI, K. "Effect of artificial recharge using abandoned rice paddies for the sustainable groundwater management in Kumamoto, Japan" *Proceedings of World Environmental & Water Resources Congress,* ASCE, Albuqueque, New Mexico, USA., 2012, pp.59-69.

第8章

地下水涵養量の定量的評価と土地利用との対応

I はじめに

　降水や地表水が地下に浸透して地下水流動系に付加される作用を『地下水涵養』という。一般には，降水による涵養がその大半を占めるが，河川水・湖沼水の浸透（漏えい），水田からの浸透（漏えい），人工涵養施設（浸透マス，涵養池，還元井戸等）からの浸透，上下水道配管からの漏水なども含まれる。第1章の図1-1に示されている陸域での水循環模式図から読み取れるように，地表に降下した降水から蒸発散量を差し引いた残差である『水余剰量』が，表流水となって地表を流下するか，地表面から浸透降下して地下水を涵養するかは，地表面の勾配，植生・土地利用，表層地質，降雨強度，地表水と地下水の交流関係（第1章，図1-3参照）などによって決まってくる。地表面から降下浸透した土壌水の一部は，地表面から再蒸発したり植物の根を通して蒸散活動に利用されたりするため，最終的に地下水面に到達して地下水流動系に付加される『地下水涵養』量には，森林植生，草本植生，農耕地，宅地利用等の地表面の植生状況・土地利用状態も大きく関与している。更に，都市化に伴う舗装面の増加や雨水排水設備の整備は，大きな地下水涵養量減少を引き起こすため，地下水環境や水循環系に大きな影響を与えることが指摘されている。

Ⅱ 地下水涵養量の定量的評価法

1 環境同位体の利用

　地下水涵養量を定量的に評価するためには，観測流域による水収支項目（降水量，蒸発散量，河川流出量（直接流出量）等）を数年以上観測し，それらのデータの残差項としての地下水涵養量を算定することが最も正確な測定方法である。複雑な地表面状態（土地利用）に応じた流域を設定し，長期的な水収支観測を実施するには，関連施設の維持管理，データ回収と解析等まで含めて多大な費用がかかるため，このような流域観測による地下水涵養量の評価は，実際には限られた地域でしか実施できていない。

　地表面から浸透した降水は，一時的に表層付近の土壌に貯留され，一部は土壌表層から蒸発したり，植物の根を経由した蒸散として大気に戻る。その後，不飽和土壌層中を緩やかに降下浸透して浅層の不圧地下水を涵養することになるため，この不飽和土壌層中の土壌水の降下浸透プロセスから地下水涵養を評価することが可能である。

　水は水素2原子と酸素1原子が結合した分子であり，この水素と酸素の中に含まれる微量の同位元素（原子番号は同じであるが質量数の異なる元素で，化学的に安定な安定同位体と放射壊変して他の元素に変わる放射性同位体がある）を利用することで，水循環そのものの追跡が可能である。水素・酸素の安定同位体の存在量は，温度によって変化する性質があるためその水の起源（降水の場合は雲の基となる水蒸気がどこから来たのか？　地下水の場合は，その地下水がどこの場所から涵養されたのか？）の情報をもたらす。一方，水素の放射性同位元素であるトリチウムは，水の年齢（ある場所の地下水が涵養されてから何年経過したのか？土壌水の場合は，地表面から浸透してからその深度にいたるまでに何年経過したのか？）の情報を持っている。これらの同位元素（環境に自然に存在するという意味で環境同位体と称す）をうまく利用することで，目に見えない地下水や土壌水の流れを間接的に抑えることが可能となる。

　トリチウムは，半減期12.43年で β 崩壊する水素の放射性同位体で，天然

では大気上層の成層圏で宇宙線により窒素原子から生成され，成層圏に降下して酸素原子と結合して水分子（トリチウム水，HTO）を形成し，降水として地球上の水循環に加わる。その存在量は天然レベルで10T.U.（トリチウム単位，1T.U.は水素原子10^{18}個あたりにトリチウム原子1個が含まれる場合の濃度）程度である。大気中のトリチウム濃度は宇宙線による生成のみであったが，1952年以降大気中における熱核爆発実験によって大量の人工トリチウムが大気中特に成層圏に放出されたため天然の平衡状態は崩れ，その濃度は1963～1964年のピーク時には，天然濃度の50～100倍に相当する1,000T.U.を超える値が現れた。その後，大気中における熱核爆発実験の停止にともない濃度は年々減少し，1990年以降は，ほぼ天然レベルの5～10T.U.に戻っている。この熱核爆発実験によるトリチウム濃度の急増は，この濃度変化をトレーサーとして利用した水文循環モデルを構築することにより，水体の流動機構や滞留時間を解明しようとする試みに利用されるようになった。

2　置き換え流（DFM）モデルによる地下水涵養量の評価

　地表面から地下水面の間に存在する不飽和層中の土壌を採取し，土壌水を高速遠心分離機で絞り出して，その中のトリチウム濃度を測定しその深度別の濃度変化と降水中のトリチウムの濃度変化とを比べることで，土壌水の降下浸透速度や地下水涵養量を求めることができる。

　不飽和土壌層中の水移動に関して，Andersen and Sevel（1974）はDisplacement Flow Model（置き換え流モデル，以下DFMと称す）による地下水涵養量および降下浸透速度の推定する方法を提案している。DFMは，不飽和土壌層内を古い水が新しい水に押し出されながら浸透する条件を仮定し，土壌水のトレーサー濃度プロファイルを推定するために，涵養源となる降水中のトレーサー濃度の時間変化をモデル化することで深度変化に換算し，観測された土壌水トレーサー濃度プロファイルに最もフィットした時の推測プロファイル値から地下水涵養量や土壌水の降下浸透速度を推定する方法である。当初は乾燥地の涵養量評価に用いられていたが，Shimada（1988）は，関東ローム層においてDFMを適応し，湿潤温帯の我が国においても地下水涵養

量の推定に本手法が有効であることを示した。Shimada（1988）では，トレーサーとしてトリチウムを使用しているが，降水量が多い地域や浸透能が高い地域では，不飽和帯土壌層内における濃度プロファイル内に核実験の影響を受けたトリチウムは，現在では既に消失しているため，本手法のトレーサーとしての利用価値が低くなってきている。そこで，トリチウムに代わるトレーサーとして水の水素・酸素安定同位体比（$\delta^{18}O$, δD）を用いる方法が提唱された。

降水中の水素・酸素安定同位体比は，水蒸気の供給起源に応じた季節変動を持つことが知られており，土壌水が不飽和土壌層内をピストン流的に降下浸透した場合，降水中の安定同位体比の時系列データを用いて，降水量と土壌含水量から土壌水の鉛直安定同位体プロファイルを再現することが可能である。米坂（2001）は阿蘇火砕流堆積物層分布域において，藪崎ほか（2011）は関東ローム層分布地域において，観測された土壌水中の同位体比鉛直プロファイルとDFMによる推定同位体比鉛直プロファイルを一致させることで，土壌水の安定同位体比濃度の深度プロファイルを基に，土壌水の降下浸透速度および地下水涵養量の推定が可能であることを示した。

Ⅲ 熊本地域の地下水涵養量の実態

1 熊本における降水中の安定同位体比変化

熊本大学理学部水文学研究室では2000年以降断続的に，2004年4月以降は継続的に現在まで熊本大学構内で採取された降水中の安定同位体比の測定が毎月行われてきている。図8-1は，2004年から2010年までの測定結果を基にした降水中の酸素安定同位体比および水素・酸素安定同位体比から定まる水蒸気起源のパラメータであるd-値の経年変動を示したものであるが，降水起源の季節変化に応じた明瞭な季節変化が認められている。

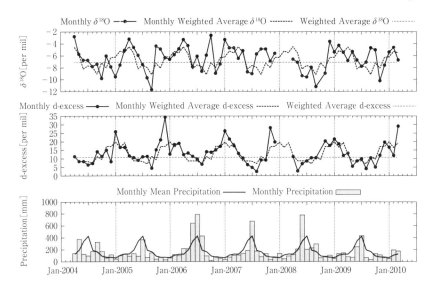

図 8-1　熊本における降水中の酸素安定同位体比（$\delta^{18}O$），d-値（d-excess）と月降水量の経月変化。ピンクの実線は，月毎に降水量で加重平均した季節変動を，灰色の点線は年加重平均値をあらわしている（田上，2010）。

2　DFMによって把握された熊本地域の地下水涵養量

　降水中の継続的な同位体変動情報がそろっている地域では，前節で示したDFMを用いて土壌水中の安定同位体プロファイルと対比することで地下水涵養量の把握が可能である。ここでは，熊本地域の複数の涵養域における地下水涵養量の把握結果について述べる。

　図8-2は，菊池台地の畑地および広葉樹林（九州沖縄農業センター）で採取された表層から深度10-15m程度の不飽和土壌層コアから抽出した土壌水の安定同位体比分布およびそれに対応するDFMによる最適推定安定同位体比プロファイルを示している。図中下部には，それぞれの地域におけるDFMから推定された結果として，地下水涵養量と土壌水の降下浸透速度も合わせて示している。

　図8-3は，同様にDFMを用いてこれまでに熊本大学に於いて実施され

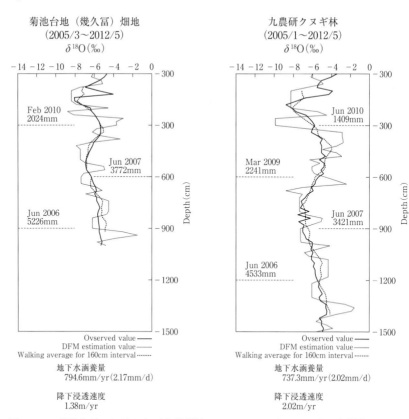

図 8-2　菊池台地の畑地および広葉樹林における DFM を用いた地下水涵養量の推定
(真崎，2013)

た地下水涵養量の把握地点である。主に地下水涵養地域にあたる阿蘇外輪山西麓斜面と台地部の 8 地点（瀬田裏原野（植林地，牧草地），大津，幾久冨，竹迫，戸島，植木（畑地），西合志（九州沖縄農業センター内クヌギ林））で，2000年から2014年にかけて行われた研究成果（寺本，2001；真崎，2013，工藤，2015等）に基づくものである。

　これらは基本的に傾斜の少ない菊池台地や阿蘇西麓斜面平坦地で行った結果であるが，結果を比較してみると，地下水涵養量を変動させる要因として，①降水量，②表層土壌の透水性，③土地利用，が主な要因として想定された。

第8章　地下水涵養量の定量的評価と土地利用との対応 | 147

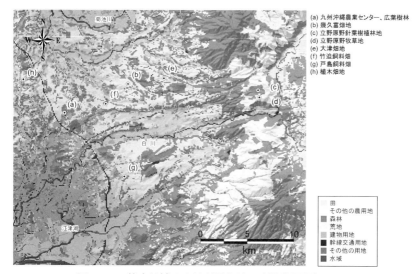

図8-3　熊本地域の土地利用と地下水涵養量評価地点
（※土地利用図は国土交通省国土数値情報土地利用細分メッシュ（平成9年度）による）

DFMの当てはめから得られる地表面流出係数（率）や土壌水の降下浸透速度との間には，表層土壌の透水性が大きく影響しており，地下水涵養量が小さい地点では，降下浸透速度も遅く，結果的に地表面流出が高くなる傾向が確認された。図8-3に示した熊本地域では，表層土壌層を構成している阿蘇火砕流堆積層が，噴出源である阿蘇に近くなる東部ほど高い透水性を持っており，一方，阿蘇山方面は相対的に標高が高く内陸部であるため，降水量が高くなる傾向にある。その結果，降水量と表層土壌透水性の高い東部に向かって地下水涵養量が高くなる傾向が顕著に認められた。類似した降水量と表層土壌透水性の地域では，土地利用の違いが涵養量に影響を与えており，西麓台地の森林（針葉樹植林）（4.09mm/d）と牧草地（5.26mm/d）では蒸散量の相対的に高い森林の方が地下水涵養量が低い傾向を示したが，菊池台地に於ける畑地と広葉樹林の間の地下水涵養量は，広葉樹林（2.02mm/d），畑地（1.33〜2.18mm/d）とほぼ同程度であり，有意な差は確認できなかった。図8-4は，熊本地域のDFMによって推定された地下水涵養量及び日本各地

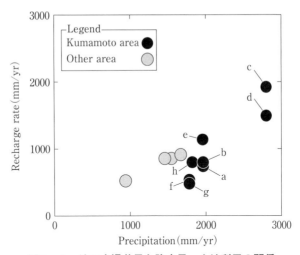

図8-4　地下水涵養量と降水量・土地利用の関係
（工藤，2015）
図中のa〜hは図8-3右上に示す地下水涵養量把握地点を示す

で同様にDFMによって求められた地下水涵養量および熊本地域の阿蘇西麓台地斜面の植林流域と牧草流域に於ける流域水収支観測の結果から算定された地下水涵養量について，それぞれの地域の降水量との関係を示したものである（工藤，2015）。地下水涵養量を規定している要因として第一義的には降水量が，次いで土地利用が影響している傾向が読み取れる。

3　地下水流動モデルを用いた地下水涵養量分布の推定

　熊本地域のCREST研究においては，第6章に述べた広域地下水流動把握のための3次元地下水流動モデルの開発を行っている。このモデルは地表水部分と地下部分を統合して，水の流動を一体的に解析することを特徴としているモデルで，河川との交流関係や降水の地表面降下後の流出や蒸発散，浸透プロセスについても同様にモデル内での解析対象としている。これまで述べてきた地下水涵養プロセスについても，同様に地下水流動モデルの結果として抽出することができるため，ここではこのモデル解析結果を用いた熊本地域の広域地下水涵養量分布について推定を試みた。

第8章 地下水涵養量の定量的評価と土地利用との対応 | 149

前項までに述べてきたように，熊本地域の涵養域においては，これまで8地点における地下水涵養量の観測値（DFM推定値）が存在している。そこで，この観測値とこれらを求めた地点における地下水流動モデル解析結果としての地下水涵養量（涵養量計算値）との比較を図8-5に示す。

モデル解析結果としての地下水涵養量は，DFM推定による推定地下水涵養量とある程度の相関性が認められることから，この3次元地下水流動モデルを用いて，熊本地域全域の地下水涵養量分布を算定し図8-6に示した。尚，3次元地下水流動モデルより得られる地下水涵養量には，降水量以外に水田湛水や畑地灌漑等の人工的な地下水涵養についてもモデル入力として加味された結果が示されている。

図8-6の地下水涵養量分布図と図8-3の土地利用図を相互に見てみると，水田灌漑や水張事業を行っている白川中流域低地を含む水田地域が相対的に

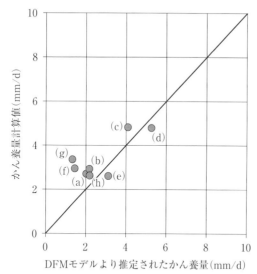

図8-5 地下水涵養量の観測値（DFM推定値）と地下水流動モデル解析結果としての地下水涵養量（涵養量計算値）との比較

図中のa～hは図8-3右上に示す地下水涵養量把握地点を示す

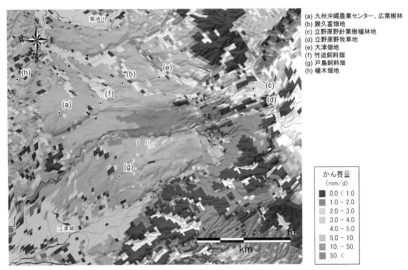

図 8-6 地下水流動モデルによって推定された熊本地域の地下水涵養量分布

高い地下水涵養量を示していることが分かる。また傾斜の緩い外輪山西麓斜面の一部や台地部においては,阿蘇山に近くなるほど,涵養量が高まる傾向が認められ,前述した降水量分布と表層土壌である阿蘇火砕流堆積物層の透水性状の分布特性が反映しているものと思われる。

(嶋田　純・工藤圭史・田原康博)

<参考文献>
工藤圭史・嶋田　純・丸山篤志・田中伸廣「異なる地表面植生に対する地下水涵養量の定量的評価―土壌水中の安定同位体比を用いた Displacement Flow Model の適用―」『地下水学会誌』(投稿中),2015年。
工藤圭史「湿潤温帯地域における植生が地下水資源に及ぼす影響の定量的評価―阿蘇外輪山西麓斜面の森林流域と牧草流域における比較観測研究―」熊本大学学位論文。2015年,120頁。
田上雅浩「熊本における降水安定同位体比の変動メカニズムに関する研究」熊本大学大学院自然科学研究科修士論文。2010年,133頁。
寺本雅子「環境トリチウムで追跡した火砕流堆積物の不飽和層における水移動―阿蘇西麓台地の場合―」熊本大学理学部卒業論文,2001年,53頁。

眞崎美穂「異なる土地利用の土壌プロファイルサンプルを用いた地下水涵養量評価と硝酸性窒素の挙動」熊本大学理学部卒業論文，2013年，96頁．

藪崎志穂・田瀬則雄・嶋田　純「火山灰土層中における土壌水の同位体比プロファイルと地下水涵養量の推定」『地球環境研究』13，2011年，43-57頁．

米坂　崇「土壌水中の同位体プロファイルを基にした異なる気候下での土壌水浸透機構の比較」熊本大学大学院自然科学研究科修士論文，2001年，136頁．

ANDERSEN, J. and SEVEL, T. "Six years environmental tritium profiles in the unsaturated zones. Grønhøj, Denmark." *Isotope Techniques in Groundwater Hydrology 1*, IAEA Vienna, 1974, pp. 3-20.

SHIMADA, J. "The mechanism of unsaturated flow through a volcanic ash layer under humid climatic conditions." *Hydrological Processes*, 2, 1988, pp. 43-59.

第9章

コモンズとしての地下水保全政策

I　はじめに

　本章では，地下水をめぐる課題をコモンズに係わる問題として捉え，その課題へどのような政策的対応が可能なのかについて考える。このなかで世界に誇る熊本型地下水保全モデルの特徴や，今後のさらなる保全に関する課題について論じる。

　地下水は，生命や暮らし，環境の基盤であり，また産業活動を支える貴重な共有資源である。しかし過剰な揚水や都市化により，地下水の減少，地盤沈下，水質の悪化など回復しがたい地下水資源へのダメージが世界中で発生している。アジアモンスーン気候という豊富な降雨量に恵まれたわが国でも，多くの都市ではこのような地下水資源の毀損が進み，現代では飲料水にも河川や湖水の表流水を利用するところが一般的となっている。

　これまでの章で語られてきたように，地球上の大きな「水循環」は，海や陸から蒸発して雲になったものが，雨や雪として地表に降り注ぎ，川や湖沼や地下水となって，やがて海に戻っていくという自然のメカニズムをトータルで見ていく考え方である。地下水については，その許容量を地下水盆におけるストックとフローと考えると，貯留量と涵養量のバランスを取ることさえできれば，持続可能な形で地下水資源の便益を享受し続けることができるものである（櫃根，1992）。しかしながら，利用する人間が集合行為として上手くマネジメントできなければ，容易に破壊されてしまうという脆弱性を持っている。このような性質から，地下水資源はコモンズとしての特性を持っていると考えることができる。すなわち地下水保全政策は，牧草地や漁場，森林などいわゆるコモンズと呼ばれる資源の保全問題と同じ特性のもの

として考察できるのである（室田, 2009）。

　熊本県は水道水源として8割（全国平均は2割）を地下水に依存しており，全国一地下水依存率が高い県である。人口100万人を超える人々が暮らす11市町村の熊本都市圏は，飲料水や工業用水等をミネラルウォーター水準の良質な地下水でまかなっている。この豊富な熊本の地下水資源は，住民の生活環境を豊かなものにし，半導体産業や飲料水メーカーなど質の良い水を大量に必要とする企業の立地にとっても魅力となってきた。熊本地域の地下水の用途別取水量については，図9-1に見られるように全体の112,206,068m^{3}のうち家庭用水が51.4％と一番多く，次に都市活動用水（企業や事業所，飲食店・デパート・ホテルなどの営業施設，公衆トイレ，公園の池や噴水などに使用される水）が18.9％，農業用水が12.8％，その他9.4％，工業用水7.3％となっている。

　昭和52（1977）年以降の熊本地域の地下水位データを見ると，都市化による田畑草地森林の減少，舗装，下水などによる河川流量の増大，②減反による水田耕作の減少，③半導体系企業などの工業，食品飲料水メーカー，畜産などによる地下水の大量揚水といった複合的要因により水循環が細ってきている。そのため湧水地で有名な水前寺・江津湖周辺でも地下水位の減少が見られるようになり，生態系も大きな影響を受けはじめた。この地下水位の変化は，地域の持続可能性にとって大きな課題となっていった。

　地下水の節水という面では，工業用水についてはリサイクル技術が発達してきたが，家庭用や農業用，都市活動用水の節約はこれからも重要な課題である。しかしそれ以上に，地下水資源には都市化や農地の減少などによる涵養面積の減少が大きな影響を及ぼしていることが問題である。

　そのため熊本では昭和51（1976）年から地下水保全政策が展開され，節水から涵養へ，と企業，市民団体，農家，及び行政が連携した地下水涵養と保全にその取り組みを進化させてきた。このプロセスは，国の法律の限界を超えて，地下水をパートナーシップにより地域の貴重な共有資源として保全していこうという工夫の歩みでもあった。ローカルな地下水保全政策のスキームは，地域の資源を地域で守り育てるという意味でユニークである。転作田への湛水による帯水層への水の注入としても，ソフトな仕組みでありながら

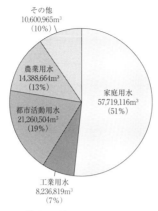

図9-1　熊本地域の用途別地下水取水割合
出典：熊本県環境立県推進課「平成25年度地下水取水量【熊本地域】」。

大きな成果を挙げてきた。平成18（2006）年頃から，地下水位に回復傾向が見られ始めている。

　この熊本型地下水保全スキームは，2013年に"国連命の水"最優秀賞を受賞した。地下水をはじめとするコモンズの管理政策には，国の法体系や産業構造などが関連しているが，熊本のユニークなパートナーシップによる地下水保全システムから，社会的ジレンマを克服しコモンズを保全する方法についてさまざまな学びを得ることができる。

II　社会問題を解決する手法

　自然界と人間社会を跨いで循環する地下水の持続可能な管理には，量，水質，さらには環境という自然のメカニズムと，社会制度（文化）のバランスが求められる。このことを考えるとき，まず（1）「自然はだれのものか，水はだれのものか」（秋山，1999），「水はニーズなのか，権利なのか」といった自然をめぐる所有権やアクセス権，水の市場化の問題がある（清水・檜山・河村，2011）。次に（2）私的財産の利用最大化により共有資源という公共の利益が破壊されないようにどう管理するかといったコモンズの問題。そして

（3）どのような規制，調整がコモンズを守るのに有効かといった政策的論点が挙げられる。

1　自然は誰のものか

（1）地下水は誰のもの

　水は生命を育み維持するために不可欠なものであり，自然界で水は循環している。それを人間が囲い込み，所有や占有の権利を主張しあっているが，それはどのような意味を持つのだろうか。この地下水の循環という問題は，自然科学的メカニズムの問題と，自然と人間の関係，そして人間と人間の関係という諸問題が絡み合っている。はじめに自然をめぐる所有権の問題を，社会学や人類学などの研究を参考に考えてみよう。

　自然（山野河海）は元々「だれのものでもないもの」，無主の存在で自由財であった。多くの国で，森林・牧草地などの入会地や，漁場，灌漑などが共有資源として管理されてきた歴史がみられる。近代化により開発が進む過程で，利害対立や競合を避けるために利用ルールが定められてきた。しかし皮肉なことに，技術の発達と所有というルールが厳格になるに従って，自然は利用し尽くされ汚染されてきたという面がある。

　世界の所有権制度は，人類学研究の知見では，①オープンアクセス（Open Access），②私有財産（Private Property），③共有財産（Communal Property），④国有財産（State Property）の4種類に分類される。共有資源の管理には，領有権者の公権的利用と住民の私権的利用が同一地域で併存し，互いに排斥することなく共存する関係がみられる。共有財産として権利を持つものだけが共同で利用するものとして，入会権，地先漁業権，慣行水利権などがある。ただこのような伝統的資源管理法は，近代的な所有権概念の導入で徐々に失われてきた。コモンズを巡る問題においては，誰もが自由に資源を使うことができるというオープンアクセス性が，社会的ジレンマの主原因になっている（新保・松本，2012）。このため政府の規制に頼むという国有財産化や，所有者が自分の財産は大切に使うだろうということを想定した私有財産化という手法が広がってきた。

（2）わが国の地下水に関する法的位置づけ

　日本では，近代国家の法体系を整備した明治期に，ローマ法に由来するナポレオン民法典を導入し，近代法的な所有権概念として河川等の公物，流水等の公共物という制度を認める旧民法案が当初作成された。しかしフランス民法とプロイセン帝国民法典のどちらを取り入れるべきかという民法典論争の結果，1896年に後者の法理を取り入れた現行民法典が採用された[1]。この民法では「官有地」と「民有地」といった2種類の所有権だけが認められ，「公（共）有」という概念は法体系上認められていない。そのため民有地でないものが官有地という決め方が広がり，「だれにでも開かれていて利用可能」といった意味の「公有」の概念は日本では否定されてきた。「国有地につき立ち入るべからず」というわけである。山野，海，川の所有を官有化していくアイデアは，国が利用について許可を出し使用料を徴収するなど税制改革の一環でもあった。

　水に着目すれば，人間生活に密接な水には，海を除くと，河川，湖沼などの表流水と地下水に分類される。河川は旧河川法（1896年）により「公水」と位置づけられ，「河川の流水は私権の目的になることができない」，「流水の占用は，特許使用権に基づく流水の使用である」と規定された。江戸時代から慣行的に農業目的で利用されてきた農業用水の利用を除き，すべての河川水の利用は許可制となっている。この許可を得て流水を排他的に利用する権利を「水利権」と呼ぶ。水利使用許可は，公共の福祉の増進，河川流量と取水量の関係などを勘案して，河川管理者（国，自治体）が判断し許可する仕組みとなっている。

　日本では河川水は国家が管理するとの位置づけであるが，しかし地下水はその視野から抜け落ちた。民法では，土地の所有権は一般的にその上空・地下に及ぶと解されている。もちろん現代では，地下水は個人が所有する土地の区画に沿って固定しているものではなく，流動性をもつ地域の共有資源であるということは論を俟たない。しかし法的な観点では，政府ではなく私的な権利の調整により地下水利用のルールを編み出さなければならない。このような条件下では，利害関係者の増大と交渉過程の複雑化により，地下水涵

養をめぐる交渉の取引コストは高くなる。個と全体のパラドックスやフリーライダー問題に有効に対処する方法を考案し，制度化することは極めて困難な社会的ジレンマ問題となっている。それでは次に，地域社会で共同利用されているコモンズを守る多様な方法について見ておこう。

2　コモンズとしての水

（1）ハーディン対マッケイのコモンズ論

　人間はどのようにコモンズを利用しながら，持続可能な管理運用ができるのかという議論がある。まず，ハーディン（Hardin）の「コモンズの悲劇」（The Tragedy of Commons）は，そのオープンアクセス性のため人間には有効な管理を行うための集合行為を期待できず，いずれも破綻する運命にある（Hardin, 1968）。それを避けるには，公的な強制力を持った政府か，私有財産化が必要だという主張である。世界人口の爆発から環境問題まで，このコモンズの悲劇シナリオは大きなインパクトを持って受け止められた。

　他方，マッケイ（MaCay）などの研究から，「悲劇」のシナリオだけではなく，森林，牧野，漁場，地下水，灌漑などの共的管理システムがコモンズの維持に成功しているという事例が世界各地から多数報告され，「Comedies of the Commons」という別のシナリオドラマがありうるという主張がなされた（MaCay, 1995）。この議論は背景に，人間は利己主義的なのか利他主義的なのかという，人間と社会をどう理解するかという問いも潜んでいる（井上, 1999）。

　熊本モデルの特性を理解するために，まず先にその対極にある米国の地下水保全の仕組みから確認しておこう。

（2）市場と裁判所を活かした米国の地下水保全政策

　ノーベル賞を受賞した米国政治学者エレノア・オストロム（Ostrom）は，地下水，漁場，灌漑などさまざまな共有資源（Common Pool Resources：CPR）の研究蓄積から，制度は時には「悲劇―崩壊」を生み出すこともあれば，「喜劇―持続」もあるという状況を受け止め，どのような制度・条件であればフリーライダーを抑え，資源管理を成功に導けるのかについて考察してき

た（Ostrom, 1990）。政府による規制・管理に頼らない地下水資源の管理事例として，ロサンゼルス大都市圏における地下水盆保全制度の分析研究により，米国では次のような独特の制度化が発展してきたことを明らかにしている。

(取水競争)

　地下水量や水循環のメカニズムが分からなかった時代は，揚水の限界がどこなのかが問題となっても，水利用者からまだ十分に水資源はあると主張された。その結果，取水競争による過剰揚水が続き，地下水位の低下や海水の浸入など地下水障害問題を深刻化させていった。カリフォルニア州では，コモンローによって土地所有者及び適切な権利を有する水事業者は地下水資源量の範囲内で排他的に揚水の権利を主張することができるとされている。水事業者とは，公共及び民間の水会社である。余剰分は次の優先順位者が前者の利益を損なわない範囲内で利用することができるが，量が足りない場合の調整は裁判所が "first in time, first in right" の原則で行う。

　このような制度環境下においては，地下水を健全な水循環に戻すために，地下水盆の能力を科学的に測定すること，そして各地下水権利者の個人的権利を擁護し，持続可能な揚水とするために平等な制限を利害関係者に受け入れさせるという私的交渉が必要となる。多くの水利権をめぐる訴訟により，相互処理（Mutual Prescription）の原理が考案され，取水の比例的削減を公平に課したり，あるいは水利権の売買を認めたりと，商業化や市場化原理による地下水保全のアイデアが法制度化されていった。この状況を，ベイツは「集合的利益を求めて新しい制度がデザインされてきたが，それ自身が第二の集合行為のジレンマとなっている」と評している（Bates, 1988）。訴訟社会である米国では，多くの主体間で互いの水利権を制限するという合意を得るためには，膨大な時間と巨額の法手続費用がかかる。その間にも地下水盆は壊滅的なダメージを受け続けていった。

(司法制度による地下水管理制度の構築)

　そこで自治体や大口利用の水道事業者などが水循環保全の議論をリードして，科学的情報をもとに「コモンズの悲劇」を避けるための方法を考える場を形成することが試みられた。地下水利用者全員が同率の揚水抑制をすると

いう保全プランを，先ず主たる関係者間で合意する。次にその合意書を裁判所に提出して地下水保全計画の承認を得て，合意に参加していない主体にもその保全内容を司法的に強制する権限を裁判所に付与してもらうという方式が発達した。

このため地下水を継続的にモニタリングし，各主体が適切に揚水しているのか調査して定期的に情報開示し，違反者には公式・非公式の制裁を行うなどの役割を担う中立的な専門家が必要となったため，裁判所が専門家を水管理者（Watermaster）として選任した。このような水利権者や公的機関，裁判所を巻き込んだ交渉の末，州議会の同意と地域住民の賛同を得て，地下水資源保全のための特別行政区として地下水涵養区（Water Replenishment District）と特別税の創設が認められた。この機関は，地下水を公水として政府の管理下に置くことを目的とするではなく，あくまで私水を継続的に利用できるよう地下水の適切な消費抑制と涵養を推進し，水循環の監視と情報共有を行っている。

（管理制度の政策移転）

米国の地下水保全の取組は，市域全体ではなく，地下水盆を共有する地域ごとにこのような交渉による合意形成が積み重ねられていった。ところが行政界は異なっても河川水系の関係で隣接地下水盆と影響しあっている地域の存在が次第に明らかになってきた。例えばレイモンド盆地で行われていた議論を観察しその経験に学んでいた西盆地では，交渉コストと時間を節約して効果的な地下水保全制度を構築し，レイモンド盆地の10分の1の社会的コストで保全制度を整備した。しかしこれらの区より広域で地下水利用者数も多い中央盆地では，まず利害関係者数が多いこと，そして地域によって危機の認識が異なることなどから，合意には大きな困難が伴った。その後，西盆地と中央盆地は帯水層が繋がっていることが地下水研究で分かり，利害を異にする地区同士のタフな交渉によって中央及び西盆地をあわせた地下水涵養区の形成にこぎつけている。

オストロムは商業化がCPRを守る機能を果たすという面に着目し，ゲームの理論と新制度論のアプローチで，どのような条件で商業化を進めれば共

有資源の維持管理が行えるのか研究した。中央政府の規制ではなく，多極の公共企業体システム（polycentric public-enterprise system）が洗練された管理システムを自己組織化してきたことを示している。もっともある地域でそれが有効な制度として創出されても，地域性が影響して他地域ではその制度がうまく機能しないという場合もおきている。

3　どのような規制，管理，調整がコモンズには有効か

　それでは地下水を持続可能な資源としてマネジメントするには，どのような方法があるのだろうか。伝統的な社会科学理論では，社会秩序を作る方法として政府と市場の2分法による議論がある。第1に，社会に秩序を形成するために，強大な政府権力により統治するほかないというホッブスのリバイアサン的世界観がある。第2に，アダム・スミスに代表される市場理論に委ねるのが効率的という世界観がある。確かに近代は，行政国家化が進み，多くの社会秩序は規制や誘導により規定されてきた。地下水などコモンズの保全についても，政府の法律による規制を求めようとする発想，あるいは米国のように市場の取引で決める考え方はこれに近い。

　しかし国の法律で画一的にルールを定めることは，往々にして地域特性を無視する規制になり，地域の希少資源を毀損してしまうという結果を招くこともある。行政官が管理することのコストと有効性も問題となる。他方で，私有財産化と市場取引でコモンズを管理し公益を実現するということは，調整コストが大きなものとなる（National Council Research, 2001）。

　熊本モデルは，このいずれでもない地域コミュニティによるオルタナティブな管理手法を採用し，熊本地域の地下水保全に有効な成果を挙げてきた。漁場の管理を漁区ごとに漁民が行うことや，入り会い牧野を共有者が管理することなど，現代社会でも小さなコモンズの保全にとっては，コストがかからずきめ細かに地域資源を守るという点で有効に機能している例が見られる。

III 熊本モデルの成功と課題

　熊本型地下水保全モデルの特徴は，自然や農業をいかした転作田湛水（河川水を地下水盆に注入）事業と，地下水保全の啓発・教育を官民のパートナーシップにより実現したことである。この地域の協働によるコモンズの保全という実績が，国連"生命の水"最優秀賞の評価につながった。

　熊本都市圏では，熊本市（人口73万人）に隣接する白川中流域の大津町や菊陽町などに降った雨水や白川から取水された農業用水が，阿蘇火砕流堆積物や砥川溶岩，砂礫層など地中に水を浸透しやすい地層にある田畑や森林等を通して地下水帯水層を涵養している。この地域では１年間に約６億トンの水が地下に浸透し，地下水盆にたまった地下水は15〜20年かけて熊本市の各所で清冽な湧水となっている。この水循環のメカニズムのおかげで，熊本平野は豊な地下水を利用し発展してきた（市川，2014）。

　人口100万人を越える都市圏の水需要を地下水でまかなっている地域は，日本でも熊本地域だけしかない。このような豊かな自然資源の恵みを受ける都市も，逆に見れば表流水を使う施設をもたないため，地下水保全が都市の生命線となっている。

　これまで見てきたように，持続可能な地下水保全は，共有資源のマネジメントとして社会的ジレンマの問題が絡んでいる。現代の都市化や農業形態の変化は，降水，浸透，涵養，利用，流出，蒸発といった水収支のサイクルに不都合な偏りを生じさせてきた（嶋田，2011）。熊本市の帯水層では地下水位の低下が長期間観測されてきたが，企業や家庭での節水運動や工場でのリサイクル技術の導入，そして地下水を地域の共有財産として大切にしていこうという啓発・教育が進められた結果，近年では都市での地下水採取量が減少に転じるまでになっている。

　しかし水文学的な長期の地下水調査をもとにして，今後も安定的に地下水資源を利用していくためには，白川中流域の都市化や農業の変化によって浸透量が減少し続けているという現実に対処することが必要である。市街地の拡大や，農地の宅地化，国の減反政策による水田耕作の減少（減反率50％），

グリーンハウス栽培，道路舗装，側溝・河川改修などの複合的原因により，降雨は地中にしみこむ間もなく一気に海に排出されている。白川下流での河川流水量の増加からも，そのような状況が確認されている。

熊本地域の地下水盆は複数の地方自治体に跨がっており，熊本市の条例だけで有効な地下水保全政策をとることができない。行政界の限界，いわゆる「越境水」の問題である。行政界は政治・行政の基本単位として重要な境界であり，この境界内で行政サービスの提供や文化的求心力が生まれたりする。しかし，行政界が自然現象を分断することで地下水保全政策などのように不都合も生じる。

熊本モデル方式の特徴は，市場や国の規制に頼らずに，熊本都市圏の地下水研究の知見を活かし，効果的に地下水盆に水を注入する方法として，白川中流域の大津町・菊陽町の農家による「転作田の水張り」が行われていることである。この地域では，白川から大菊土地改良区が管理する農業用水路を使って河川水が水田に引かれ，一帯の稲作に利用されている。水田を満たした水は浸透性の高い農地（ザル田）から熊本地域の「地下水プール」へ約9千万m^3が涵養されている。減反等で半分ほどにまで減少した地域の農業活動を逆に利用して，官民共同の「水循環型営農推進運動」と水が浸透しやすい地質特性を生かし，水を帯水層に効果的に注入させるという方法は長年の研究や実験で開発されてきた。農家の負担については，企業や行政が農家への助成金を支出することでコスト問題をクリアしている。

それでは，どのようにしてこのような協力合意なされ，現在見られる制度へと進化できたのだろうか。またコモンズの保全に関する主体間の含意とはどういうものだったのだろうか。

1　自己組織化

地下水利用のルールを政府に頼らずに地域で構築することは，先に見たように関係者との交渉という取引費用がかかる。利害関係者の増加は，さらに費用負担交渉の複雑化を招くといった「悪構造」(ill-structured) の問題となる（遠藤，2011）。

熊本地域の地下水保全において，涵養に焦点を当てた地下水保全の具体的な実現には，行政の取り組みとともに，市民団体と企業の対応がその契機となった。平成13（2001）年に菊陽町に工場を立地することを決めた半導体メーカーのソニーセミコンダクタ九州に対し，NPO法人環境ネットワークくまもとと水環境会議熊本は「地下水の使用と保全について」の公開質問状を出した[2]。それに対しすぐに企業から，工場の地下水利用計画の公表と企業として地下水涵養行動をとることが表明された。企業は市民団体と涵養の具体的手法について検討を行い，工場が使用する地下水と同量を菊陽・大津地域で涵養して，地下水資源への環境負荷をゼロにすることを目指すとした[3]。そして大津・菊陽の農地整備や農業用水を管理する大菊土地改良区，菊陽町役場，JAと協議を行ない，平成15（2003）年からソニーと地元の協定に基づく湛水事業が始まった。年間100万トンを超える地下水を汲み上げ工場で使用する企業のアクションとしては，極めて画期的な取り組みであった。

　この取り組みを報道で知った熊本市は，平成16（2004）年から市も取り組みたいと大菊土地改良区へ相談した。ソニーと構築したスキームを参考にした水田湛水事業は，熊本県知事立ち会いの下で熊本市・菊陽町・大津町と水循環型営農推進協議会が協定を結び開始された。熊本市，菊陽町，大津町と関係土地改良区・JA菊池・JA熊本市が構成する水循環型営農推進協議会が，化血研やJA熊本果実連，㈱山内本店，コカ・コーラウエスト㈱など協賛企業の助成金も活用して，面積及び期間に応じて協力農家に対して助成金を支払う仕組みとなっている。

　湛水事業期間は，冬期は慣行水利権の範囲を逸脱するということで，5月から10月までの期間で，減反で転作している田を対象に行われている（水田は対象外）。その結果，地下水涵養量は平成16（2004）年当初291.2ha，873万m^3であったものが，平成26（2014年）現在，516.7ha，推定涵養量1,550万m^3と，白川中流域の転作田のほとんど全てで水田湛水が行われるまでになった。この事業の推進にあたっては，自治体，市民団体，大学，九州沖縄農業研究センター，JAなどの多様な主体が，地下水について調査や情報交換をする形で制度の構築や効果検証に参画している。つまり熊本の地下水保全政策で

は，行政は地下水の調査研究や条例化などの環境整備を行ってきたが，具体的行動は市民団体や企業の環境へのアクションが先鞭を付け，その後水循環型営農推進協議会など諸団体との協働によりさらに自生的な地下水管理秩序へと成長していったわけである。

　この水循環型営農推進事業のスキームは次のとおりである。

①湛水に協力する農家へ受益地の熊本市及び企業が助成金を支払う。
②土地改良区，JAなど水循環型営農推進協議会が協力して，協力農家の募集，湛水の確認，助成金の支払い，助成金の条件統一化を行い，取引費用の削減を図る。
③涵養の研究に大学や各種機関，JA，市民団体が係わる。
④熊本県，熊本市など行政機関が連携して地下水保全の条例化と啓発を進める。

　この官民共同事業により，多様な地域主体が協働することで，コスト負担の問題と，農家の協力を一気に得ることができ，交渉コストを削減することが可能となった。この政策推進に向けて，県・市は地下水を熊本地域の誇るべき共有資源として位置づけ，水循環型営農推進事業を推進するとともに，揚水の届出規制から大口取水の許可制，啓発・教育，地下水涵養の社会運動，キャンペーンなどソフトな手法等による地下水の共有資源としての価値を地域社会に埋め込むことにも取り組んできた。涵養域の白川中流域の農家は，減反により水田耕作で利益が出なくとも湛水に協力すれば助成金が得られるという経済的利益がもたらされただけでなく，自分たちも熊本地域の地下水盆を共有している地域住民であり，ともに共有資源としての地下水保全活動に参加しようという認識が広がっている。

　熊本モデルは，政府が直接公水として監視，管理するのではなく，民間主導型を前提に水道事業者や企業などが取水量に応じて1m^{3}当たり0.3円を地下水保全事業負担金として負担し，財源を確保する仕組みとなっている。水循環型営農推進協議会への熊本市及び企業からの助成は，5月から10月まで

の湛水で，湛水期間1月では10アール当たり11,000円，2月で16,500円，3月で22,000円である。地下水盆を共有する地域の諸団体が協働することで，行政主導ではない新しいガバナンス制度が自己組織化されてきた。

　水に関する地域文化を変化させ，住民の認知を変えることで，地域の水循環に関する総合的なマネジメント制度が創出されたことは，コモンズのオルタナティブな管理手法として一つの可能性を示している。そしてそのような政策アイデアを高度化していく中で，平成24（2012）年住民，事業者，行政等が一体となって地下水を未来に残そうと公益財団法人くまもと地下水財団が設立された。この財団に保全活動の財源や情報を集約化し，地下水環境調査研究事業，地下水保全対策事業，地下水涵養推進事業，地下水摂取・使用適正化推進事業に取り組むという体制が整備された。

　先に見たオストロムの米国の事例研究では，地下水盆の保全や湛水事業について，地下水に対する排他的権利を持つ多くの事業主体が，自分の水に対する利益を守るために水利権ゲーム，法廷ゲーム，起業家ゲームなど，利害計算した駆け引き交渉を展開していることが示された。そして米国の地下水をめぐる交渉は次第に複雑な多極的公共企業体ゲームへと進化し，いくつかの地域はこれらの交渉過程を通して破綻を避ける新たな管理制度を創出することができた。確かに米国ではCPRの保全システムが作りだされているわけだが，熊本モデルは地域の共有資源といったコモンズ保全を官民共同でガバナンスしようという点で，全く発想を異にする秩序形成の事例である。社会文化の違いが政策形成に及ぼす影響が窺われて興味深い。

2　行政界を越えた水循環システムの構築

　次の疑問は，どうして熊本県及び11市町村では，共同で地下水保存活動を展開するという政策選択が可能となったのだろうか。わが国の多くの地下水を利用している地域でも，行政界を超えた地下水保全政策は作ることができていない。現代社会はコモンズの保全には極めて脆弱であり，フリーライダーを防止するためには一般的に政府による公的管理か私有財産としての分割管理という政策アイデアが主張されがちである。熊本のケースでは，政府

による管理や私有財産化ではなく，多様な地域団体により地域の共有財産としての地下水を上手く使っていこうというガバナンス・システムである。ここでこれまでの政策の歴史的変遷を振り返っておこう。

地下水盆を共有する熊本市及び近隣10市町村は，その地形上，水資源の運命共同体である。歴史的に豊かな地下水利用が当たり前であったこの地域においても，それぞれの行政や利用者は地下水保全の必要性の認識に温度差があった。地下水の受益地である熊本市はいち早く量及び水質への危機感を感じてきた自治体である。だが熊本市における節水だけでは有効な地下水保全は不可能であり，隣接自治体の協力を得て白川中流域で地下水涵養することが不可欠であるということが科学的研究から明らかになってきた。行政や団体，研究者により，熊本地域の地下水保全の重要性を訴える啓発や社会運動が展開され，見えにくい地下水はコモンズとして地域社会全体でマネジメントしなければならない貴重な資源であるという理解が地域社会に浸透していった。

他方で，これまで地下水を涵養してきた地域にとっては，農業活動の副産物として意図せず熊本市などに地下水の恩恵をもたらしてきたことも分かった。受益地ではない自治体が自らの自治体政策として水源涵養に取り組むことは，公共選択の理論による合理的な行動としては選好されにくい構造である。この場合，外部経済をどういかすかがこの問題解決のポイントになる。

熊本地域では，熊本市及び近隣自治体と広域自治体である県との連帯的取り組みや，農業用水を管理している土地改良区，農協，企業などが協力して保全活動を進めるような制度化へと進化してきた。市民やNPOの公益的関心が，水を大量に使う誘致企業に企業市民としての責務を果たすことを求め，企業もそれに応えるというサイクルが，熊本モデルの構築には大きく寄与した。使用する地下水を涵養する具体的な手法は，大学や行政が開発し，企業及び行政等がコストを負担して，農協や土地改良区などが農家の協力を得て転作田湛水事業に協力していただく政策スキームが誕生した。その結果，11市町村，県なども含めた広域の産学官及び地域連携による地下水保全システムが組織化されることになったわけである。

熊本地域での地下水保全政策については，熊本県，熊本市及び民間企業はこれまで表9-1の年表のように，都市宣言，要綱，条例，計画，財団などを行い，徐々に地域で取り組む地下水保全のガバナンス体制を発展させてきた。先ず昭和51 (1976) 年に，地下水に依存した熊本市が水資源の保全について注目し行動を始める。その後，広域自治体である熊本県が地下水保全条例を見直し熊本地域のみならず県下の地下水に依存している地域も対象として，「地下水は地域共有の貴重な資源」と条例で位置づけ，大口地下水採取の届出・許可・採取量報告などの義務を課すというように条例が次第に整備されてきた。この条例は，国の法律に反しない範囲で，地域の共有資源を守るという自治体政策法務の工夫でもある。また地下水質についても，硝酸性窒素による汚染に対応するため，熊本県地下水質保全要綱 (1988年) や熊本県地下水質保全条例 (1990年) を制定し，硝酸性窒素にかかるメッシュ調査やゴルフ場における農薬にかかる水質調査など具体的な政策対応も始められてきた (小嶋，2010)。平成24 (2012) 年に，地下水政策や施策の研究，実施，民間との連携を一元的に推進する組織として公益財団法人くまもと地下水財団が設立された。県の地下水保全条例では，特に地下水が低下している地域を重点地域に指定し，これらの地域では井戸のポンプの断面積が$19cm^2$を超えるものは地下水を取水する場合は知事の許可が必要という，大口の地下水採取に対する許可制を導入した。

　そして平成27 (2015) 年には，農業を通じて地下水を育むため熊本県地下水と土を育む農業推進条例が制定された。

　地下水というコモンズについて，地域の共有資源として認知し，多くのステイクホルダーが係わりあいながら保全計画を遂行していくという地下水保全システムは，白川中流域という地形と減反水田を契機とする問題解決法により徐々に高度化してきたのである。

　熊本県地下水保全条例 (平成24年改正) や熊本市地下水保全条例 (平成25年改正) は，法の欠陥を補うため，それぞれ条例により地下水の性格を「公共水」や「公水」と位置づけして，資源管理システムの正当化を行っている (資料参照)。そして地下水保全に事業者，行政，土地改良区，農家，市民が

表9-1　行政・民間による地下水保全制度構築の歩み

1976年	熊本市地下水保全都市宣言
1977年	熊本市地下水保全条例制定
1978年	熊本県地下水条例制定（地下水採取届け出制）
1988年	熊本県地下水質保全要綱制定
1990年	熊本市水の科学館オープン　熊本県地下水質保全条例制定
1991年	熊本市が中心となって（財）熊本地下水基金設立
1992年	肥後銀行を中心とした民間による（財）肥後の水資源愛護基金設立
1994年	第1次熊本県水資源総合計画策定
1996年	熊本県，熊本市で第1次熊本地下水総合保全管理計画策定
2001年	2つの条例を一本化して熊本県地下水保全条例制定（「地域共有の貴重な財産」，大口地下水採取の届出，採取量報告義務化），県・市で白川中流域水田かん養モデル事業を開始（H15まで実施）
2003年	SONYと白川中流域の農家の協定により地下水涵養する環境中立事業の開始
2004年	白川中流域で地下水涵養事業を開始。熊本市地下水量保全プラン制定
2007年	熊本市地下水保全条例改正
2009年	熊本市地下水保全プラン策定
2012年	公益財団法人くまもと地下水財団を発足．熊本県地下水保全条例改定（「公共水」と位置づけ，地下水採取の許可制）
2015年	熊本県地下水と土を育む農業推進条例制定

協働して取り組むと規定し，住民の認識レベルで共有資源としての位置づけを明確にしている。この手法は行政や官僚組織が地下水資源を囲い込むのではなく，小さな諸団体が共有資源の自治管理主体になることによる強みがいかされている。そして諸団体相互は，①資金負担（企業，行政），②事業運営（農業団体，行政），③協力農家，④サポーター（企業，住民等）の役割分担する協働システムとして，行政，NPO，企業，農業団体，農家組織や個人によるネットワーク構造になっているところが興味深い。

また官民共同して地下水保全に必要な資源を集約したくまもと地下水財団は，地域における総合的な地下水保全の取り組みを担う役割を果たしている。例えば地下水調査研究や，「くまもと水守」制度，循環型農業支援としてのウォーター・オフセット事業（湛水田の米「水の恵み」），地下水保全顕彰制度，

表9-2 地下水の大口取水者と地下水保全顕彰制度認定企業

取水者	年間取水量 (万 m³)	水田湛水助成, 地下水保全顕彰 制度認定
熊本市上下水道事業管理者	8,118	白川中流域水田 湛水事業助成
三菱電機株式会社熊本事業所	228	シルバー認定
ソニーセミコンダクタ株式会社熊本テクノロジーセンター	168	白川中流域水田 湛水事業助成, ゴールド認定
サントリー酒類株式会社九州熊本工場	150	ゴールド認定
ルネサンス・セミコンダクタ　マニュファクチュアリング株式会社	145	シルバー認定
熊本県果実連協同組合連合会	125	白川中流域水田 湛水事業助成
富士フィルム九州株式会社	115	ゴールド認定
株式会社弘乳舎	87	
熊本県養鰻漁業協同組合	58	

参考：地下水保全顕彰制度には，ブロンズ，シルバー，ゴールドの各認定証がある．

くまもと育水会（331企業・団体等）など，参加，啓発，保全調査・行動，取り組み経費の確保，表彰まで多くの地下水保全事業がそこで展開されている．また地下水利用に関する紛争処理については，条例による公共水としての位置づけと大口取水者の届出を義務づけ，また科学的モニタリングの公表で，規制，処罰よりも水循環の監視と情報公開を重視したものになっている．

表9-2は，大口地下水利用者の一覧である．熊本市の上水道としての利用が圧倒的に多く，市民レベルの節水が期待される．企業等の大口取水者は，工場水のリサイクルや循環型農業の助成支援，啓発活動などさまざまな地下水保全活動を展開して，水収支のバランスをとる努力をしている．またその貢献については地下水財団が地下水保全認定証を交付するなどで，地下水保全の取り組みの推進が図られている．

Ⅳ　さらなるサステイナブルを目指して

　地下水保全の量的問題に関して，行政界を跨ぐ地下水盆が共有されていることや，さらに受益地と地下水涵養コストを負担する受苦地とが異なっていることがこの問題解決を難しくしていた。熊本では幸いに行政と土地改良区，企業，農家，農協，NPO などの協働で，多主体が参加する地下水保全協力者によるコスト補填スキームが構築され，地下水盆の復元力を強化することができた。その政策形成に基盤には，地下水に関するモニタリング評価手段や可視化などの科学的研究が不可欠であり，また市民団体，企業，行政による啓発活動で地下水がコモンズ的地域共有資源であるという認知をリフレーミングしたことが効を奏したと考えられる。

　最後に，さらなるサステイナブルな地下水保全にとって隘路となるものについて考えておこう。

1　法律や許認可行政の隘路

　残された課題の一つとして，国や地方自治体など政府が流水を管理することがある。河川を管理する行政機関が法の目的を限定的に解釈して，地下水保全など広義の環境保全の目的を取水許可対象としないことによる問題が依然としてある。白川中流域での取り組み開始当初，河川管理者は地下水涵養を目的とした転作田湛水事業は，慣行水利権を用いた農業用水利用としては目的外利用にあたるとクレームをつけた。そのため大菊土地改良区は，「水田の湛水は土中から病害虫を駆除するために有効である，また河川水に含まれているミネラル栄養分が土を豊かなものにし営農活動に資する」といった農業目的として説明を行うことで，白川中流域での夏期の地下水涵養事業は認められることになった。しかし冬期は河川からの取水による湛水は認められていない。

　他方で白川では，河川流量の増大による洪水防止のため，ダムや大規模な護岸工事などの治水事業が進められている。河川への水の流下を上手く制御して地下水を涵養するというアイデアは一石二鳥であるが，河川法の趣旨で

は，河川水利用に既得権を持った他の水利権者への配慮や，海まで適切な流量を保つという観点が優先されるため，地下水涵養を主目的とした政策アイデアは受け入れられていない。

　熊本地域の水循環を維持していくには，白川中流域だけではなく更に他地域でも水を帯水層に注入する湛水の取り組みは有効であると考えられている。しかしながら河川水を地下水涵養のために利用するには，改めて水利権を取得するため河川管理者への許可手続きが求められる。この手続きコストが大きな障害となり，新たな涵養域を開発することが困難となっている。また水の種類によって管理主体が異なることで[4]，国から道府県，市町村まで土木や農政，環境などと縦割り行政になってしまうことが，地下水保全という地域のコモンズを守る取り組みの障壁となる。総合的な公益は専門性ごとに細分化されて，各縦割部所で遂行される。そのため公共政策では，課題を解決する一つの施策が，他の問題を引き起こす原因になるということがおきてしまう。

2　涵養適確地域の選定問題

　次に，涵養用の水源がない地域，地下水盆への浸透が期待できない地域への涵養の問題について考えてみよう。これまで白川中流域では，理論上，湛水する田畑があれば地下水涵養が可能と考えてきた。しかし現在の水田を利用して涵養量を拡大しようとすると，すでに白川中流域には利用可能な水田はあまり残っていない。熊本モデルは，減反などで利用していない水田を，水田湛水協力金を支払うことで活用するソフトなスキームであることから，農家にとって作物の栽培による利益が上回れば水田湛水協力金よりも魅力的な選択肢となり拡大は困難となる。市場のメカニズムに依存したシステムが，その限界に突き当たる事態も想定される。

　また湛水面積を増加させるためには，水利権の問題に加えて，農作物の作付けとの調整問題や，ザル田のように減水深の多い表層地質であることといった農業政策や農地の土壌要件を満たすことも必要である。白川中流域はこれらの要件を満たしていたが，他の地域では涵養水源の確保や，湛水によ

り地下水涵養ができる減水深の高い地質，農業生産活動の妨げにならないという条件の合う場所を探す必要がある。

いま農業政策では，中山間地域直接支払制度や農地水環境保全向上対策など地域と環境を保全する農業が推進されている。平成27（2015）年には，熊本県地下水と土を育む農業推進条例を制定するなど，地下水を視野に入れた政策も始まった。しかし農業と地下水涵養を組み合わせた具体的な取り組みの可能性については，熊本県農林水産部への照会回答から，行政内での政策目標と権限の違いによる課題が窺える。河川行政所管部門は，たとえ特区の利用などで水利権の手続を緩和したとしても，依然として地域の関係者間の調整が難しいのではないかと考えている。水利権申請者が自ら調整して申請すれば，河川管理者は許可を出す段階で検討するというスタンスに変わりはない。農政部門としては，農業生産が第一目的であり，地下水涵養はその副産物でしかない。地下水環境を保全する部門は，地下水調査や保全制度の業務は所管するが，行政全部門を地下水保全に関連づけていくことは権限を超える。行政ピラミッドの縦割りの事務分掌を地下水保全の目的で横割りにすることは依然として組織的に困難である。熊本県では熊本都市圏の地域別の状況を，表9-3のように見込んでいる。

公共政策は，一般的に過去の制度の上に次の新しい制度が構築されていく。

表9-3　熊本地域の地下水湛水の可能性

地域	状況
白川流域	冬期湛水については，許可水利権取得のための費用と期間が課題。冬期は麦の作付けがあり，これとの調整が必要であるが，麦作は交付金が出ているため，地元農家に経済的メリットがない
菊池市（旧泗水町），西原村，御船町	夏期は水田耕作，冬期は麦，たばこ，畜産飼料の作付けと農地の高度利用がなれており，湛水する田畑がない
甲佐町	夏期湛水の可能性について平成27年度調査予定
益城町津森，大津町真木	水利権に関係のない湧水利用により，冬期湛水が増加。サントリーホールデングス，地下水財団が実施
益城町（津森以外）	減水深が低く，湛水効果が低い

出典：熊本県農林水産部経営局の回答（平成27年3月）。

このことを「経路依存性」という。熊本では，これまでの知見と制度の経験を生かした地下水保全法の模索が今後も続けられるが，もしかすると将来は，水田湛水という成功体験にとらわれない，全く別のクリエイティブな地下水盆への注水アイデアが必要となるのかもしれない。このための水田湛水以外の人為的な地下水涵養対策についても検討が始まった。

3　水質保全問題

最後に，水質保全の問題については，農業による肥料や住民の生活雑排水による硝酸性窒素や亜硝酸性窒素による汚染が確認されているが，未だ汚染の拡大を止める有効な手立ては確立されていない。

個人農家にも，環境に負荷をかけない減農薬，無農薬の農業に取り組む人びとが出始めた。また行政や農業団体でも，農業政策として「環境に優しい農業」をキャッチフレーズに，必要最小限の肥料・農薬使用が環境にも優しく生産者の利益になる筈として，耕作法を改良し土づくりにより化学肥料や農薬を削減したり，「環境に優しいグリーン農業」により農産物のブランド化や，家畜排泄物などバイオマス資源の活用を試みたりとさまざまな工夫が試みられている。先に見た熊本県地下水と土を育む農業推進条例条例は，農地と地下水という地域のコモンズを守る制度が，農業や地下水に造詣の深い蒲島郁夫熊本県知事のイニシアティブで，農家で水を守り，農家で森林を守り，農業で景観を守るといった「農業の多面性」を追求したグリーン農業を地方創生の核にしようとする政策として構想されたものである。[5] この条例では，農業者及び農業に関する団体，農産物の販売を業とする者並びに県民の責務として，土づくりと地下水保全に県民運動として協働し，地下水と土を育む農業を推進することにより，熊本県の豊富な地下水の水質や量の保全，地力の増進に寄与するように，土づくりを行いながら減農薬・減化学肥料を行い，堆肥の活用，飼料米作付，水田湛水などの取り組みを行う農業を拡げていくことを目指している。

しかし現実には，農業生産において肥料や農薬を減らす農法の難しさや，消費者の選好は環境に優しい商品よりも安い価格を好む傾向にあることから，

まだ大きな効果を挙げるには至っていない。個人農家が慣行として使っている施肥量の多さについても、肥料価格の安さもあって制約条件となり得ていない。このため水質の問題においては、経済的コストがそのメリットを上回っている状況を、どのように環境のために変化させることできるかが鍵となる。県の条例は既に目指すべき方向性を正しく示しているが、そのことに事業者や消費者が賛同して政策が有効に機能するような環境の形成が困難なのである。このためには地下水の流動性研究から、汚染の広がりや回復に必要な時間などの知識を分かりやすく可視化して住民に伝え、水質に敏感な地域文化を育てていくことが求められる。

水質保全の成功事例として、島に降った雨水が浸透してできる地下水だけに頼る宮古島の事例がある[6]。宮古市では、サトウキビ栽培による肥料の過剰投与が地下水の水質悪化の主要因となっていた。しかしそれを改善するためのさまざまな行政施策は、ほとんど有効に機能しなかった。ところが製糖工場がサトウキビの買い入れ価格の基準を重量から糖度に変更した。この結果、農家が肥料と散水を工夫し糖度を上げる農法を取り入れたことで、意図せずして地下水の硝酸性窒素濃度が大きく減少した。コモンズにかかる管理政策を考えるとき、直接的な因果関係のメカニズムを規制によってコントロールしようとするだけではなく、結果に影響を及ぼすさまざまな可能性について柔軟に考えていくことが大切である。まさにフレームワークの転換により効果の挙がる手段を検討するということである。

Ⅳ　おわりに

社会の文化基盤が異なれば、地下水といった共有資源の保全についても異なる多様な制度化がありうる。しかし近代化する以前まで世界各地で保たれてきたコモンズの多くが、現代社会では崩壊の危機にさらされている。これまでは、政府による管理もしくは私的財産として分割して管理するという、二者択一の資源管理政策が選択されがちであった。しかし政府や市場による地域共有資源の管理は、必ずしも成功してきたとはいえない。新しい地域共

有資源の管理制度として，ローカルなルールを自ら創り出すことで，上手く地下水を利用していこうという熊本モデルの有効性が確認されたことは，コモンズの保全にとって画期的である。地域の取り組みが，国の画一的な管理よりも柔軟に，そして私益を越えて持続的にコモンズの保全をなし得る可能性が証明されたわけである。もっとも成功モデルに拘りすぎると，将来の環境変化に対応できない事態が起き得るかもしれない。熊本で育まれた自己組織的な地下水保全のガバナンス・システムが，さらに今後世界各地のコモンズの保全に役に立てるような政策にイノベートされていくことを今後も期待したい。

（上野眞也）

＜参考文献＞

秋道智彌編（1999）『自然は誰のものか―「コモンズの悲劇」を超えて』昭和堂。
遠藤崇浩（2011）「地下水をめぐる公共政策」谷口真人編著『地下水流動―モンスーンアジアの資源と循環』共立出版，第11章。
井上 真編（2008）『コモンズ論の挑戦―新たな資源管理を求めて』，新曜社。
市川 勉「「熊本の地下水」職員研修，第1回，第2回資料」，2014年7月。
榧根 勇（1992）『地下水の世界』NHKブックス。
小嶋一誠「熊本地域における地下水管理行政の現状について」『地下水学会誌』第52巻第1号，2010年，49-64頁。
嶋田 純「モンスーンアジアの地下水流動」谷口真人編著『地下水流動―モンスーンアジアの資源と循環』共立出版（2011）第1章。
清水裕之・檜山哲哉・河村紀行編（2011）『水の環境学―人との関わりから考える』名古屋大学出版会。
新保輝幸・松本光郎編（2012）『変容するコモンズ―フィールドと理論のはざまから』ナカニシヤ出版。
室田 武編著（2009）『グローバル時代のローカル・コモンズ』ミネルヴァ書房。
BATES, R. H. "Contra Constractarianism: Some Reflections on the New Institutionalism", Politics and Society, 16, 1988, pp. 377-401.
HARDIN, Garret, *The Tragedy of Commons*, Science, New Series, Vol. 162, No.3859. Dec.13.1968, pp. 1243-1248.
MACAY, Bonnie. J., "Common and Private Concerns", Advances in Human Ecology 4, 1995, pp. 89-116.
National Research Council, (2001), *The Drama of the Commons*, National Academy Press.

OSTROM, Elenor (1990), *Governing the Commons: The Evolution of Institutions for Collective Actions*, Cambridge University Press.

注

1) 地下水の法的な性格は国によって異なる。わが国では，法的に土地の所有権について「法令の制限内に於いて其の土地の上下に及ぶ」（民法207条）としており，地下水は私有財産とみなされてきた（私水論）。地下水や温泉をめぐる裁判の中で判例が積み重ねられてきたが，大審院判決（1896）は「地下に浸潤せる水の使用権は元来土地所有権に附属して存在する」とした。地盤沈下を起こす揚水を制限するために「公水」論も議論されたが，現在も地下水の利用は基本的に土地所有者の排他的利用に委ねるという法的な位置づけは変わらず，「公水」としての統一的な原則は確立されていない。
2) http://www.kankuma.jp/mondai/chikasui/Sony/Sony-PJ.htm（2013年8月24日）．
3) http://www.sony-semiconductor.co.jp/kankyo/kankyo_kanyou（2013年8月24日）．
4) 河川，海岸，下水道などは国土交通省，農業用水は農水省，水道は厚生労働省，工業用水は経済産業省，水環境保全は環境省など。
5) 蒲島郁夫熊本県知事記者会見（平成26年7月2日）http://www.pref.kumamoto.jp/chiji/kiji_5322.html#8（2015年9月18日）．
6) 宮古島市上下水道部へのインタビュー調査（2012年1月13日）

第10章

地下水管理のための法制度の整備

I はじめに

　熊本県は，雄大な活火山阿蘇に象徴されるように古くから「火の国」と呼ばれてきた。一方では，白川，菊池川，筑後川など九州を代表する一級河川の源流を抱え，白川水源など国の名水百選に選定された8カ所の名水をはじめ，1,000カ所を超える湧水地が存在するなど，豊かな水資源に恵まれた「水の国」でもある。

　水資源の中でも，熊本県全体の生活用水の約8割，工業用水の約4割は地下水を水源としており，全国的にも稀な地下水に恵まれた地域である。とりわけ，県人口の約6割に相当する約100万人の県民が暮らす熊本地域（熊本

池山水源（昭和の名水百選）

市及びその周辺10市町村の区域)[1]では，水道水源をほぼ100％地下水に依存している。このように，地下水は，県民の暮らしの生命線であり，また，工業，農水産業など様々な産業活動を支える基盤となっている。この地下水が万が一にも枯渇したり汚染されたりするようなことがあれば，本県にとっては致命的な事態が懸念される。豊かで良質な地下水を将来にわたり守り継ぐことは極めて重要な政策課題である。

このため，熊本県では，地下水の持続的な利用を図るため2012年に「熊本県地下水保全条例」を大幅に改正し，地下水を適正に保全・管理する取組みを強化した。本章では，地方公共団体の自治立法である条例によって，量と質の両面から地下水の保全に取り組む熊本県の法制度の整備の取組みを紹介する。

II　地下水保全に関する法整備の取組みの背景と経緯

1　熊本県における地下水を守る取組みの沿革

熊本県では，1978年に「熊本県地下水条例」を制定し，地下水の水位の異常な低下や塩水化など地下水の採取に伴う障害が生じるおそれのある地域等を「指定地域」に指定し，指定地域内で揚水機（ポンプ本体）の吐出口の断面積が $6\,cm^2$（直径約2.8cm）を超える揚水設備で地下水を汲み上げようとするときは，汲み上げを開始する日の7日前までに知事に届出を行い，毎年度採取量を報告することを義務付けた。

また，1990年には，全国基準の概ね10倍厳しい排水基準を定めた「熊本県地下水質保全条例」を制定した。同条例では，カドミウム等の有害物質（対象化学物質）を使用する事業場に知事への届出を義務付け，県による立入検査等を実施するなど水質面の保全対策の強化を図った。

2000年には，これら2つの条例を統合し，指定地域での届出に加え，指定地域以外の地域でも揚水機の吐出口の断面積が $50\,cm^2$（直径約8cm）を超える大規模な揚水設備で地下水を汲み上げようとする者に対して届出と採取量

の報告を義務付ける「熊本県地下水保全条例」（以下「地下水保全条例」という。）を制定し，届出対象地域を県内全域に拡大した。

こうした法制度の整備とともに，特に地下水への依存度が高い熊本地域においては，熊本県と熊本市が共同で1973年以降，数次にわたり地下水流動のメカニズムの解析や地下水涵養量の将来予測等を行うために科学的な調査を実施し，データや知見を蓄積してきた。1986年には県知事を議長とし，熊本地域の関係市町村長によって構成する熊本地域地下水保全対策会議を設置し，1996年に第1次熊本地域地下水総合保全管理計画を，さらに，2008年に第2次総合保全管理計画を策定するなど，県と関係市町村の広域的な連携のもとに地下水保全対策を企画立案し推進してきた。

このような行政の動きに加え，地下水を守るために長い期間にわたり自主的な活動を続ける農業関係の組織・団体や，地下水を採取する民間事業者，そしてこれらの活動の顕彰等に取り組む公益法人など様々な主体によって，地下水涵養に資する水田湛水事業や水源涵養林整備等の取組みが行われている。さらに，県内の大学においても地下水に関する調査研究が進んでおり，国内にとどまらず国際的にもリーダーシップを発揮しているところである。

2　地下水の課題

前述のとおり，熊本県では早くから，行政，民間，大学等幅広い主体によって地下水保全の取組みが進められてきた。しかしながら，そうした取組みにも関わらず，以下のように地下水の水量と水質の両面で課題が顕在化している。

（1）地下水の水量の課題

県では，県内33カ所に地下水位観測井戸を設置し，継続的に地下水の水位の監視を行っている。地下水の水位は降雨量に大きく影響され，降雨量の多い年の水位は上昇し，逆に降雨量の少ない年は低下する傾向にあるが，例えば，図10-1のように地下水の重要な涵養域に当たる菊池郡菊陽町の辛川地区に設置した熊本県の観測井戸の水位（標高）は長期的なトレンドをとらえると低下傾向にあることがうかがえる。そして，熊本地域の台地部のその他

の観測井戸も総じて地下水の水位は長期的に低下傾向を示している[2]。また，熊本地域を代表する湧水地である江津湖の湧水量（平均日量）も長期的には減少傾向にあり，地下水の流出域においても台地部の水位低下と同様の傾向が認められている[3]。

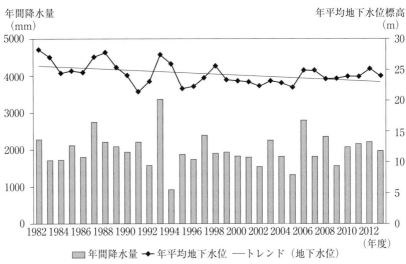

図10-1　熊本県観測井戸（菊陽町辛川観測井）の地下水位の状況

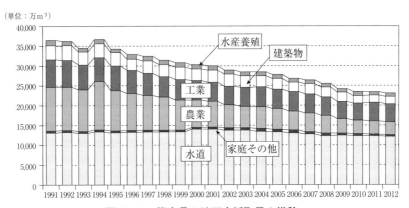

図10-2　熊本県の地下水採取量の推移

一方，地下水の採取量は，地下水保全条例に基づく地下水採取者から県への報告値によると図10-2のとおり年々減少している。採取量は減少しているにもかかわらず，地下水の水位は下がり続けている状況にある。

その主な要因は，市街地化・宅地造成などの開発によって，地下水の元となる雨水が地下に浸透しやすい水田，畑地や山林などの「涵養域」が狭まり，地下水の涵養量が減少していることによるものと考えられる。そして，このような状況が続けば，地下水の水位はさらに下がり水量が減少することが予測される。

(2) 地下水の水質の課題

地下水は，いったん汚染されるとこれを回復することは容易ではなく，多額の費用を要するうえ非常に長い年月がかかることから，地下水汚染の未然防止を図り，貴重な水資源として維持していくことは，県民の健康を保護し生活環境を保全するうえで重要であると考えられる。

近年，揮発性有機塩素化合物や重金属類による新たな地下水汚染は見られないが，硝酸性窒素及び亜硝酸性窒素（以下「硝酸性窒素等」という。）の濃度が高い井戸が熊本地域や荒尾地域の台地部をはじめ，県内各地で確認されている。

ある程度高い濃度の硝酸性窒素を含む水を摂取しても，一般的には成人への影響は少ないと言われているが，乳幼児が濃度の高い水を飲むとメトヘモグロビン血症（酸素欠乏症によるチアノーゼ）を引き起こす。硝酸性窒素等の環境基準は10mg/L以下と定められており，図10-3に示すように熊本地

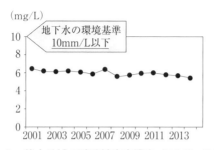

図10-3　熊本地域の硝酸性窒素濃度（平均値）の推移

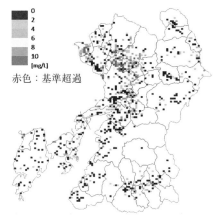

図10-4　硝酸性窒素の濃度分布
(2007〜2014)

域の継続的なモニタリング井戸の濃度の平均値はほぼ横ばいで推移しているが，一部には濃度が高い井戸や上昇傾向にある井戸も見られる。

　硝酸性窒素等の濃度上昇の要因は，主に生活排水や家畜排せつ物の不適正処理，窒素肥料の過剰施用と考えられている。それぞれの要因に応じた対策を講じてはいるものの，地下水の汚染機構は必ずしも明らかになっているとは言えず，図10-4のとおり熊本地域をはじめ県内各地で環境基準を超過する地域が見られ，地下水の水質の悪化が懸念材料となっている。

3　条例改正に向けた経緯

　以上のような課題を抱える中で，2008年4月に，熊本の宝である地下水を後世に引き継いでいくことをマニフェストに掲げて就任した蒲島郁夫知事の下に，2009年7月，県内外の有識者による「水の戦略会議」（委員14名）が設置された。地下水の保全と活用に関する大所高所からの議論の中で，地下水保全条例を改正する必要性が取り上げられた。

　河川の水は河川法によって公的に管理されているが，地下水は，河川法のような基本法制がなく私水の範疇に位置づけられると考えられてきた。このため地下水の管理については，地方公共団体が地域の実情に応じて自治立法

である条例等によって対策を講じなければならないのが実情である。特に本県のように地下水が生活用水の最大の水源となっているという地域特性を有し、しかもその地下水の量と質に課題を抱える地域では、地下水の保全・管理を私的領域に委ねるだけでは将来にわたり安心・安全な地下水利用は望めない。この点で従来の地下水保全条例は、①地下水の採取については届出制であり、実質的に自由に採取することができることとなっていること、②節水や地下水の涵養の取組みについては努力義務にとどまっており、地下水採取者に水量保全のための具体的な取組みを求める手段が十分とはいえないこと、③事業場からの対象化学物質による汚染については厳しい規制を設けているが、硝酸性窒素等の汚染対策についての規定がないこと、という課題があることから、県では地下水保全条例の見直しが必要と考えた。そして2010年7月に「熊本県地下水保全条例改正検討委員会」を設置し、法制面を中心に検討を重ね、2011年3月に同委員会としての改正要綱案を取りまとめた。

さらに、2011年4月に知事から熊本県環境審議会に条例改正の内容について諮問を行い、同審議会の専門部会である水保全部会において、条例改正検討委員会の改正要綱案を踏まえた改正内容の審議が、同年6月から9月にかけて4回にわたり集中的に行われた。この間、並行して地下水採取者や各種事業者団体等からの意見聴取等を実施した。そして、9月末に水保全部会としての条例改正骨子案がまとまり、10月に環境審議会から知事に答申が出された。

この答申をベースにして、12月に条例改正の素案をまとめ、事業者等への説明会の開催、パブリックコメントによる県民からの意見募集等を経て、2012年2月の定例県議会に条例改正議案を提案した。そして、改正議案は同年3月2日に全会一致で可決された。

III 条例改正の内容

1 条例改正の基本的視点

条例改正に当たっては，①「公共水」，②「未然防止」，③「協働」の3つを基本的視点とした。

① 「公共水」：地下水は，水循環の一部であり，本県にとって県民生活と地域経済の共通の基盤となっていることから，「地下水は公共水」という視点に立って，地下水採取の許可制をはじめ県による地下水の管理強化を図ること。

② 「未然防止」：将来にわたって県民が地下水の恵みを享受できるよう，未然防止の観点から地下水の水質・水量の保全対策を講じること。

③ 「協働」：県民，事業者，行政が地下水の受益に応じ，保全のために必要な負担を行い，連携・協働して地下水の保全に取り組むこと。

＜基本的な視点＞	＜主な改正内容等＞
「公共水」の視点 水循環系の一部 県民生活と地域経済の共通基盤	【県による地下水の管理強化】 ○公共水であることを明確化 ○大口地下水採取について許可制を導入 ○地下水採取の届出を採取の7日前→30日前 ○水量測定器の設置義務の拡大により採取量を正確に把握 ○措置命令，罰則等の規定を整備
「未然防止」の視点 将来にわたっての地下水の恵みの享受	【地下水の水質・水量の保全】 ○硝酸性窒素等汚染対策を規定 ○対象化学物質の使用の抑制，施設の点検・整備を規定 ○許可制と連動して地下水の合理的な使用及び地下水涵養を義務化 ○開発行為にあたっての地下水保全の配慮を規定
「協働」の視点 受益者負担 公平性の確保	【地下水保全への協働の推進】 ○県民，事業者，行政が一体となった取組みを推進（県による技術的助言その他の援助） ○協働推進組織・計画を位置づけ ○市町村との協力を規定 ○地下水の合理的な使用及び地下水涵養の促進について，別途指針を策定

2 主な改正内容

　地下水保全条例の改正は，条例全般にわたる大幅なものとなったが，主な改正内容は次の4点である。

（1）地下水の「公共水」としての位置づけを明確化

　河川の水は河川法第2条で「私権の目的となることができない」とされており，これを利用するときは国土交通大臣又は都道府県知事の許可を受けなければならない。これに対して地下水に関してはこれを管理する一般法が制定されておらず，現在の法律的解釈としては，民法第207条の「土地の所有権は，法令の制限内において，その土地の上下に及ぶ。」という規定が適用されると考えられている。これによって地下水は土地所有権に従属し，土地所有者がその土地から汲み上げた地下水を利用する権限を有していると解されている。判例でも，地下水の使用権は土地所有権に付従するものであるから，土地所有者は自由に使用しうるとする考え方が従前とられていた[4]。しかし，その後，地下水は一定の土地に固定的に専属するものではなく，地下水脈を通じて流動するものであり，その量も無限ではないことから，土地所有者に認められる地下水利用権限も合理的な制約を受けるという考え方が示されるようになった[5]。こうした判例の考え方を踏まえ，新たに基本理念の条項（第1条の2）を設け，地下水の流動が蒸発，降水，地下への浸透並びに河川及び海への流出を繰り返すという水の循環の一部をなすものであり，かつ，地下水が県民生活及び地域経済の共通の基盤となっていることを踏まえ，「地下水は公共水」であるとの認識に立ち，事業者，県及び県民が連携し，及び協働して地下水の保全に取り組むことを掲げた。

　ただし，ここでの地下水の公共水としての位置づけは，土地所有権に基づく地下水利用権限を否定し新たな権利概念を設けるというものではなく，循環資源であり，限りある資源である地下水を公共性のある水であるという認識の下にみんなで守り継いでいこうという理念を掲げたものである。

（2）地下水質の保全に係る規定の追加

　熊本県では，硝酸性窒素等による地下水汚染への対策を喫緊の課題ととら

え，1989年から全国に先駆けて地下水質における硝酸性窒素濃度調査を開始するとともに，2003年以降，荒尾地域及び熊本地域で硝酸性窒素削減計画を策定し，地下水質の改善に向けて取り組んでいるところである。しかし，地下水保全条例において対策を推進する根拠が規定されていなかったため，新たに明記することとした。

これにより，県，事業者，県民及び市町村が連携・協働して，生活排水対策や適正施肥及び家畜排せつ物の適正管理等に取り組むことで，硝酸性窒素等の地下への過剰な浸透を抑制するとともに，地下水汚染が認められる地域においては，地下水への汚染物質濃度の低減に関する目標及び計画を定め，その実現を図ることとした。

また，工場や事業場からの対象化学物質の排水や地下浸透については，水質汚濁防止法に基づき全国一律の規制が行われているが，熊本県では地下水保全条例等で法よりも厳しい上乗せ基準を設定するとともに，法の規制対象以外の事業場等を対象に独自の規制基準等を設定し，排出水の濃度規制や地下浸透規制を行っているところである。

今回の改正では，対象化学物質を使用する事業者に対して，工程の合理化・使用方法の改善によって対象化学物質の使用を抑制することや，対象化学物質の代替物質を積極的に導入することについて協力を求めていくこととした。

(3) 地下水採取の許可制の導入等

地下水については，前述したとおり民法第207条の規定により土地所有者に地下水利用権限が認められると解されているが，一定の土地に固定的に専属するものではなく，地下水脈を通じて流動するものであり，その量も無限ではないという地下水の特質上，土地所有者の地下水利用権限も合理的な制約を受けると考えられる。

このような考え方に基づき，無秩序な地下水採取を防ぎ，適正な地下水利用を図るため，従来の届出制に加えて一定規模を超える揚水設備による地下水採取に対しては許可制を導入することとした。

許可制の導入に当たって特に検討に時間を要したのは，許可を要する者

(許可対象者)の要件をどのように設定するかということと，許可の基準をどのように定めるかということであった。

まず，許可対象者の要件については，従来の指定地域の中で，特に地下水の水位低下が顕在化している地域を「重点地域」に指定することとし，重点地域では，揚水機の吐出口の断面積が19cm^2（直径約5cm）を超える揚水設備で地下水を採取するときは知事の許可を受けなければならないこととした。（具体的な地域の指定については，関係市町村からの意見聴取及び環境審議会での審議を経て，2012年10月1日付けで「熊本地域」を重点地域に指定している。）

また，重点地域以外の地域でも，揚水機の吐出口の断面積が125cm^2（直径約12.8cm）を超える特に大規模な揚水設備で地下水を採取するときは許可を受けなければならないこととした。（許可制等の概要及び地域指定については図10-5及び図10-6を参照）

なお，地下水を田畑等の灌漑用に使用する場合は，地下水の使用そのものが水循環の一部であることから許可制の対象から除外することとした。

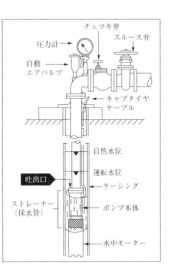

【揚水設備（水中ポンプ）の構造図】（例）

地域名	吐出口の断面積		種類
重点地域	揚水機	6cm^{2}超～19cm^{2}以下	届出
		19cm^{2}超	許可
	自噴井戸	19cm^{2}超	届出
指定地域	揚水機	6cm^{2}超～125cm^{2}以下	届出
		125cm^{2}超	許可
その他地域	揚水機	50cm^{2}超～125cm^{2}以下	届出
		125cm^{2}超	許可

図10-5　地下水採取の許可・届出制の概要

許可対象者の要件の設定については，年間採取量が一定規模を超える大量採取者をもって要件とすることも考えられたが，許可制というより厳しい規制をかけるに当たり，許可対象者は客観的に明確な要件をもって定めることが必要である。この点で採取量は，年度や季節，採取者の事業活動状況等によって変動することから適当ではない。これに対して，揚水機の吐出口の断面積は，これが大きくなるにつれて汲み上げることができる地下水の量も基本的に大きくなる関係にあり，しかも採取量のように地下水採取の時期等によって左右されることがなく，誰が見ても客観的な要件であることから，これをもって許可対象の要件とすることとした。

　重点地域における許可対象者の要件となる断面積の基準については，他の府県で制定されている地盤沈下等の防止を目的とした条例では19cm^2以下の揚水設備による採取であることが許可等の基準とされている例が多いことや，熊本地域の地下水の総採取量の約94パーセントを吐出口の断面積が19cm^2を超える揚水設備による採取量が占めており，採取量の大部分をカバーすることができることを踏まえ，過剰な地下水の汲み上げを規制しようとする本県の地下水保全条例では19cm^2を超える揚水設備による採取を許可制の対象とすることとした。

　重点地域以外の地域における許可対象者の要件となる断面積の基準については，125cm^2を超える揚水設備では理論値上年間100万m^3以上の採取が可能であり，実際の年間平均採取量も約58万m^3と大量の地下水を採取しており，このような特に大規模な採取は，周辺地域の地下水の水位や水質等に影響を及ぼすおそれがあると考えられることから，125cm^2を超える揚水設備による採取を許可制の対象とし，併せて地下水の採取による地下水の水量及び水質への影響調査の実施を義務付けることとした。

　また，許可制を施行する時点で既に地下水を採取している者についても，これらの者による採取が地下水の水位低下等に影響を及ぼしていると考えられることから，3年間の経過措置期間を設け，引き続き地下水を採取するためにはこの期間内に許可を受けることを要することとした。

　次に，許可の基準については，周辺の地域に地下水の水位の著しい低下等

の影響を与えるおそれがあるような過剰な揚水でないかどうかという点を主な判断要素とした。これは，地下水採取者は，それぞれ同じ地下水脈の地下水を共同で利用する関係にあり，他の地下水採取者の採取に支障を及ぼすような過剰な揚水を規制することは，地下水利用権限に対する合理的な制約として許容されると考えたものである。

許可の基準を検討する過程では，①地下水に代えて他の水源を確保することが著しく困難ではないと認められるとき，②必要な量を超えて地下水を採取している又は採取しようとしていると認められるとき，③節水や水の有効利用を図るための適切な措置が講じられていないと認められるとき，④採取量に応じた涵養を行うなどの適切な措置が講じられていないと認められるとき，のいずれかに該当するときは許可をしてはならないという基準について

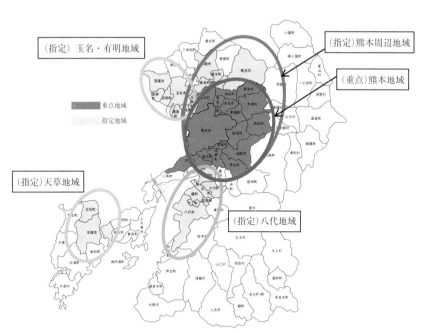

図10-6　地下水保全条例での重点地域及び指定地域

（市町村名は2004年3月31日現在で表示）

も候補に挙げて検討を行った。しかし，これらの基準は，地下水の採取に直接関係のない制約であり，合理的な制約といえるか疑義が生じるおそれがあること，申請者の「必要な量」を科学的に認定することが困難であること，節水や涵養をどれだけ行えば地下水の保全を図ることができるかという点について権利を制限するに足る客観的な根拠を示すことが困難であることなどを考慮し，許可の基準からは除外することとした。

なお，本県以外の都道府県においても地下水採取に対する許可制等の規制措置を導入している例はあるが，これらは主に地盤沈下等の地下水障害の防止を目的とし，地盤沈下等が顕在化している地域又はその発生が懸念される地域を定めて揚水規制を行うものである[6]。本県のように県内全域にわたり地下水資源の持続的利用を目指して地下水の水量保全を図るために許可制を導入しているのは，全国でも例がないと考えられる。

(4) 地下水の合理的な使用及び地下水の涵養に係る対策の強化

許可制による地下水採取の適正化と併せて，地下水の水量保全対策として地下水の合理的な使用を促進し，及び地下水の涵養対策を強化することとした。

「地下水の合理的な使用」とは，節水，雨水の使用，水の循環使用，再生水の使用等により地下水の採取量を抑制することであり，「地下水の涵養」とは，雨水等を森林，農地等から土中に浸透させ，帯水層に地下水として蓄えることである。これらの促進のため，知事は，地下水使用合理化指針及び地下水涵養指針を策定し，地下水の合理的な使用と地下水の涵養を促進するための基本的方向や具体的な取組み例を定めることとした。

許可対象となる地下水採取者は，これらの指針を踏まえて地下水使用合理化計画及び地下水涵養計画を作成し，許可申請の際に知事に提出するとともに，毎年度，地下水の採取量報告を行う際にこれらの計画の実施状況を報告することを義務付けた。

そして，知事は，計画の実施状況が不十分なときは，適切な措置を講じるよう指導，勧告を行い，正当な理由もなく勧告に従わないときは，その旨を公表することができることとした。

さらに，地下水位の回復を図るためには涵養量を増やすことが極めて重要であるため，地下水涵養計画の実施に係る勧告に従わない採取者に対しては，適切な措置を講ずるよう命令を出すことができ，命令に違反したときは罰則を科すこともできることとした。

なお，地下水涵養指針では，地下水採取者が取り組む涵養対策として，①雨水浸透ますの設置など事業者等の敷地内での雨水浸透の促進，②水田湛水事業や水源涵養林の整備など敷地外での涵養の取組みに加え，熊本地域においては，③県，関係市町村，事業者等の協働により地下水涵養事業等の地下水保全対策を推進する新たな主体として2012年４月に実働を開始した「公益財団法人くまもと地下水財団」に協力金，寄附金等を負担することによって間接的な形で地下水涵養に貢献する取組みも示している。さらに，これらの涵養対策によってどの程度の涵養効果（涵養量）があるかを推計する算定方法も例示している。そして，熊本地域において必要な地下水涵養量を確保するために，熊本地域の許可対象者には当面少なくとも採取量の１割を目安に

白川中流域での水田湛水事業
（転作田への水張り）

涵養対策に取り組むことを求めている。

　許可制だけでは地下水位の低下傾向に歯止めをかけることは難しい。許可制と連動して一定規模を超える地下水採取者に地下水の合理的な使用と地下水涵養の取組みを求める仕組みを制度化したことは条例改正の大きなポイントであり，この仕組みが今後の地下水の水量保全に大きな役割を果たすものと考える。

　以上の改正内容の他，従来の届出制についても，届出期限を採取開始予定日の7日前までから30日前までとし，採取前に適正な採取がなされるよう助言・指導を行うために必要な期間を確保するとともに，これまで届出の対象としていなかった自噴井戸についても，重点地域で吐出口の断面積が19cm^2を超えるものは届出を要することとし，制度の充実を図った。

　また，採取量を正確に把握するために従来から揚水機の吐出口の断面積が50cm^2を超える揚水設備で地下水を採取する者には県内全域で水量測定器の設置を義務付けてきたが，許可制の導入に伴い設置義務の対象者を拡大した。（具体的には，重点地域では吐出口の断面積が19cm^2を超える許可対象者にも設置義務を課すこととした。）

　さらに，地下水に代わる他の水源を確保することが困難でないときは，当該代替水源を確保するよう知事が要請できる規定や，緊急時の地下水採取停止命令等の規定，面積5ヘクタール以上の大規模開発行為を行う者に対する地下水涵養への配慮義務規定，無許可採取等に対する罰則規定などを追加した。

Ⅳ　条例の施行に係る課題と今後の展望

　今回の条例改正は，従来の届出制から大きく踏み込んで，許可制というより強い規制と併せて地下水の合理的な使用や地下水涵養の取組みを地下水採取者に義務付けるものであることから，これまで特段，地下水涵養等の取組みを行っていない地下水採取者には何らかの新たな負担が生じることとなる。このため，条例改正の趣旨に対する地下水採取者をはじめ県民の理解を得る

ことが極めて重要であった。そこで，条例改正案の検討段階から，企業をはじめ地下水採取者や各種事業者関係団体に個別に改正の趣旨を説明し意見を聴取するとともに，すべての許可対象者向けに条例改正案に関する説明会を昼夜5回にわたり開催した。また，新聞，ラジオ，県・市町村の広報紙など各種広報媒体を使っての周知など，「地下水は公共水である」という考え方についての理解促進に努めた。

　改正条例のうち，地下水を公共水と位置付けた基本理念などの条項や水質保全に関する努力義務規定を2012年4月1日に施行し，許可制など規制や義務を課す規定については半年間の周知・準備期間を置き同年10月1日施行とした。この期間中，地下水使用合理化指針及び地下水涵養指針の内容に関する地下水採取者との意見交換会，許可対象者に対する両指針及び許可申請手続に関する説明会の開催，さく井協会をはじめ地下水採取に関係する団体や市町村に対する改正条例の円滑な施行への協力依頼などを行った。

　既に地下水を採取している許可対象者は県全体で約500者，対象井戸本数は約1,000本を超えており，3年間の経過措置期間内にこれらの膨大な数の井戸について許可を行う必要があった。このため，許可制等が施行された後も，各許可対象者に対し電話や個別に直接訪問することなどによって条例改正の趣旨や申請手続を丁寧に説明し，制度が浸透するよう取り組んだところである。

　同時に，地下水涵養計画書制度などの新しい制度が十分機能するためには，地下水採取者をはじめ県民の間に，「地下水は公共水である」という意識が広く定着することが不可欠である。そのために県民への改正条例の周知，公共水に関する啓発を継続して行っていくことが重要である。

　許可制等の導入は，決して地下水の利用に制限をかけることを主眼とするものではなく，将来にわたり県民誰もが安心して安定的に必要な地下水を利用できるようにすることをねらいとしている。また，条例改正後の新たな取組みとして，熊本県では2015年3月に「熊本県地下水と土を育む農業推進条例」を制定し，同年4月に施行したところである。この条例は，農業の観点から「熊本の宝」である地下水と土を次世代に引き継ぐことができるよう，

県民一体となって農業者を支え，農業を通じた地下水と土を育むための取組みを推進するものである。化学肥料や農薬の使用の削減，飼料用米の作付け等による水田の有効活用の推進，家畜排せつ物を原料とする良質な堆肥作りと広域流通の促進など質と量の両面から地下水を保全し土を豊かにする施策に取り組むこととしている。

　一方，国においては2014年3月に「水循環基本法」（以下「基本法」という。）が制定された。基本法は地下水を含む水政策の土台となる理念や方向性を定めたものである。そして，2015年7月には基本法に基づき，健全な水循環の維持・回復のための施策を総合的・一体的に推進する「水循環基本計画」が策定された。基本法では，地下水を含む「水」を「国民共有の貴重な財産であり，公共性の高いもの」（第3条第2項）と位置付け，国及び地方公共団体は水の貯留・涵養機能の維持向上や水の適正かつ有効な利用の促進等の基本的施策を講ずることなどが定められている。県民生活と地域経済の共通基盤である地下水を将来にわたり守り抜くために本県が進めている条例に基づく市町村域を超えた広域的な地下水保全の取組みは，基本法の制定をはじめとする国の動きに先駆けたものであり，全国的にも先進事例となり得るものと考える。

　これからも許可制等を柱とする地下水保全条例の的確な運用によって，「地下水は公共水」という考えが広く県民に浸透し，適正な地下水採取と事業者等による地下水の合理的な使用や地下水涵養の取組みが広がり，これに「熊本県地下水と土を育む農業推進条例」に基づく「農業の力で地下水を育む取組み」が加わることによって，熊本県が地下水の恵みあふれる「水の国」であり続けることができるよう取り組んでいかなければならない。

（坂本公一）

＜参考文献＞
熊本県・熊本市他13市町村「熊本地域地下水総合保全管理計画」，2008年。
熊本の湧泉研究会『水は伝える　熊本の湧泉』熊本電波工業高等専門学校出版会，2004年。

財団法人熊本開発研究センター「地下水保全のための組織づくりに関する調査研究報告書」，1997年．

嶋田　純「広域地下水流動の実態を踏まえた熊本地域における地下水の持続的利用を目指した新たな取り組み─地下水資源量維持のための揚水許可制の導入─」『地下水学会誌』第55巻第2号，2013年，157-164頁．

注

1) 熊本地域：地下水を育む地質や地下水の流れなどが密接に関連している熊本市，菊池市（旧泗水町，旧旭志村の区域に限る．），宇土市，合志市，大津町，菊陽町，西原村，御船町，嘉島町，益城町，甲佐町の11市町村の区域
2) 県内33カ所の地下水位観測井戸による地下水位の推移については「水の国くまもと」ホームページ http://mizukuni.pref.kumamoto.jp/（2105.6.18閲覧）を参照．
3) 東海大学熊本教養教育センター　市川勉教授の調査による．
4) 明治29（1896）年3月27日大審院判決（『大審院民事判決録』2輯3巻111頁）他
5) 昭和41（1966）年6月22日松山地裁宇和島支部判決（『下級裁判所民事裁判例集』17巻5・6号490頁），平成12（2000）年2月29日名古屋高裁判決（民集58巻9号2621頁）
6) 地下水の水量保全のための条例としては，茨城県が1976年に制定された「茨城県地下水の採取の適正化に関する条例」がある．県内3地域30市町村を指定地域に指定し，当該地域で一定の基準を超えて地下水を採取しようとする者は知事の許可を受けなければならないこととしている．
7) 地下水涵養の措置による推定涵養量の算定方法の詳細は熊本県ホームページ http://www.pref.kumamoto.jp/kiji_569.html（2015.6.18閲覧）を参照．

第11章

地域住民意識啓発のための生物モニタリング法の提案

I はじめに

　硝酸性窒素（NO3）および亜硝酸性窒素（NO2）は窒素循環の構成要素として環境中に存在しており，バクテリアの働きによる大気中の窒素の固定や，有機物の分解により土壌中に蓄積されるが，通常，植物に吸収されることなどで再び循環を繰り返す。しかし，農地に使われる窒素肥料，家畜の排泄物，生活排水などから過剰な硝酸性窒素が環境中に放出され，土壌から溶出した硝酸性窒素による地下水汚染が問題となっている。硝酸性窒素の人体への影響としては，汚染された地下水を摂取した幼児において，メトヘモグロビン血症（Blue baby syndrome）が引き起こされることが知られている。これは摂取した水に含まれる硝酸性窒素が胃で還元され産生される亜硝酸性窒素により，血中のヘモグロビンがメトヘモグロビンに変化し，酸素が効率よく運ばれないことから貧血状態を引き起こすものである。また，摂取された硝酸性窒素から変換された亜硝酸性窒素により発がん性物質のニトロソアミンが生成されることで発がんの危険性があることも知られている。さらに魚類などの水生生物では，硝酸性窒素の曝露がホルモンレベルを変動させることが報告されており，内分泌系に影響を及ぼす可能性が示唆されている（Bryan and Loscalzo, 2011）。

　硝酸性窒素および亜硝酸性窒素汚染の軽減は未然に防止することが重要であることから，地域住民の意識改革が求められる。本章では，住民の環境汚染に対する理解を深め，汚染防止策への意識の醸成を図るため，小型で飼育が容易なゼブラフィッシュとメダカを用いて，硝酸性窒素および亜硝酸性窒素による汚染が生体にどのような影響を及ぼすかを示すとともに，そのモニ

タリング法を開発したのでここに提案する。

II ゼブラフィッシュを用いた水質モニタリング法の開発

1 背景

　ゼブラフィッシュ（*Danio rerio*）は，成魚では体長3～4cmになる淡水の熱帯魚である。脊椎動物であり，遺伝情報などヒトとの類似性が高く，研究室での飼育が容易で安価であり，多くの受精卵を得ることが可能である。また，発生が体外で起こり，透明な卵，胚のため，観察が容易であり，ミュータントや分子生物学的な手法などがそろっていることから，脊椎動物のモデルとして発生学，遺伝学，分子生物学などの研究に広く用いられている（Westerfield, 2000）。

　女性ホルモンとして知られているエストロゲンは，生殖機能を調節するばかりでなく，さまざまな働きをすることが知られている。なかでも脳においては，神経細胞の発生や分化に関わる役割を果たしている。著者の研究室では，ゼブラフィッシュを用い脳で産生されるエストロゲンの作用について研究を進めているが（Kishida and Callard, 2001），初期発生においてエストロゲンがドーパミン神経に影響を及ぼすことを解明しており，初期発生において脳で産生されるエストロゲンの重要性を示した。また，エストロゲン様物質が同様にドーパミン神経の影響を及ぼすことから，ドーパミン神経の発達や働きが環境ホルモンのターゲットとなることを示唆した（Isono and Kishida, 2008）。一方，亜硝酸性窒素がエストロゲン受容体（ER）に結合するという報告があることから（Veselik et al., 2008），硝酸性窒素および亜硝酸性窒素がドーパミン神経など，エストロゲンが調節に関わるとされる神経系に影響があることが考えられる。

　よって本項では，今まで硝酸性窒素および亜硝酸性窒素の影響についての知見が乏しい神経系に対する影響について述べ，水環境の硝酸性窒素汚染に対する認識を深めることを目的とする。

2 ドーパミン神経への影響

　ゼブラフィッシュ成魚（図11-1）は60Lの水槽で26-31℃で飼育し，照明を長日（14h Light：10h Dark）にコントロールすることで，常に産卵可能な状態に維持した。餌は配合飼料のテトラミンを一日に数回与えた。産卵は照明の点灯後に行われるので，受精卵を必要とする実験前日に，網でふたをしたプラスチックの箱を水槽に沈め，翌日受精卵の採取を行った。受精卵は培養液（EM；0.004% $CaCl_2$, 0.163% $MgSO_4$, 0.1% NaCl and KCl）で洗浄後，カルチャープレートに入れ，28.5℃で培養し，培養液は毎日交換した。通常，受精卵は受精後48-72時間（hpf；hours post fertilization）で孵化し，受精後約5日には泳ぎ始める。本研究では，受精卵を硝酸性窒素などの試薬を溶かした培養液に2 hpfから曝露し，神経系に対する影響を解析した。

　ドーパミン神経はドーパミンを神経伝達物質として分泌し，運動性，意欲，学習，ホルモン分泌などさまざまな生理機能を調節するはたらきをしている。ドーパミンは，チロシンを前駆体としてチロシン水酸化酵素（TH；tyrosine hydroxylase）の働きによりL-dopaに変換され，それがさらにDOPA decar-

図11-1　ゼブラフィッシュ成魚

boxylaseによりドーパミンに変換されることで産生される。分泌されたドーパミンはドーパミン受容体に結合することでその作用を引き起こす。THはドーパミン産生の律速酵素であるため，本研究ではTHの発現を免疫染色法によって定量することによりドーパミン神経の活動の指標とした。また，ドーパミン神経の作用としては運動性の調節に注目し，触覚刺激に対する反応と遊泳活動を測定した。

ゼブラフィッシュの受精卵は，プラスチックの6ウェルのカルチャープレートに移し，0.1-100mg/L硝酸性窒素あるいは亜硝酸性窒素を含む培養液で28.5Cで培養した（図11-2）。THの免疫染色では，受精後48時間の胚を4%PFAで一晩4℃で固定した後，3% H_2O_2/0.5% KOHで色素を脱色した。免疫染色では，マウスのTHモノクローナル抗体で一晩反応させた後，Alexa Fluor 488 goat anti-mouse IgGに反応させ，蛍光顕微鏡で観察した。間脳にあるドーパミン神経が染色され，染色された部分の面積を比較した。硝酸性窒素に曝露したグループでは，10-100mg/L NO_3-Nで対照群に比べて有意に染色された面積が減少した。この作用がERを介しているか検証するため，ER阻害剤であるICIを硝酸性窒素と同時に曝露したところ，硝酸性窒素によるTH染色エリアの減少が抑えられたことから，硝酸性窒素がTH発現に及ぼす作用はERを介していることが示された。また，亜硝酸性窒素については，1-100mg/L NO_2-NでTH染色エリアが有意に減少し，この減少はICIにより抑えられたことから，亜硝酸性窒素がTHに及ぼす作用もERを介していることが分かった（図11-3）。触覚刺激に対する反応の

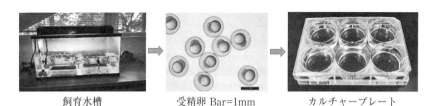

飼育水槽　　　　　受精卵 Bar=1mm　　　　カルチャープレート

図11-2

ゼブラフィッシュ実験の流れ。ゼブラフィッシュの受精卵を採取し，6ウェルのカルチャープレートに入れ，28.5℃で培養した。

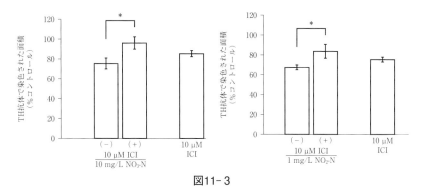

図11-3

硝酸性窒素および亜硝酸性窒素がチロシン水酸化酵素（TH）の発現に及ぼす影響。硝酸性窒素（A）および亜硝酸性窒素（B）はエストロゲン受容体を介し，THの発現を抑制した（Jannat et al., 2014a）。＊：$p<0.05$。

測定は，0.1-100mg/L 硝酸性窒素あるいは0.1-10mg/L 亜硝酸性窒素に曝露した72hpf 稚魚を用いて行った。この発生時期の稚魚はまだ水中を自由に泳がずに底に横たわっていることが多い。触覚刺激に対する反応は，このような状態の稚魚の背側を針で刺激した後に泳ぎだした個体数で比較した（50尾／グループ）（図11-4A）。硝酸性窒素の曝露では有意な変化はなかったが，亜硝酸性窒素の曝露では，1-10mg/L NO_2-N のグループで触覚刺激に対する反応が有意に減少した（図11-5）。この減少はICIにより抑制されたことから，亜硝酸性窒素の作用がERを介していることが示された。遊泳活動の測定は，0.1-100mg/L 硝酸性窒素あるいは0.1-10mg/L 亜硝酸性窒素に曝露した受精後6日の稚魚を用いて行った。まず12ウェルのカルチャープレートのそれぞれのウェルの底を4等分するラインを入れ，1尾ずつ入れ5分間順応させた後，1分間ビデオ撮影した。1分間に何回ラインを通ったかをカウントし比較した（24尾／グループ）（図11-4B）。1-100mg/L NO_3-N のグループでは有意に活動が減少し，その減少がICIにより抑制されたことから，硝酸性窒素が遊泳活動に及ぼす作用はERを介していることが示された。亜硝酸性窒素についても同様に，1-10mg/L NO_2-N のグループで遊泳活動が有意に減少し，ICIによりこの減少が阻害されたことから，亜硝酸性窒素の作用

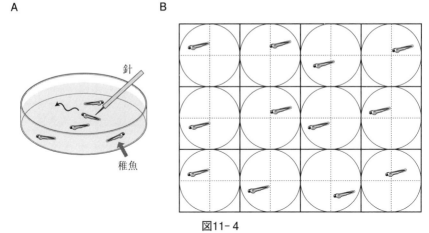

図11-4

運動性の測定。ドーパミン神経の作用である運動性の測定は，受精後72時間の稚魚を用いた触覚刺激に対する反応（A）と受精後6日の稚魚を用いた遊泳活動の測定（B）で行った。A：安静時の稚魚を針先でつつき，その刺激で泳ぎだした稚魚の数を比較した（50尾/グループ）。B：12ウェルのカルチャープレートに受精後6日の稚魚を入れ，1分間に十字の線を横切る回数を測定した。

についてもERを介していることが分かった（図11-5）。以上のことから，硝酸性窒素，亜硝酸性窒素ともにドーパミンの産生を減少させ，その結果ドーパミン神経の作用である触覚刺激に対する反応や遊泳活動が減少することが明らかとなった。またこれらの作用はERを介していることが明らかとなった（Jannat et al., 2014a）。

次に，硝酸性窒素，亜硝酸性窒素は体内での酸化還元反応により，硝酸性窒素・亜硝酸性窒素・酸化窒素（NO）に変化する。ドーパミン神経に対する作用がどのイオンによるものか解析するため，酸化還元酵素の阻害剤であるDPI（diphenyleneiodonium）の作用を調べた。DPIを硝酸性窒素，亜硝酸性窒素と同時に受精卵に曝露し，THの発現，触覚刺激に対する反応および遊泳活動を測定した。DPIは硝酸性窒素あるいは亜硝酸性窒素により減少したTHの発現を阻害したことから，NOがTHの発現の減少に関わっている可能性が示唆された。また，触覚刺激に対する反応では，亜硝酸性窒素により

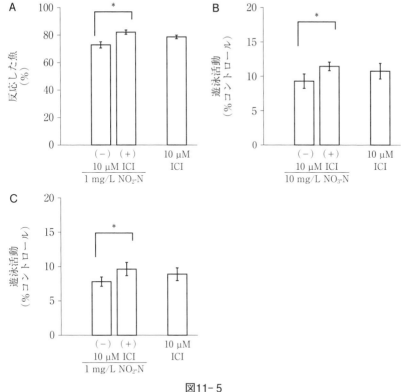

図11-5

硝酸性窒素および亜硝酸性窒素が運動性に及ぼす影響。亜硝酸性窒素は、エストロゲン受容体を介し触覚刺激に対する反応を減少した (A)。遊泳活動に対しては、硝酸性窒素 (B) および亜硝酸性窒素 (C) ともに、エストロゲン受容体を介し減少させた (Jannat et al., 2014a)。*：$p<0.05$。

減少した反応がDPIにより抑えられた。遊泳活動についても硝酸性窒素および亜硝酸性窒素により減少した活動が、DPIにより抑えられたことから、運動性の調節に及ぼす影響についてもNOが作用していることが示唆された。これらのことから、硝酸性窒素あるいは亜硝酸性窒素がドーパミン神経に及ぼす影響は、NOによる可能性が高いということがわかった。そこで、実際に硝酸性窒素および亜硝酸性窒素の曝露により稚魚の体内にNOが産生されるか確かめるため、NOの染色を試みた。受精5日後の稚魚をDAF-

FM DA に 2 時間浸し，EM で洗浄後蛍光顕微鏡で観察した。その結果，硝酸性窒素の曝露ではわずかに，亜硝酸性窒素の曝露では明らかに蛍光が強く，NO が産生されていることが示された (Jannat et al., 2014a)。

以上のことから，硝酸性窒素および亜硝酸性窒素をゼブラフィッシュ受精卵に曝露することにより，ドーパミン神経の作用が減少することがわかった。またその作用はエストロゲン受容体を介したものであることが示され，また曝露により体内で産生される NO により，これらの作用が引き起こされている可能性が示唆された。環境中の硝酸性窒素および亜硝酸性窒素は内分泌かく乱物質として，ドーパミン神経に対してエストロゲンが調節している生理機能に，神経毒として作用する可能性がある。

3　セロトニン神経への影響

セロトニン神経はセロトニンを神経伝達物質として分泌し，睡眠，温度調節，情動，食欲，心臓機能など多様な生理機能を調節している。セロトニン（5-HT）は，まず前駆体のトリプトファンがトリプトファン水酸化酵素（tryptophan hydroxylase）の働きにより 5-HTP に変換され，それがさらに 5-HTP decarboxylase により 5-HT に変換されることで産生される。分泌されたセロトニンはセロトニン受容体に結合することでその作用を引き起こす。本研究では，硝酸性窒素および亜硝酸性窒素に曝露したゼブラフィッシュ受精卵を用い，セロトニンの発現を免疫染色法によって定量した。また，セロトニン神経の活性として，稚魚の心拍数と不安感のレベルを示す接触走性を測定した。

受精卵を採取し培養液で洗浄した後，プラスチックのカルチャープレートに移し，0.1-100mg/L 硝酸性窒素あるいは 0.1-10mg/L 亜硝酸性窒素に曝露した。28.5℃で培養し，48hpf でセロトニンの免疫染色および心拍数の測定，受精 5 日後で接触走性を測定した。培養液は 1 日ごとに交換した。セロトニンの免疫染色を行うため，受精後 48 時間の胚を 4% PFA で一晩 4℃で固定した後，3% H_2O_2/0.5% KOH で色素を脱色した。免疫染色では，5-HT ポリクローナル抗体で一晩反応させた後，Alexa Fluor 488 goat anti-rabbit

IgG に反応させ，蛍光顕微鏡で観察した。セロトニンの発現は，硝酸性窒素への曝露（0.1-100mg/L NO3-N）では変化を示さなかったが，亜硝酸性窒素では 1 -100mg/L NO_2-N で有意に減少した。この亜硝酸性窒素によるセロトニンの発現の減少は ICI により阻害されたことから，ER を介していることが示唆された（図11-6）。心拍数については，硝酸性窒素は影響を示さなかったが，亜硝酸性窒素は 1 -10mg/L NO_2-N で有意に減少した。また，この減少は ICI により阻害されたことから，亜硝酸性窒素の作用は ER を介していることが示された。接触走性の測定は，受精 6 日後の稚魚を用いて行った。6 ウェルのカルチャープレートのウェルの底に直径2.5cm の同心円を描き，4 mL の EM を入れたウェルに 1 尾ずつ稚魚を入れ，2 時間順応させ

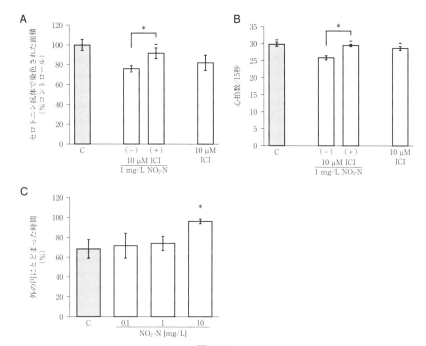

図11- 6

亜硝酸性窒素がセロトニン神経に及ぼす影響。亜硝酸性窒素は，エストロゲン受容体を介しセロトニンの発現を減少し（A），その結果心拍数を減少し（B），また不安感のレベルを上昇させた（C）（Jannat et al., 2014b）。＊：$p<0.05$。

た後，5分間のビデオ撮影を行い，稚魚が外側の円にとどまった時間を測定した。ここでは外側の円にとどまる時間が長いほど不安感のレベルが高くなると考えられる。亜硝酸性窒素10mg/L NO_2-N の曝露では，稚魚が外側の円にとどまる時間が対照群にくらべて有意に高くなり，不安感が上昇したことが示された（図11-6）(Jannat et al., 2014b)。

以上のことから，硝酸性窒素は100mg/L NO_3-N までの濃度でセロトニン神経に対する有意な影響は認められなかったが，亜硝酸性窒素を曝露することにより，セロトニンの発現が減少し，その作用も減少することが示された。亜硝酸性窒素の働きは ER を介したものであり，環境ホルモンとしてセロトニン神経の発達や作用を阻害する可能性がある。

4　まとめ

本研究により，ゼブラフィッシュの初期発生において，環境中の硝酸性窒素および亜硝酸性窒素がドーパミン神経やセロトニン神経などに作用し，その機能を阻害することが解明された。これらの影響は ER を介していることから，硝酸性窒素および亜硝酸性窒素は環境ホルモンとして作用していることが示唆された。また，硝酸性窒素が体内で NO に変換されることで神経系に影響を及ぼしているのではないかと考えられる。

これらのことから，硝酸性窒素および亜硝酸性窒素による地下水を含む水環境の汚染は，少なくとも水生生物の神経系に対して悪影響がある可能性が考えられる。ER を介して環境ホルモンとして作用することから，神経系に加え，エストロゲンが調節している他の生理機能に対する影響についても解明が必要になると考えられる。

最後に，ゼブラフィッシュの受精卵を使うことで，初期発生における汚染物質の神経系に対する影響を効率よく解析することができ，淡水環境の生物モニタリングのモデルとして有効である。

Ⅲ　メダカを用いた水質モニタリング法の開発

1　背景

　地下水の水質については，農地に使われる窒素肥料，家畜の排泄物，生活排水などから硝酸性窒素が環境中に放出され，土壌から溶出した硝酸性窒素による地下水汚染が問題となっている。硝酸性窒素汚染の軽減は未然に防止することが重要であることから，地域住民の意識改革が求められているが，地域住民に対して高度な技術や知識を必要とせずに，分かり易くて短時間で検出が可能である生物モニタリングシステムの開発には未だに至っていないのが現状である。そこで筆者らは，地下水の環境変化を敏感に察知できる生物モニタリングシステムの開発を目的に研究を実施した。生物モデルとしては，日本人に馴染み深く，ほぼ日本全土に分布しているメダカを利用した。メダカ（*Oryzias latipes*）は，以前から発生生物学研究のモデル動物として研究が盛んに行われているため，多くの研究情報が蓄積されている。また最近は，環境生物学研究における優れたモニタリング生物として，メダカは多くの研究報告がなされており，環境変化にも大変強いことから，地下水の水質モニタリング法を開発するためには大変有用な生物であると考えられる。

　筆者らは，まず，生物モニタリングシステムの開発に適した遺伝子を見出すため，環境ストレスに応答する遺伝子を網羅的遺伝子解析（DNAマイクロアレイ解析）により選別した。次に，選別した遺伝子の発現制御領域と赤色蛍光遺伝子（DsRedExpress2）とを繋ぎ合わせ，それらをメダカ胚に顕微注入して遺伝子組換えメダカ（赤信号メダカ）を作製した。その後，水温，pH，硝酸イオンが及ぼすこのメダカ系統への影響を調べた後，実際にいくつかの場所から地下水を採取して，その水が及ぼすこのメダカ系統への影響を解析した。さらに，硝酸性窒素を含む環境ストレスによる遺伝子変動メカニズムを解明するため，遺伝子機能欠損メダカ系統を作製し，環境ストレスが及ぼすこのメダカ系統への影響を明らかにした。

2　DNAマイクロアレイ解析を用いた環境ストレス応答遺伝子の探索

　高温ストレスなどの環境ストレスに応答する新たなストレスマーカー遺伝子を同定するため，高水温（33℃）で飼育したメダカと通常水温（26℃）で飼育したメダカを用いてDNAマイクロアレイ解析を実施し，高温ストレスにより変化する遺伝子の探索及び解析を行った。

　近年，高温ストレスは，副腎から分泌されるコルチゾルの量を増加させてメダカの雄化を誘導することが明らかとなっている（Hayashi et al., 2010）。このコルチゾル量の増加は，下垂体での副腎皮質刺激ホルモン（ACTH）の分泌により引き起こされ，ACTH量の増加は，脳の視床下部での副腎皮質刺激ホルモン放出ホルモン（CRH）により誘導されることが分かっている。したがって，視床下部内でCRHを制御する因子を同定することにより，早期で高感度なストレスマーカーを単離できるのではないかと考えた。そこで，視床下部領域を緑色蛍光タンパク質（GFP）蛍光で可視化した *neurogenin 3 -GFP* 遺伝子組換えメダカ系統を利用して，視床下部において高温ストレスにより変化する遺伝子をDNAマイクロアレイ解析により探索した。その結果，通常水温飼育メダカと比較して，高水温飼育メダカで発現量が2倍以上上昇した遺伝子は，メダカ遺伝子44,000種中2,512種，その内，10倍以上上昇した遺伝子は65種であり，その中には *heat shock protein 70 (hsp70)*, *hsp30* 等の熱ショックタンパク質が多く含まれていた。また，*crh* と *acth* については，発現量が2倍以上上昇した遺伝子の中に存在していた。一方，通常水温飼育メダカと比較して，高水温飼育メダカで発現量が1/2倍以下に減少した遺伝子は44,000種中1,981種，その内，1/10倍以下に減少した遺伝子は58種であり，その中には *keratin, choriolysin H* 等が含まれていた。さらに，これら発現変動していた遺伝子の発現をリアルタイムPCRにより定量解析したところ，熱ショックタンパク質，特に *hsp70* の発現変動が最も急激だったことから，この *hsp70* 遺伝子を水質モニタリング法の開発に利用することとした。

3 遺伝子組換えメダカ（赤信号メダカ）の作製とその特性の把握

　メダカ hsp70 遺伝子の発現制御領域（プロモーター領域）はすでに単離されている（Oda et al., 2010）。そこで，このプロモーター領域と赤色蛍光遺伝子とを繋ぎ合わせ，それらをメダカ胚に顕微注入して遺伝子組換えメダカ（赤信号メダカ）を作製した。具体的には，顕微注入した個体（F0個体）を成魚まで育てて受精卵を採り，その受精卵の中から目（レンズ）に赤色蛍光を持つ個体（F1個体）を選別することで系統化を行った（図11-7）。この赤信号メダカ系統は，ストレスがかかる前からレンズだけは赤色蛍光を持っていることが分かった。

　まず，このメダカにおける高温ストレスに対する応答性を調べた。赤信号

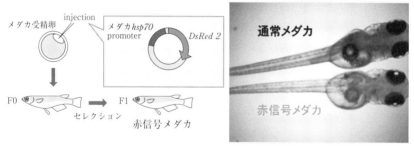

図11-7　遺伝子組換えメダカ（赤信号メダカ）の作製方法（左）と高温処理したメダカの蛍光写真（右）

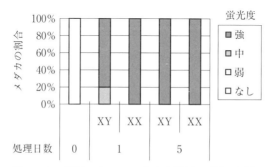

図11-8　高温ストレスによる赤信号メダカの影響

メダカ20尾ずつを孵化後0日目から高温（33℃）または通常水温（26℃）処理を行い，処理後0日目，1日目，5日目での体全体の赤色蛍光を蛍光実体顕微鏡下で観察した。その結果，通常水温個体においては，赤色蛍光が全身では観察されず，レンズにおいてのみ確認された。一方，高水温処理個体においては，処理後1日目，5日目ともに，すべての個体において赤色蛍光がレンズだけでなく，頭部から尾部にかけて観察された（図11-8）。また，この高温処理した赤信号メダカは，蛍光実体顕微鏡下だけでなく，肉眼でも体全体の赤色を観察できることが明らかとなった。このように，赤信号メダカは高温ストレスに対して強い応答性を示すことが確認された。

次に，このメダカにおける酸性ストレスに対する応答性を解析した。赤信

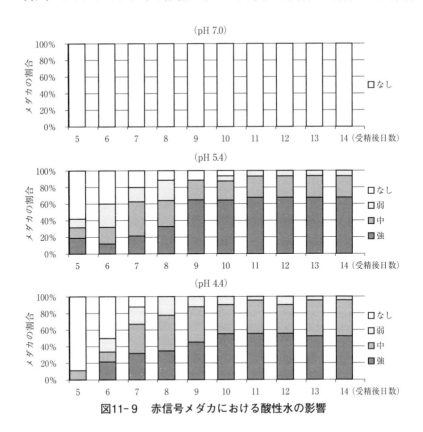

図11-9　赤信号メダカにおける酸性水の影響

第11章 地域住民意識啓発のための生物モニタリング法の提案 | 213

号メダカ20尾ずつを受精後4日目から中性水（pH7.0）または酸性水（pH5.4，pH4.4）に通常水温下で浸漬し，体全体の赤色蛍光を蛍光実体顕微鏡下で観察した。その結果，中性水で飼育した個体では，赤色蛍光が確認されなかったが，酸性水で飼育した個体では，ほとんどの個体において蛍光が観察された（図11-9）。したがって，赤信号メダカは高温ストレスだけでなく酸性ストレスに対しても強い応答性を示すことが確認された。

さらに，このメダカにおける硝酸イオン及び塩基性水に対する応答性を調べた。赤信号メダカ20尾ずつを孵化後0日目から硝酸イオンまたは塩基性水に通常水温下で浸漬し，処理後0日目，1日目，5日目での体全体の赤色蛍光を蛍光実体顕微鏡下で観察した。その結果，低濃度（1mg/L）の硝酸イオン処理個体では，赤色蛍光が全く確認されなかったが，高濃度（10mg/L，50mg/L）の硝酸イオン処理個体では，処理後5日目において約半数の個体で赤色蛍光が観察された（図11-10）。また，塩基性水（pH9.0）処理個体におい

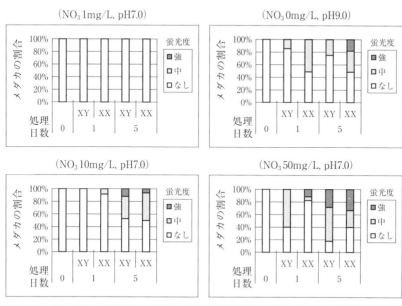

図11-10　赤信号メダカにおける硝酸イオンおよびpHの影響

ても，約半数の個体で赤色蛍光が観察された（図11-10）。これらのことから，赤信号メダカは高濃度の硝酸イオンや塩基性水に対しても応答性を示すことが確認された。

4　赤信号メダカを用いた地下水の水質モニタリング調査

熊本市の8地点の場所から地下水を採取し，その水が及ぼす赤信号メダカへの影響を解析した。赤信号メダカ20尾ずつを孵化後0日目からそれぞれの地下水に通常水温下で浸漬し，処理後0日目，1日目，5日目での体全体の赤色蛍光を蛍光実体顕微鏡下で観察した。その結果，4地点の地下水では赤色蛍光が確認されなかったが，残り4地点の地下水では，処理後5日目において約半数の個体で赤色蛍光が観察された（図11-11）。そこで，これら地下水の硝酸イオン濃度とpHを調べたところ，赤色蛍光が確認されなかった4地点の地下水では硝酸イオン濃度が低くてpH7前後の中性であったが，残

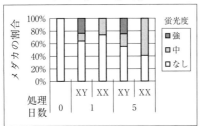
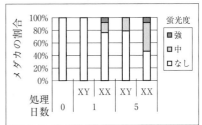
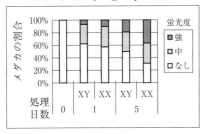
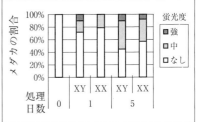

図11-11　赤信号メダカにおける様々な地下水の影響

りの4地点の内，A地点とB地点では硝酸イオン濃度が高くて硝酸性窒素汚染が進んでおり，C地点とD地点ではpHが高くて塩基性となっていることが判明した（図11-11）。このように，赤信号メダカは，実際の地下水においても，硝酸イオン濃度とpHの影響を受けて赤色蛍光を発することが明らかとなった。

5　地下水汚染が及ぼす生物への影響メカニズム

筆者らは，地下水の水質汚染に応答して体色が赤くなる赤信号メダカの作製に成功したが，この影響メカニズムについては解明していない。哺乳類におけるhsp70遺伝子の発現は，熱ショック転写因子（HSF1：heat shock factor 1）が重要な役割を果たしていることが分かっており（Holmberg et al., 1998），このHSF1は通常，不活性化単量体として存在しているが，熱ショックによりリン酸化されて三量体を形成した後，核内へと移行して熱ショック応答配列（HSE）に直接結合してhsp70の発現を誘導する（図11-12）。したがって，HSF1は熱ショックによるhsp70の発現誘導に深く関与していると考えられるが，硝酸イオンによるhsp70の発現誘導に関わっているかは分からない。そこで，筆者らは赤信号メダカを利用してHSF1の機能を欠損したメダカ

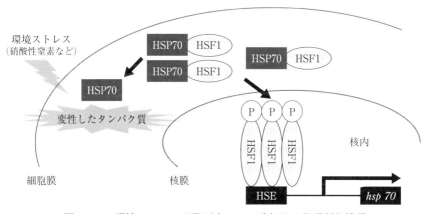

図11-12　環境ストレスが及ぼすhsp70遺伝子の発現制御機構

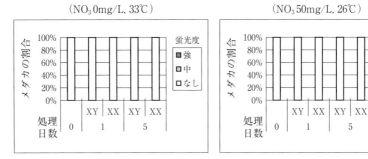

図11-13　HSF1ノックアウトメダカにおける高温および硝酸イオンの影響

系統を作製することで，HSF1が硝酸イオンによる$hsp70$の発現誘導に関与しているかどうかを明らかにしようと試みた。まず，ゲノム編集技術（Ansai et al., 2012）を利用してHSF1の機能欠損メダカ（HSF1ノックアウトメダカ）を作製した後，この系統における高温（33℃）や高濃度（50mg/L）の硝酸イオンに対する応答性を調査した。その結果，HSF1ノックアウトメダカにおいては，高温や高濃度の硝酸イオンの処理により全く赤くならないことが判明した（図11-13）。これらのことから，高温や硝酸イオンによる赤信号メダカの赤色化は，HSF1を介して誘導されていることが明らかとなった。

6　まとめ

筆者らは，環境ストレスに応答して体色が赤くなる赤信号メダカの作製に成功した。このメダカは，高温ストレスだけでなくpHや硝酸イオンに対して応答し，体全体から赤色蛍光を発することが確認された。図5-2に示されているように，水道水源井戸における硝酸性窒素，水温およびpHの経年変化が調べられ，1970年代後半にはすでに窒素濃度が増加傾向にあるが，水温やpHなどの基本水質には際立った変化傾向が見られず，今日に至るまで窒素濃度のみが上昇してきていることが分かっている。したがって，筆者らが作製した赤信号メダカは，様々な環境要因により赤色蛍光を発するわけだが，地下水においては硝酸イオン濃度の変化が著しいため，この濃度変化を高感度に感知できるモニタリング用生物センサーとして利用できる可能性を

第11章　地域住民意識啓発のための生物モニタリング法の提案　217

図11-14　赤信号メダカを用いた水質モニタリング法のイメージ図

秘めている（図11-14）。今後は，より多くの地点の地下水を調査することにより，さらなる改良点を加えて，様々な環境の地下水を評価できる水質モニタリングシステムを確立していきたいと考えている。

Ⅳ　おわりに

　本研究では，硝酸性窒素汚染を未然に防止することを目的に，住民の意識改革を促すための分かり易い生物モニタリング法をゼブラフィッシュおよびメダカを用いて開発した。

　ゼブラフィッシュでは，硝酸性窒素および亜硝酸性窒素が初期発生時期のドーパミン神経やセロトニン神経などの神経系に対して悪影響があることを明らかにし，ゼブラフィッシュ受精卵を使用して触覚刺激に対する反応や遊泳行動を調べることにより，硝酸性窒素汚染を高感度にモニターできるのではないかと考えられた。またメダカでは，環境ストレスに応答して体色が赤くなる遺伝子組換えメダカ（赤信号メダカ）を作製した。このメダカは温度，pH，硝酸イオン濃度の変化により赤くなるものの，地下水の基本水質ではほとんど変動しないことから，地下水中の硝酸性窒素濃度の変化を高感度に

感知できるモニタリング用生物センサーとして利用できる可能性がある。このように，筆者らが開発した地下水の水質モニタリング法は，小型で飼育が容易な淡水魚類を用いた簡易型システムであるため，大きな施設や高価な機器を必要としないことから，硝酸性窒素汚染が心配な地域住民に対して，手軽に素早く利用できる高感度な方法として広く普及することが期待される。

（北野　健・岸田光代）

＜参考文献＞

ANSAI, S., OCHIAI, H., KANIE, Y., KAMEI, Y., GOH, Y., KITANO, T., YAMAMOTO, T. and KINOSHITA, M. "Targeted disruption of exogenous EGFP gene in medaka using zinc-finger nucleases.", *Dev. Growth Differ.*, 54, 546-556, 2012.

BRYAN, N. S. and LOSCALZO, J. "Nitrate and nitrite in human health and disease.", Humana Press, 2011.

HAYASHI, Y., KOBIRA, H., YAMAGUCHI, T., SHIRAISHI, E., YAZAWA, T., HIRAI, T., KAMEI, Y. and KITANO, T. "High temperature causes masculinization of genetically female medaka by elevation of cortisol.", *Mol. Reprod. Dev.*, 77, 679-686, 2010.

HOLMBERG, C.I., ROOS, P. M. K., LORD, J. M., ERIKSSON, J. E. and SISTONEN, L. "Conventional and novel PKC isoenzymes modify the heat-induced stress response but are not activated by heat shock.", *J. Cell. Sci.*, 111, 3357-3365, 1998.

ISONO, Y. and KISHIDA, M. "Effects of estrogen and xenoestrogens on tyrosine hydroxylase expression in dopaminergic neurons and motility in early development of zebrafish.", 2nd International Student Conference on Advanced Science and Technology (ICAST), Beijing, China, Dec 22-23, 2008.

JANNAT, M., FATIMAH, R. and KISHIDA, M. "Nitrate ($NO_3(-)$) and nitrite ($NO_2(-)$) are endocrine disruptors to downregulate expression of tyrosine hydroxylase and motor behavior through conversion to nitric oxide in early development of zebrafish.", *Biochem. Biophys. Res. Commun.*, 452, 608-613, 2014a.

JANNAT, M., SUGIYONO and KISHIDA, M. "Nitrite ($NO_2(-)$) perturbs the activity of serotonergic neuron during early development of zebrafish.", *Int. J. Eng. Res. Sci & Tech.* 3, 1-11, 2014b.

KISHIDA, M. and CALLARD, G. V. "Distinct cytochrome P450 aromatase isoforms in zebrafish (*Danio rerio*) brain and ovary are differentially programmed and estrogen regulated during early development. ", *Endocrinol.*, 142, 740-750, 2001.
ODA, S., MIKAMI, S., URUSHIHARA, Y., MURATA, Y., KAMEI, Y., DEGUCHI, T., KITANO, T., FUJIMORI, K., YUBA, S., TODO, T. and MITANI, H. "Identification of a functional medaka heat shock promoter and characterization of its ability to induce in vitro and in vivo exogenous gene expression in medaka. ", *Zool. Sci.*, 27, 410-415, 2010.
VESELIK, D. J., DIVEKAR, S., DAKSHANAMURTHY, S., STORCHAN, G. B., TURNER, J. M. A., GRAHAM, K. L., HUANG, L., STOICA, A. and MARTIN, M. B. "Activation of estrogen receptor-alpha by the anion nitrite. ", *Cancer Res.* 68, 3950-3958, 2008.
WESTERFIELD, M. "The zebrafish book. A guide for the laboratory use of zebrafish (*Danio rerio*). ", 4th ed., Univ. of Oregon Press, Eugene, 2000.

第12章

硝酸イオン選択性陰イオン交換繊維の開発とその背景

I　地下水汚染問題の顕在化

　地下水汚染とは，地表面での人間活動等により，地中に入った物質が地下水まで到達することや，地下水資源の採取・過剰揚水による地下環境の変化により生じ，本来地下水が保持していた水質を悪化させることである。具体的な地下水汚染を引き起こす物質としては，揮発性有機化合物（VOC）や重金属，硝酸性窒素などが挙げられる。

　揮発性有機化合物の汚染原因は，溶剤の使用・処理過程での不適切な取扱いや漏出によって生じ，また，廃溶剤等の不適正な埋立て処分，不法投棄などによっても生じる。揮発性有機化合物は地下浸透しやすく，地下深部まで

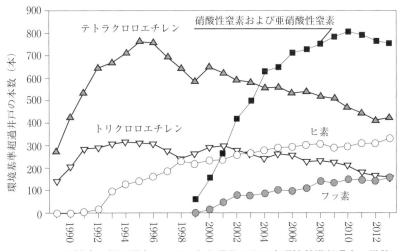

図12-1　環境省の概況調査における主な項目の地下水環境基準超過率の推移

汚染が広がる場合があり，液状のままやガスとしても土壌中に存在する。重金属汚染は，保管・製造過程における漏出や排水の地下浸透，廃棄物の不適正な埋立て処分により生じるが，時には自然由来でも発生する。重金属は移動性が小さいため，一般的に汚染は局所的であり深部まで拡散しない場合が多い。また，自然由来（土壌からの溶出）によって地下水環境基準を超過することもある。硝酸性窒素汚染は，過剰な施肥，家畜排せつ物の不適正な処理，生活排水の地下浸透などにより生じ，汚染源は多様であり，しかも1つの流域内で複合して存在する場合が多い。また，硝酸性窒素の汚染源となりうる農業用地などは面的な広がりの形態をとるため，汚染が広範囲に及ぶことが多い。

　これら一連の地下水汚染のうち，近年全国各地で顕在化している項目が，硝酸性窒素（および亜硝酸性窒素）であり，環境省が概況調査を実施している井戸での汚染物質全27項目において，環境基準の超過率が最大（3.3%）を示している。硝酸性窒素が環境基準として設定されたのは平成11（1999）年であるが，それ以降基準を超過する井戸本数は著しく増加している（図12-1）。

　熊本地域において硝酸性窒素の汚染が進行していることは，既に第5章で

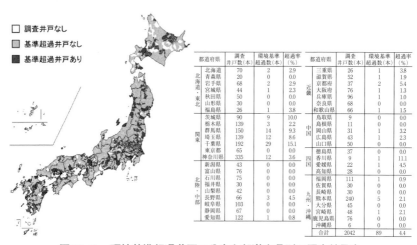

図12-2　環境基準超過井戸の分布と都道府県別の調査結果表

詳しく述べられている通りである。また，宮崎県都城地域における浅層地下水中の硝酸性窒素濃度も1975年以降上昇し，1984年には現在の国の環境基準を超過する井戸が散見され始めた（森重ほか，2001）。その後も汚染が進行し，2011年には環境基準の超過率が約13.1％にのぼっている（都城市，2014）。環境省による全国での地下水質測定結果によると，北海道から九州に至るまで，環境基準を超過する井戸はほぼ全国的な広がりをみせており，この傾向に改善の兆しはみられない（図12-2：環境省，2015）。このような硝酸性窒素汚染の拡大傾向は日本国内のみならず，世界的にも農業地域を中心として顕在化している（Burt et al., 1993；Mueller et al., 1995）。

II 硝酸性窒素濃度の減少メカニズム

1 濃度の減少要因

硝酸性窒素汚染の改善（濃度低下）のための自然の硝酸低減機能にはいくつかの方法が存在しており，①植物体による吸収，②硝酸濃度の低い水との混合による希釈，③硝酸性窒素の還元反応（脱窒）が挙げられる。このうち，①については地下水面から植物が水を吸い上げることの可能な環境に限定されるため，地下水面のごく浅い河畔域などの場合に限られる。一方で，②および③については，地下水中ではより広範囲で生じる可能性が高い（齋藤・小野寺，2011）。実際に，②の現象を実測調査から明らかにした研究事例として，CRESTプロジェクトで実施した熊本地域（Hosono et al., 2013）や佐田川扇状地（嶋田ほか，2015）がある。熊本地域では，異なる流動経路からの硝酸濃度の低い地下水の混合による希釈で説明され，佐田川扇状地においては，水田灌漑期に湛水される低硝酸濃度の灌漑水や降水による希釈が生じていることを示した。また，③の現象についてはCRESTプロジェクトにより都城盆地にて確認されており（松永ほか，2015），地下水の流線に沿った複数地点の井戸から採水された試料水について，硝酸性窒素濃度と硝酸イオン中の窒素・酸素安定同位体比分析の結果から，地下水流動の下流域に当たる深層地

下水で脱窒が起こっていることが裏付けられた。この脱窒現象が起こりうるためには複数の条件を兼ね備えた地域でなければならず，脱窒菌の存在，電子供与体となりうる有機物，硫化物および鉄などの存在，そして還元環境であることが条件である（Korom, 1992；齋藤・小野寺，2011）。さらに，脱窒により硝酸性窒素濃度の減少の程度は地下水の滞留時間に依存している（齋藤・小野寺，2011）とされ，比較的長い滞留時間の地下水を有する地域でなければ脱窒の効果が小さいと想定される。日本のようなモンスーンアジア地域では，可能涵養量が多く地形が急峻であるため，地下水循環が活発で若い地下水が卓越していると想定され，必ずしも各地で脱窒場を形成できる環境があるわけではない。

2　根本的な硝酸性窒素の除去のためには

前節で記載した通り，硝酸性窒素汚染の改善のための方法には，自然の硝酸減衰機能を有効に活用することが重要といえる。しかしながら，いずれかの硝酸減衰機能を兼ね備えた自然条件を有する地域は至るところに存在するわけではなく，存在している場合でも流域内の限られたエリアに限定されることが多い。そのような硝酸性窒素汚染に脆弱な地域においては，実質的にはインプットとなる地表面からの硝酸負荷を低減させ，硝酸濃度の低い降水の浸透による希釈を期待することにしか改善の余地が残されていない。そのため，全国各地で硝酸性窒素汚染の拡大防止の取り組みがなされており，特に地下水を飲用水源として利用している地域においてはより深刻な問題として捉えられ，各自治体が独自に条例を制定し悪戦苦闘しているのが実態である。しかし，こうした硝酸負荷を低減させる取り組みによる具体的な効果がいつ現れるのかを知るためには，汚染プロセスの解明や地下水滞留時間の推定など，継続的かつ詳細で高度な分析手法を用いた調査が必要となる。現実的には詳細な汚染プロセスを解明したうえで対策を打っている事例はごく僅かであり，多くはいくつかの仮定を基に汚染源を想定し対策を立てているのが実態であるため，必ずしも効果的な対策が実施されていると言えないのが実情であろう。

そこで，水そのものから硝酸性窒素を取り除く根本的な手段として，イオン交換反応を用いた方法を紹介する。イオン交換反応により硝酸イオンを低減させる方法は，過去に複数開発されてきたが，熊本大学 CREST プロジェクトでは，硝酸イオンを選択的に除去し，かつ，除去スピードや除去容量のより多い陰イオン交換繊維を独自に開発した。次節にて，この「硝酸イオン選択性陰イオン交換繊維」について，開発の経緯とともに詳しく紹介する。

III　イオン交換反応を用いた硝酸性窒素除去

1　粒状イオン交換体（樹脂）と繊維状イオン交換体

イオン交換反応を用いた硝酸性窒素の除去では，水に不溶な高分子基体にイオン交換能を有する官能基を導入して合成されたイオン交換体が用いられる。硝酸性窒素を含む水試料を陰イオン交換体と接触させることにより，硝酸性窒素を硝酸イオンとしてイオン交換体に吸着させる。硝酸イオンが吸着されたイオン交換体は適当な塩溶液による再生が可能であり，繰り返し利用できる。

イオン交換樹脂は代表的なイオン交換体であり，硝酸性窒素の除去の目的でも研究が進められている（Hradil et al., 1997；Samatya et al., 2006；de Heredia et al., 2006；Song et al., 2012；Hekmatzadeh et al., 2013）。実用面を考えるとカラム法で用いられることが多いが，通液操作におけるカラム圧損を小さくするため粒径は数百μm程度の樹脂が用いられている。イオン交換樹脂は内部が三次元の橋かけ（網目）構造をとっているため，イオンの拡散に対する立体障害が大きい。イオン交換速度は樹脂内部への拡散速度に支配されるため，遅いという欠点がある。樹脂の粒径を小さくすることで吸着速度は大きくなるが，通液操作におけるカラム圧損も増大する。粒径の小さい吸着剤を大規模なカラムに充填して吸着・分離操作を行うと，膨大なエネルギーを必要とすることから，有害イオンで汚染された大量の水の浄化を行う際には，粒径を小さくする手法は適さない。一方，繊維状のイオン交換体は，基体繊維にイ

オン交換基を持つグラフト鎖が固定されているので，官能基を持つ高分子鎖が橋かけされておらず，イオンの拡散に対する立体障害が小さく，吸着速度は極めて速くなる。図12-3には粒状イオン交換体（樹脂）と繊維状イオン交換体の比較を示しているが，繊維の直径が10μm程度でもカラムに充填した時の圧損は極めて小さいことが知られている。したがって，粒状のイオン交換樹脂を用いる場合と比較して，短時間で多量の溶液を処理できることが期待できる。

　通常の強塩基性イオン交換樹脂を用いると，共存する硫酸イオンが硝酸イオンの吸着を大きく阻害するため，硝酸イオンを効率よく吸着させるには硫酸イオンの妨害を軽減させる必要がある。2価の硫酸イオンは1価の硝酸イオンより水和が強く，強塩基性陰イオン交換樹脂の陰イオン交換基である第四アンモニウムイオンのアルキル鎖長を長くして交換基近傍の疎水性を高くすると，硝酸イオンへの選択性が向上し硫酸イオンの選択性が低下することが報告されている（Hradil et al., 1997）。本プロジェクトではこの知見に着目し，アルキル鎖長の長い第四アンモニウムイオンを有する繊維状の陰イオン交換体では硝酸イオン選択性が高く吸着速度が迅速であると予測し，アルキル鎖長の異なる第四アンモニウムイオンを有する種々の強塩基性陰イオン交換繊維の開発を試みた。

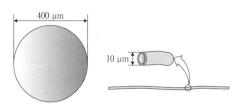

	粒状イオン交換体	繊維状イオン交換体
形状	球形	細長い円筒形
比表面積	0.02 m^2/g	0.4 m^2/g
直径	400μm	10μm

図12-3　粒状イオン交換体（樹脂）と繊維状イオン交換体

2 陰イオン交換繊維の硝酸イオン吸着挙動の評価

図12-4に陰イオン交換繊維の合成スキームを示す。基材にはポリオレフィン繊維（ポリエチレン被覆ポリプロピレン繊維）を用いた。これに電子線を照射して基材中に炭素ラジカルを発生させ，ここから枝分かれして新たに高分子鎖が伸びるように重合反応させた。この重合をグラフト重合，新たにできた高分子鎖をグラフト鎖と呼ぶ。ここではクロロメチルスチレンをグラフト重合させた後に3級アミンを反応させてイオン交換基（第四アンモニウムイオン）の導入を行った。図12-4の構造におけるRは第四アンモニウムイオンのアルキル鎖であり，Rの異なる5種類の繊維を合成した。

陰イオン交換繊維をカラムに充填し，硝酸イオンを含む溶液をカラム入口から連続的に流すと，硝酸イオンは繊維に吸着され，カラム出口からはイオンが除去された溶液が流出される。この出口からの流出液中のイオン濃度を測定すれば，イオン交換繊維の吸着能力を調べられる。図12-5には，FTBA，FTAA，FTHAの3種のカラムについて，異なる速度で通液した場合の硝酸イオンの破過曲線を示す。繊維の充填体積（Bed Volume，以下BV

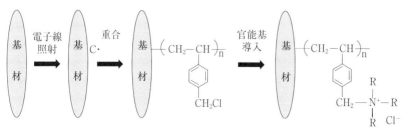

図12-4　陰イオン交換繊維の合成スキーム

(Gou et al., 2008 ; Jyo et al., 2011)

と略記)は1.86 mL であり,速度500～3000 BV/h または1000～3000 BV/h の範囲で通液した。試料水の硝酸イオン濃度は1.0 mmol/L (= 14 mg NO$_3$-N/L)である。破過曲線の縦軸はカラム入口濃度(C_0)に対する出口濃度(C)の割合である。横軸は通液体積であり繊維体積の何倍の溶液を流したかを示す。図12-5からいずれの繊維においても,硝酸イオンの破過曲線形状に顕著な通液速度依存性は見られなかった。図12-6は硝酸イオン吸着に及ぼす共存イオンの影響を示す。この場合,共存陰イオンの妨害が大きいほど硝酸イオンの破過曲線は左に移動する。R の炭素原子数4である FTBA では共存イオンの妨害を大きく受けていることが分かる。一方,FTAA(R の炭素原子数5)および FTHA(同6)では共存イオンによる顕著な影響は見られないことが確認された。

次に,熊本地域の代表的な地下水中の硝酸イオン濃度を想定して,硝酸イオン0.50 mmol/L (= 7.0 mg NO$_3$-N/L)と硫酸イオン0.25 mmol/L を含む試料溶液を調製し通液した。図12-7にはFTPA,FTAA,FTOA についての硝

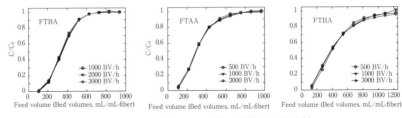

図12-5 硝酸イオン吸着の通液速度依存性

(硝酸イオン濃度1.0 mmol/L)(Jyo et al., 2011)

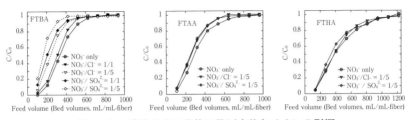

図12-6 硝酸イオン吸着に及ぼす共存イオンの影響

(硝酸イオン濃度1.0 mmol/L)(Jyo et al., 2011)

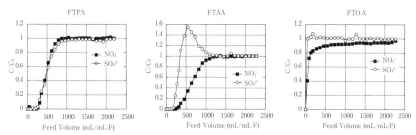

図12-7　陰イオン交換繊維を充填したカラムを用いた硝酸イオン吸着性能の評価
（硝酸イオン濃度0.50 mmol/L，硫酸イオン濃度0.25 mmol/L）

酸イオンおよび硫酸イオンの破過曲線を示す。FTPAでは両イオンの破過曲線が重なっており，硝酸イオンの選択性が全く見られなかった。FTAAではまず硫酸イオンが漏出し，続いて硝酸イオンが漏出している。また，硫酸イオンの縦軸（C/C_0）は1を超過して極大濃度を経て1に収束している。これは，通液初期の段階で吸着された硫酸イオンが硝酸イオンにより置換溶離されたことを意味している。ただし，硫酸イオンが完全に溶離されるわけではなく，わずかに吸着されている。この結果よりFTAAは硫酸イオンより硝酸イオンに高い選択性を示すことが分かる。FTOAでは両イオンともに通液開始後すぐに破過が見られており，繊維への吸着量が極めて少ない。Rの炭素原子数が多くなるとイオン交換基近傍の疎水性は増加する一方で，アルキル鎖が長くなることによる立体障害でイオンの吸着が妨害されていると考えられる。以上の結果から，硝酸イオン吸着の選択性および吸着量の点で，検討した繊維の中ではFTAAが最も優れた性能を示すことが確認された。

3　カラムのスケールアップと現地での実証実験

　前節で最も優れた性能を示したFTAAを用いて，繊維充填カラムのスケールアップを検討するとともに，熊本市内の上水道水源用井戸での現地実証試験を試みた。まず繊維充填体積72.6 mLのカラムを作製し，熊本大学構内の水道水に硝酸イオンを0.50 mmol/Lとなるように添加した試料溶液（塩

化物イオン0.26 mmol/L, 硫酸イオン0.28 mmol/L) を通液した場合の硝酸イオンおよび硫酸イオンの破過曲線を図12-8 (A) に示す。両イオンともに前節の図12-7 とほぼ同様な挙動を示しており、硫酸イオンより硝酸イオンへの選択性が高いことが分かる。ここでは通液速度を500 BV/h として実験を行ったが、これはイオン交換樹脂充填カラムの場合の約20倍であり、吸着操作に要する時間は樹脂の場合の1/20となる。図12-8 において、硝酸イオンの5％破過点は267 BV (mL/mL-F) であり、これは32分で繊維床体積の267倍の水を処理できることを示している。5％破過容量(5％破過点までに吸着された硝酸イオンの量)は0.702 mmol/g-F で,硝酸イオン総吸着量は1.09 mmol/g-F であった。吸着された硝酸イオンを1 mol/L の塩化ナトリウム水溶液で溶離した結果,硝酸イオン溶離量は1.10 mmol/g-F で回収率は101％であったことから,反復使用が可能であると言える。

さらに、FTAA 繊維の充填体積1000 mL のカラムを作製し、2015年2月に熊本市内のある水道水源用の井戸にカラムを持ち込んでから採取された地下水を対象として連続6時間で600 L に及ぶ通水による現地実証試験を行った。図12-8 (B) はその時の硝酸イオン及び硫酸イオンの破過曲線である。地下水原水のイオン濃度は、硝酸イオン0.51 mmol/L、塩化物イオン0.44 mmol/L、硫酸イオン0.20 mmol/L であった。通液速度は100 BV/h とし

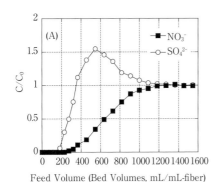
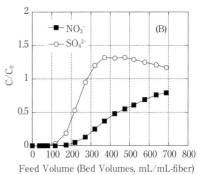

図12-8　硝酸イオンおよび硫酸イオンの破過曲線
(A) 繊維体積72.6 mL, (B) 繊維体積1000 mL

た。硝酸イオンの5％破過点は218 BV（mL/mL-F），5％破過容量は0.556 mmol/g-Fであった。カラムのスケールを大きくすることで硝酸イオンの5％破過点は小さくなったが，図12-7および図12-8（A）と同様の挙動を示している。FTAAの充填体積を1.86 mLから1000 mLまで約540倍大きくした場合でも，硝酸イオンへの選択性が高い性能を維持できていると言える。FTAAのイオン交換基である第四アンモニウムイオンのカウンターイオンは塩化物イオンとしているため，試料溶液の通液実験を開始すると，

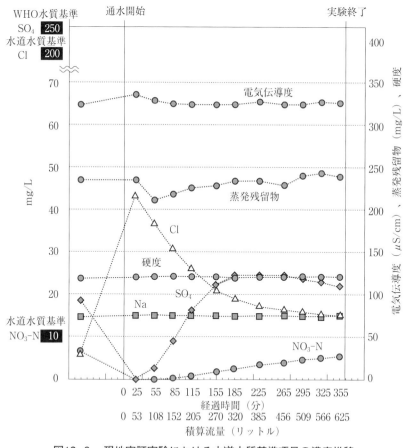

図12-9　現地実証実験における水道水質基準項目の濃度推移

硝酸イオンおよび硫酸イオンとイオン交換された塩化物イオンがカラム出口から排出される。図12-9には主な水道水質基準項目の濃度変化を図示しているが，現地実証実験の間，ClとSO$_4$以外の水質項目上は大きな濃度変化は認められず，基準を上回ることがないことが確認されている。また，図12-9に示していない水道水質基準の全項目についても，基準を上回ることがないことを確認している。

　これまでに述べた結果は，FTAA繊維を用いて地下水中硝酸イオンの高速除去への応用が可能となることを示唆している。しかし，カラムの再生には高濃度の塩溶液（塩化ナトリウム溶液）が大量に必要である。また，その時カラムから排出される溶液には硝酸イオンとともに高濃度の塩も含むことからその処分も必要である。これらは今後検討していくべき課題である。

（松浦博孝・利部　慎）

＜参考文献＞

環境省　水・大気環境局『平成25年度地下水質測定結果2015』2015，93頁。

齋藤光代，小野寺真一「地下水流動は脱窒過程の制御要因か？―現状と今後の課題―」『日本水文科学会誌』41，2011，91-101頁。

嶋田　純，伊藤沙希，荒川祐介，多田和広，森　康二，中野　慧，利部　慎，松永　緑「二毛作水田地帯における施肥起源の窒素負荷による浅層不圧地下水中の窒素収支の検討―地下水観測結果を踏まえた地下水シミュレーションに基づいた考察―」『地下水学会誌』57（4），2015年，467-482。

松永　緑，嶋田　純，三上久美子，細野高啓，利部　慎，岩佐耕次「宮崎県都城盆地における地下水中の硝酸イオンの分布特性とその自然浄化に関する考察」『地下水学会誌』57（3），2015年，277-293。

都城盆地硝酸性窒素削減対策協議会『都城盆地硝酸性窒素削減対策実行計画―第2ステップ―』。2012，52頁。

森茂龍一・松山哲男・平原洋和「都城盆地の水文地質環境と硝酸態窒素による湧水の水質変化」『都城工業高等専門学校研究報告』35，2011，7 -14頁。

BURT, T. P., HEATHWAITE, A. L. and TRUDGILL, S. T. "Nitrate; Processes, Patterns and Management." John Wiley & Sons, Chichester, 1993, p.444.

de HEREDIA, J. B., DOMINGUEZ, J. R., CANO, Y. and JIMENEZ, I. "Nitrate removal from groundwater using Amberlite IRN-78: Modelling the system" *Applied Surface Science*, Vol. 252, 2006, pp.6031-6035.

GOU, Y., YOSHIDA, H., JYO, A., TAMADA, M. and KATAKAI, A. "Anion Exchange Fibres Derived from Chloromethylstyrene Grafted Polyolefin Fibres for Rapid Column-mode Removal of Nitrate in Water" in *"Recent Advances in Ion Exchange Theory and Practice"*, Ed. M. Cox, Society of Chemical Industry, World Headquarters, 14/15 Belgrave Square, London, UK, 2008, pp.353-361.

HEKMATZADEH, A. A., KARIMI-JASHNI, A., TALEBBEYDOKHTI, N. and KLOVE, B. "Adsorption kinetics of nitrate ions on ion exchange resin" *Desalination*, Vol. 326, 2013, pp.125-134.

HOSONO, T., TOKUNAGA, T., KAGABU, M., NAKATA, H., ORISHIKIDA, T., LIN, I. T., and SHIMADA, J. "The use of $\delta^{15}N$ and $\delta^{18}O$ tracers with an understanding of groundwater flow dynamics for evaluating the origins and attenuation mechanisms of nitrate pollution," *Water research*, Vol. 47, Issue 8, 2013, pp. 2661-2675.

HRADIL, J., KRALOVA, E., and BENES, M. J. "Methacrylate anion exchangers with enhanced affinity for nitrates" *Reactive and Functional Polymers*, Vol. 33, 1997, pp.263-273.

JYO, A., NAKAATARI, H., FUJIMOTO, R., KITAGAKI, M., MATSUURA, H., TAMADA, M., and SEKO, N. "Kinetically Excellent Nitrate Selective Anion Exchange Fibers Derived from Chloromethylstyrene Grafted Polyolefin Fiber" Proceeding of the 1 st International Conference on Methods and Materials for Separation Processes, 2011, pp.44-47.

KOROM, S. F. "Natural Denitrification in the Saturated Zone: A Review." *Water Resources Research*, Vol. 28, Issue 6, 1992, 1657-1668.

MUELLER, D. K., HAMILTON, P. A., HELSEL, D. R., HITT, K. J. and RUDDY, B. C. "Nutrients in ground water and surface water of the United States-An analysis of data through 1992." U.S. Geological Survey Water Resources Investigation Report, 1995, 95-4031.

SAMATYA, S., KABAY, N., YUKSEL, U., ARDA, M., and YUKSEL, M. "Removal of nitrate from aqueous solution by nitrate selective ion exchange resins" *Reactive and Functional Polymers*, Vol. 66, 2006, pp.1206-1214.

SONG, H., ZHOU, Y., LI, A., and MUELLER, S. "Selective removal of nitrate from water by a macroporous strong base anion exchange resin" *Desalination*, Vol. 296, 2012, pp.53-60.

第13章

地下水中の天然由来ヒ素汚染の実態とその対応策の提案

I はじめに

　地下水ヒ素汚染は硝酸とならび，汎世界的に問題となっている地下水汚染の一つである。その多くが地層中に含まれる自然由来のヒ素の溶出に起因すると考えられており，地域によって様々な汚染プロセスがあることが分かっている。問題が大きいだけに，これまで膨大な数の研究が積み重ねられてきた。例を挙げるまでもなく有名なのが，バングラディッシュにおける地下水ヒ素汚染であろう。

　この国では今なお，2000万人とも3000万人ともいえる多くの人々が，汚染に曝されている水を飲み続けている現状にある。ヒ素に汚染された水を数年から数十年にわたって飲み続けると，皮膚の角化症，胃腸炎，肝障害，心臓血管系循環障害などが多発し，最悪の場合は発ガンに至るとされている。現在WHOによる飲料水中のヒ素の環境基準は$10\mu g/L$以下と定められている。しかしこの基準だと，例えばバングラディッシュでは国土の約半分の井戸で基準を超えた地下水が賦存する状況になってしまう。したがって，このようにヒ素濃度の高い国では，環境基準はしばしば$50\mu g/L$以下に定められているケースもある。因みに，我が国のヒ素の環境基準は1992年までは$50\mu g/L$以下であったが，1993年以降は$10\mu g/L$以下に改定されている。

　ヒ素の濃度も大事だが，その形態についても着目すべき点がある。一般的に，ヒ素には3価のヒ素（As (III) と表示）と，5価（As (V) と表示）のヒ素の，二つの形態が存在する。重要なのは，前者のAs (III) の方が，後者のAs (V) と比較して圧倒的に急性毒性が強いことである。したがって，どちらの種のヒ素が卓越しているかについて知ることも重要となる。しかし，慢

性的な毒性を含めた観点ではどちらも人体に有害である。ここまで述べた飲料水の環境基準は As (III) と As (V) の両方を足し合わせたトータルのヒ素濃度（total As と表示）に対して定められているものである。

バングラディッシュ以外にも，インドの西ベンガル，台湾，中国北部，ハンガリー，メキシコ，チリ，アルゼンチン，アメリカ南西部等でも，$50\mu g/L$ を大きく超えるような高濃度ヒ素地下水汚染の存在が知られている。一方，日本の地下水ヒ素汚染は，それらと比べると深刻度は低い。例えば2014年度版の環境白書によると，全国の地下水井戸3000超検体のうち，$10\mu g/L$ の基準をオーバーした井戸は全体の2.3%であった。しかし，ヒ素の基準値超過井戸割合は，硝酸性窒素＋亜硝酸性窒素についての基準超過井戸割合 (3.6%) に次ぎ，国内で二番目に深刻な汚染項目である。このことからも，決して注意を怠ってはいけない項目であることも事実である。

地下水に溶存するヒ素の主たる起源は，もともと帯水層中に含まれる自然構成物質である。したがって，硝酸汚染の章（第5章）で紹介したような，地表での負荷量削減などで対策が講じられるわけではない。これを避ける手段は二つである。一つは，まずそのような水は飲まないこと。そのためには，関心の対象である地域において，どこに汚染が賦存しているか知る必要がある。そして，もう一つは，汚染されている水を浄化し，飲用水として飲めるようにすることである。これは，汚染していることが分かっていながらも，井戸水を飲まないと生きていけないような地域を対象として，世界中で様々な取り組みがなされている。

本章では，まず前半部分（細野が執筆担当）において，熊本地域における帯水層中のヒ素濃度レベルや分布の実態，ならびに，考えられる溶出プロセスについて紹介する。要は，どこに飲めない水があるかという情報を示す。次に，後半部分（河原が執筆担当）では，汚染濃度レベルにあるヒ素を除去し，飲むことのできる水にするための方法，いわゆる汚染浄化処理技術の開発について紹介する。

Ⅱ 帯水層中のヒ素分布

　第5章でも紹介した通り，2009年11月から2013年11月にかけて，熊本地域全域を対象に4度にわたって採水調査を行っている。そのうち，2011年11月以降に採水した全ての試料について total As を測定した。その結果を踏まえ，特に total As 濃度が高かった熊本地域の平野部を中心として，2013年の調査では total As に加え，As（Ⅲ）と As（Ⅴ）のそれぞれ濃度測定用の試料を採水した。以降に示す熊本地下水におけるヒ素汚染の現状についての一連の解説は，大学院後期博士課程の Shahadat Hossain 氏の博士研究の結果に基づき，現在投稿中の論文内容を紹介するものであることを，初めにお断りしておきたい。

　total As の分布特性は，第一帯水層，第二帯水層関わらず，平野部の還元的な停滞性地下水で濃度が高くなっているという，極めて特徴的な様相を呈する（図13-1）。2013年に採取した沿岸停滞域地下水40試料のうち，環境基準10μg/Lを超えた井戸は全体の40％であり，濃度の最高値は61μg/Lであった。また，そのうち，As（Ⅲ）もしくは As（Ⅴ）のどちらが卓越するかの割合は半々程度であった。相対的に低い酸化還元電位（英語が Oxidation Reduction Potential なので略して ORP と示す）で特徴づけられる地下水（還元的な状態にある地下水）では As（Ⅲ）が卓越し，逆に，高い ORP 値（酸化的な状態にある）を示す地下水では As（Ⅴ）が卓越していた（図13-2）。一方，As（Ⅲ）にしても As（Ⅴ）にしても，特定の形態について目立った濃度分布特性は存在しなかった。

　以上に述べた平野部の停滞地下水でヒ素濃度が高く，飲料用としては適さないことは，我々が調査を行う前から既に熊本市や熊本県の調査により明らかにされていた。地域の住民の方もそのことを知っており，我々の採水調査時にも飲用としては使用できないことは随時確認させていただいてきた。日常意識されておられなかった方でも，今一度，そのことを思いだしていただきたい。地下水ヒ素汚染の問題は，バングラディッシュのような遠い国の問題だけではなく，意外と身近にあるものなのである。

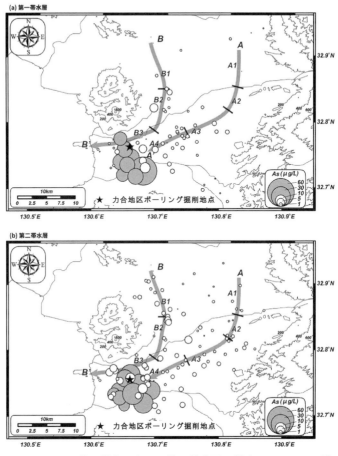

図13-1 (a) 第一帯水層と (b) 第二帯水層に対する total As の濃度分布図。環境基準（10μg/L）を超過している井戸は灰色で示した。

　では，なぜこのように限られたエリアのみでヒ素汚染が起こっているのだろう。まず，観察事実に素直に基づくと，この限られたエリアに（1）帯水層中にヒ素が存在し，（2）そうしたヒ素が何らかのプロセスで溶液に溶出していそうなことは明らかであろう。ヒ素の溶出プロセスについての考察は次節で述べる。ここではまず，帯水層地質内にヒ素が存在すること，ならび

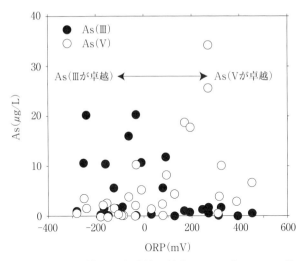

図13-2　停滞性地下水試料に対する ORP と As (III) 濃度ならびに As (V) 濃度との関係

に，その分布について確認してみよう。1986-1987年に力合地区で掘削された（掘削地点を図13-1に示す）深さ300m のボーリング柱状堆積物が行政管理の基倉庫に眠っている。現存するボーリングでは最も深い深度まで到達しているものの一つだ。これを使わない手はない。そこで，熊本市にお願いし，研究用に使用させていただく許可をいただいた。

ほこりを被っていたコア箱（ボーリングによって得られた柱状堆積物が収められている箱）を一つ一つ開け，柱状堆積物の状態を観察し，必要な試料を採取した（図13-3）。簡単ではあるがその結果を柱状図として図13-4に示す。帯水層地質は，下位から上位に向かい，基本的には順に先阿蘇火山岩類，阿蘇1-2間堆積物，阿蘇3火山性堆積物，阿蘇3-4間堆積物，阿蘇4火山性堆積物，段丘堆積物，有明粘土層ならびに沖積層となっている。阿蘇1と阿蘇2の火山性堆積物はより噴出源に近い東部に胚胎しているので，ここでは見られない。

いずれにせよ，熊本地下水地域に存在する主要な地質がほぼ網羅されている状況だ。想像の通り，有明粘土層や各噴出イベントの間に堆積した水性堆

図13-3 力合地区観測井におけるボーリング柱状堆積物の試料採取風景

積物に該当する層では粘土成分に富むようだ。一方，火山性堆積物そのものから成るコア試料はより未風化の風合いを呈していた。

　各層のヒ素の含有量を評価するには，岩石そのものを全て溶かして，全体の中に含まれているヒ素の濃度を測定する方法もあるが，我々の研究では溶出実験を行っている。それぞれ，7モル硝酸（7M HNO_3），0.01モル炭酸水素ナトリウム（0.01M $NaHCO_3$），蒸留水（英語が Distilled Water なので略して DW と示す）の三つの異なる溶液を使い，溶出実験を行った。要するに，地下水が帯水層物質と接触する状況を仮想し，その際，固相にあるヒ素がどの程度液相に溶出するのかを，異なる溶液条件で見たかったというわけである。作業としては，各層から合計30個の試料を選定し，一つの試料当たり3つの溶出作業を行ったことになる。

　7M HNO_3 溶液の溶出実験による結果から（図13-4），どの層序でも多か

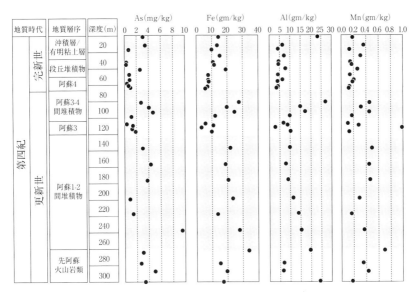

図13-4 ボーリング柱状図と，7M HNO₃溶液の溶出実験による total As, Fe, Al, Mn 濃度プロファイル

れ少なかれヒ素を含むことが分かる。結果を良く見ると，この実験条件では阿蘇1-2間堆積物，阿蘇3-4間堆積物，有明粘土層中に，やや高いヒ素が含まれる傾向がうかがえる。これに対し，阿蘇4や阿蘇3など，火山性噴出物からなる帯水層中では，相対的に低濃度のヒ素で特徴づけられるようだ。これはヒ素に限った傾向だけでなく，鉄（Fe），アルミニウム（Al），マンガン（Mn）でも同様の傾向が認められた。0.01M NaHCO₃ 溶液や DW による溶出実験でも同様の傾向が見られたが，一部，阿蘇3火山性堆積物でも高いヒ素が溶出する傾向があるようだ。

有明粘土層は沿岸平野部においてのみ特徴的に分布する地層であるが，阿蘇1-2間堆積物や阿蘇3-4間堆積物は熊本地下水地域に広く分布している。以上のことから，熊本地下水地域には，特に際立ってヒ素に富む"汚染源となる地層"が存在しているわけでなく，広範においてある程度のヒ素が含有されている状況が明らかになった。そしてこれら固相中のヒ素は，条件が

整った時に地下水に溶出してくることが推測される。ただし，平野部においては，上記3つの地層が厚く堆積する場に置かれており，かつ，地下水流動も停滞性のものであることに鑑みると，こういった起源からの影響をより受けやすい可能性は否定できない。

III ヒ素の溶出プロセス

　帯水層地下水中に溶存するヒ素の究極的な起源や，その詳しい溶出メカニズムを理解することはかなり難しい作業となる。その筆頭にあげられる理由は，ヒ素には安定に存在する同位体が一つ（質量数75のAsのみ）しかないことである。地下水硝酸汚染の起源や自然浄化プロセスを議論する際強力なツールとなった（第5章参照），"安定同位体比"というトレーサーがヒ素には存在しない。

　しかし，ヒ素は環境中において酸化還元条件の変化により，また，pHの変化により，その存在形態を多様に変化させることが知られている（島田, 2003, 2009などを参照）。例えば，ヒ素は帯水層中ではしばしば黄鉄鉱などの硫化鉱物に含まれているが，還元的な環境にあった帯水層が，揚水などの影響で，場が酸化的な環境へと移行するようになると，こうした鉱物の酸化反応を通して固相中のヒ素が液相（地下水）に溶出してくるケースがあげられる。逆に，酸化的な環境にあった帯水層が，より還元的な雰囲気へと移行する場合にもヒ素は溶出しうる。例として，ヒ素はしばしば帯水層中で鉄やマンガンの水酸化物中に，もしくはその鉱物表面に吸着する形で存在しているが，これら鉱物が還元作用を受けることによって溶解する際，ヒ素も一緒に溶液中に出てくるようになる。

　pHの変化もヒ素の鉱物への吸着度合を左右させる要因となる。無論，帯水層中には多くの鉱物が存在しているわけだが，一般的にはアルカリ性の環境下では鉱物のヒ素に対する吸着力が落ち（全ての鉱物に当てはまるわけではないが），結果，ヒ素が地下水中に溶存することが知られている。このように，Asには同位体トレーサーという強力な武器はないものの，帯水層地下水中

の溶存 Fe や Mn 濃度と共に，酸化還元電位や pH を合わせて解析することにより，その溶出プロセスについていくらかは言及できるようになる。

図13-5 a-c は，ボーリング堆積物中の total As 濃度が，Fe，Al，Mn 濃度と良い関係性をもつことを示している。このことは，ヒ素が鉄・マンガン化合物中，もしくはそうした鉱物や粘土鉱物表層に吸着した状態で存在して

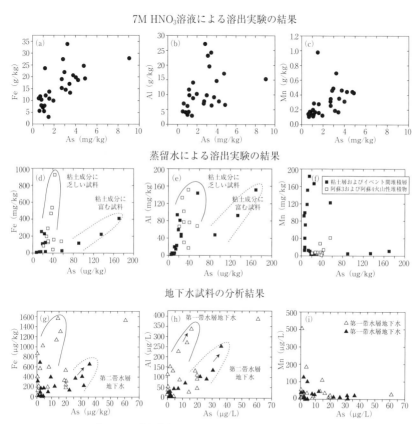

図13-5　(a-c) ボーリング堆積物の 7 M HNO_3 溶液の溶出実験による total As と Fe, Al, Mn 濃度の関係。(d-f) 同じく，DW 溶液の溶出実験による結果。凡例の粘土層とは有明粘土層，イベント間堆積物とは阿蘇 1-2 間堆積物層および阿蘇 3-4 間堆積物層のことを意味する。(g-i) 停滞域地下水試料における total As と Fe, Al, Mn 濃度の関係。

いることを表している。一方，DWによる溶出実験（より天然の状況に近い条件を仮想した場合の実験）の結果をみると（図13-5 d-f），total As 濃度は，Fe と Al のみとの間にある程度良い相関を示し，Mn とは特に関係性が無いことを示している。また，特に粘土質の試料において，高い As 濃度を示す傾向があるようだ。

興味深いことに，実際の地下水中における濃度レベルやパターンは（図13-5 g-i），DWによる溶出実験結果と似ているようだ。より深層にある第二帯水層の地下水試料が，粘土性堆積物との反応実験結果と対応しているように見えるのが面白い。加えて，地下水試料の total As と pH との関係図をみると，pH が 8 前後の弱アルカリ性の条件で最大のヒ素濃度が検出され（図13-6），この条件下で最も顕著にヒ素が溶出した可能性が示唆される。これらのことから，還元的な雰囲気に置かれている停滞性地下水帯水層では，鉄水酸化物もしくは粘土鉱物の表層／イオン交換サイトに吸着していたヒ素が，溶液中に分配され，還元環境下でその濃度が保たれているものと推測される。

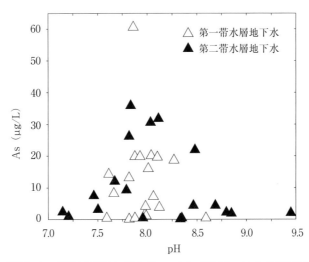

図13-6　地下水試料に対する total As 濃度と pH との関係図

Ⅳ 酸化鉄粉末および水酸化鉄粉末による水溶液中のヒ素の除去

　水に溶解しているヒ素の除去法には，共沈法，吸着法，イオン交換法，逆浸透法などがあるが，ヒ素による地下水汚染が問題になっている東南アジアの農村部では，コストパフォーマンスに優れた吸着法による簡易除去が望まれている。水溶液中でのヒ素は，pH や ORP の違いによりさまざまなイオン形態をとるが，酸化鉄（劉ら，2005などを参照）や水酸化鉄（柴山ら，2004などを参照）ならびに水酸化アルミニウム（原口ら，2011などを参照）に吸着することが知られている。特に酸化鉄は入手しやすく，ヒ素に対して特異吸着性を示すため，水溶液中のヒ素の簡易除去法として一部応用がなされている。ここでは，各種酸化鉄および水酸化鉄粉末によるバッチ法による水溶液中のヒ素の除去について検討した。

　実験に用いたヒ素溶液は，ヒ素標準溶液（As（Ⅲ））を純水で希釈して，10ppm（10mg/L）にしたものを用いた。酸化鉄および水酸化鉄は，いずれも市販の FeO，Fe_3O_4，Fe_2O_3 および $FeO(OH)$ の試薬粉末を用いた。ヒ素除去実験は，ビーカーにヒ素濃度10ppm の溶液を100mL 入れ，これに酸化鉄や水酸化鉄の粉末を0.5〜5ｇ投入し，室温で１時間攪拌保持した。その後，遠心分離して0.45μm のメンブランフィルターで濾過し，濾液中のヒ素をICP 発光分光分析を用いて定量してヒ素除去率を算出した。

　図13-7 に，３種類の酸化鉄（FeO，Fe_3O_4，Fe_2O_3）粉末を添加したときの，酸化鉄添加量とヒ素除去率の関係を示す。酸化鉄添加量の増加とともにヒ素除去率は向上したが，これら３種類の酸化鉄では，酸化鉄の種類の違いによるヒ素除去率の違いはほとんど見られなかった。この実験結果から，ヒ素濃度10ppm の溶液100mL に酸化鉄を２ｇ添加したときの酸化鉄のヒ素吸着能は，いずれも「0.4mg As/１ｇ酸化鉄」であると見積もられた。

　図13-8 に，水酸化鉄（$FeO(OH)$）粉末および水酸化鉄粉末を１mol/L の苛性ソーダ（NaOH）溶液で洗浄して活性化させたものを用いたときの水酸化鉄添加量とヒ素除去率の関係を示す。水酸化鉄は図13-7 に示した酸化鉄

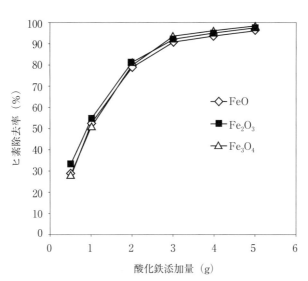

図13-7　初期ヒ素濃度10ppm の水溶液100mL に 3 種類の酸化鉄（FeO, Fe₃O₄, Fe₂O₃）粉末を添加したときの酸化鉄添加量とヒ素除去率の関係

よりもヒ素除去能が高く，苛性ソーダ溶液で前処理して活性化させたものはさらにヒ素除去能が向上し，ヒ素濃度10ppm の溶液100mL に 2 g 添加した時点で，溶液中のヒ素をほぼ完全に除去することができ，溶液中に残存するヒ素の濃度を WHO による飲料水の環境基準である $10\mu g/L$ 以下にすることができた。なお，このときのヒ素吸着能は，「0.5mg As/ 1 g 水酸化鉄」であると見積もられた。

　酸化鉄や水酸化鉄の粉末は優れたヒ素の吸着剤であることが分かったが，水溶液中のヒ素の除去にこれらの粉末を用いる場合は，添加，攪拌，個液分離といった工程が必要になる。イオン交換樹脂を用いた浄水器のようなカラム法では単なる通水だけで済むが，粉末はフィルターが目詰まりして通水できなくなる。そこで次に，カラム法で使えるように酸化鉄を固化して粒状化させたものを用いたヒ素の吸着除去について検討を加えた。

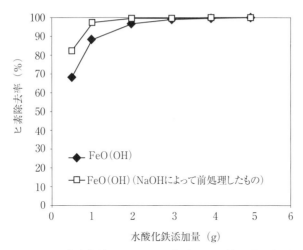

図13-8　水酸化鉄（FeO（OH））粉末および水酸化鉄粉末を1 mol/Lの苛性ソーダ（NaOH）溶液で洗浄して活性化させたものを用いたときの水酸化鉄添加量とヒ素除去率の関係（初期ヒ素濃度：10ppm，溶液量：100mL）

V　酸化鉄焼結体による水溶液中のヒ素の除去

　粉末を固化する方法として，本研究では焼結法を用いた。前項で検討した各種酸化鉄および水酸化鉄の粉末を1100℃で1.5時間保持して焼き固めた酸化鉄焼結体を用いて水溶液中のヒ素の吸着除去実験を行った結果，Fe_3O_4（マグネタイト）を焼結させたものが一番良好なヒ素除去効果を示した。そこで，マグネタイト粉末を1100℃，1200℃，1300℃，1400℃の各温度で1.5時間保持し，得られた焼結体を粉砕後ふるい分けして，粒径が0.5～1 mmのものと1～2 mmのものの2種類に整粒したものを吸着剤として用いた。これを内径20mmのカラム（ガラスろ過器）に充填し，上から1 ppm（1 mg/L）のヒ素溶液を100mL通液して，カラムを通過した後の溶液のヒ素濃度を定量してヒ素の除去率を求めた。なお，この実験でのヒ素除去率の目標値は，バングラディッシュの飲料水基準（50μg/L以下）を満たすことができるよう

になる「ヒ素除去率＝95％以上」とした。

　図13-9に，マグネタイト粉末を焼結させた温度とヒ素除去率の関係を示す。なお，このときの焼結体のカラムへの充填量は10g，通液速度は0.012mL/sである。図から明らかなように，粒径が小さなもの（0.5～1mm）と大きなもの（1～2mm）では，粒径が小さいものを用いたときの方がヒ素の除去率は高くなったが，いずれの場合も，焼結温度の上昇とともにヒ素除去率は低下した。X線回折で焼結体の結晶構造を調べた結果，いずれの温度で焼結したものも，結晶構造はヘマタイト（Fe_2O_3）であった。すなわち，焼結温度の違いによるヒ素除去率の違いは結晶構造の違いによるものではなく，表面形態や気孔率の違いによるものであると推察された。そこで次に，各温度で1.5時間焼結させて得られた焼結体を走査電顕により観測した。その結果（SEM画像）を図13-10に示す。これらの写真から，焼結温度の上昇により焼結が進み，結晶粒サイズは大きくなり，気孔率が低下していることが分かる。すなわち，焼結温度の上昇によるヒ素除去率の低下は，比表面積と気孔率の減少によるものであり，マグネタイト粉末を焼結させる温度は，焼

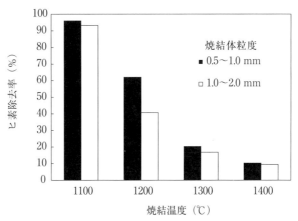

図13-9　マグネタイト粉末を焼結させた温度とヒ素除去率の関係

（初期ヒ素濃度：1ppm，通液量：100mL，焼結体のカラムへの充填量：10g，通液速度：0.012mL/s）

第13章　地下水中の天然由来ヒ素汚染の実態とその対応策の提案　｜　249

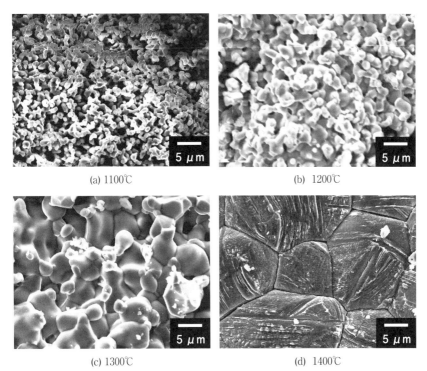

図13-10　1100℃，1200℃，1300℃，1400℃の各温度で1.5時間保持して得られたマグネタイト焼結体のSEM画像

結が開始するギリギリの温度である1100℃程度がいいことが分かった。

　図13-11には，マグネタイト粉末を1100℃で焼結させたものを用いたときのヒ素溶液の通液速度とヒ素除去率の関係を示した。通液速度が早くなるほどヒ素除去率は低下したが，これは吸着剤であるマグネタイト焼結体とヒ素溶液の固液接触時間が短くなるためである。しかしながら，1100℃で焼結させた粒径0.5〜1 mmの焼結体を通液速度が比較的遅いカラムに充填して通液すると，1回の通液でヒ素除去率は95%に達し，バングラディッシュの飲料水基準（50 μg/L以下）を満たすことができた。

　通液速度が速いと一回あたりのヒ素除去率は低いが，一度通液した溶液を再度同じ焼結体が入ったカラムに通すと，その都度ヒ素は除去されるはずで

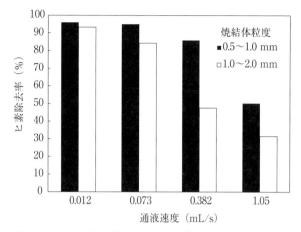

図13-11　1100℃で焼結させたマグネタイト焼結体を用いたときのヒ素溶液の通液速度とヒ素除去率の関係

(初期ヒ素濃度：1ppm, 通液量：100mL, 焼結体のカラムへの充填量：10g)

ある。そこで，通液速度が異なるカラムを用いて，何回通液を繰り返すと溶液中のヒ素が50μg/L以下になるかを調べた。その結果を図13-12に示す。図を見て分かるとおり，いずれのカラムを用いても，固液接触時間が約400秒に達すると，初期濃度1ppmのヒ素溶液中のヒ素は95％以上除去され，バングラディッシュの飲料水基準 (50μg/L以下) を満たすことができた。また，カラムに入れる焼結体の量を増加させるとヒ素の除去率が増加し，カラムに焼結体を20g入れたときは，固液接触時間約200秒で水溶液中のヒ素を目標濃度 (50μg/L以下) まで除去することができた。

VI　多孔質酸化鉄による水溶液中のヒ素の除去

マグネタイト粉末から作った焼結体は多孔質で比表面積が大きく，カラム法で用いてもヒ素の吸着効果が高いことが分かった。しかしながら，これを作るためには，粉末を1000℃を超える温度で保持して焼結させなければなら

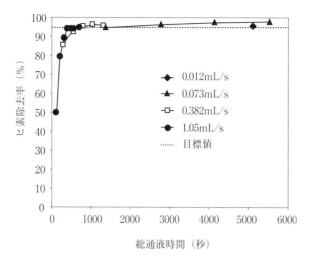

図13-12　繰り返し通液における総通液時間（固液接触時間）とヒ素除去率の関係

（初期ヒ素濃度：1 ppm, 通液量：100mL, 焼結体粒度：0.5〜1 mm, 焼結体のカラムへの充填量：10g）

ない。そこで次に，室温での湿式法で作成した多孔質酸化鉄による水溶液中のヒ素の除去について検討した。この実験では，リン酸鉄（$FePO_4$）を水酸化ナトリウム（NaOH）水溶液に溶解し，リン酸鉄からリンを溶解除去して多孔質酸化鉄を作成した。

図13-13に，多孔質酸化鉄の作成のフローと得られた多孔質酸化鉄の写真を示す。この多孔質酸化鉄は，結晶学的にはγヘマタイトであった。水溶液中のヒ素の吸着除去実験には，これを自然乾燥させてふるい分けし，粒径が0.5〜1 mmのものと1〜2 mmのものに整粒したものを吸着剤として用いた。

図13-14に，同じ粒度の多孔質酸化鉄とマグネタイト焼結体を用いたときの繰返し通液におけるヒ素除去率の違いを示す。この実験では前項と同じように，カラムに吸着剤を10g充填して，初期ヒ素濃度＝1ppmの溶液100mLを通し，通液後の溶液中のヒ素濃度を定量してヒ素除去率を求めた。なお，このときの通液速度は0.382ml/Lである。この図から明らかなように，

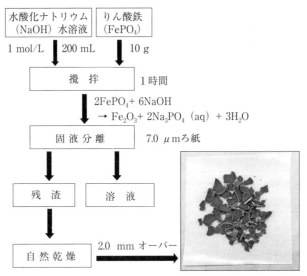

図13-13　多孔質酸化鉄の作成フローと得られた多孔質酸化鉄の写真

　多孔質酸化鉄はマグネタイト焼結体よりもヒ素吸着能が高く，より少ない繰り返し回数でヒ素除去率が95％以上になり，水溶液中のヒ素を目標濃度（50 μg/L以下）まで下げることができた。

　最後に，これまでに検討を加えたFeO粉末，Fe_2O_3粉末，マグネタイト（Fe_3O_4）焼結体，多孔質酸化鉄の４つの酸化鉄のヒ素吸着能を吸着等温線により比較した。その結果を図13-15に示す。なお，吸着等温線とは，横軸に平衡ヒ素濃度，縦軸に吸着剤1g当たりのヒ素吸着量（mg）をとったグラフで，等温線が左上にあるほどヒ素吸着能が高いことを示すものである。この図から，今回作成した多孔質酸化鉄は，その他の酸化鉄よりもヒ素吸着能が高く，優れたヒ素の吸着剤であることが分かる。なお，ヒ素を吸着した多孔質酸化鉄からは水酸化ナトリウム（NaOH）水溶液で洗浄することによりヒ素が溶離（脱離）でき，水溶液中のヒ素の吸着剤として何回も繰り返して使用できることも分かった。

（河原正泰・細野高啓）

第13章　地下水中の天然由来ヒ素汚染の実態とその対応策の提案　| 253

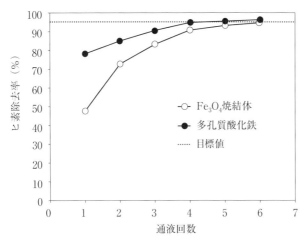

図13-14　同じ粒度の多孔質酸化鉄とマグネタイト焼結体を用いたときの繰返し通液におけるヒ素除去率の違い

（初期ヒ素濃度：1 ppm，通液量：100 mL，吸着剤粒度：0.5～1 mm，吸着剤のカラムへの充填量：10 g）

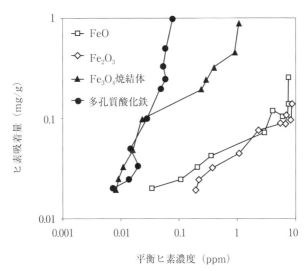

図13-15　酸化鉄，マグネタイト焼結体および多孔質酸化鉄の吸着等温線

<参考文献>

柴山　敦・内田篤志・藤田豊久・橋本晃一「水酸化鉄化合物を用いた廃水中に含まれるヒ素の吸着除去」『環境資源工学』51号，2004年，181-188頁。

島田允堯「ヒ素に汚染された地下水の起源と問題点」『資源地質』53号，2003年，161-172頁。

島田允堯「自然由来重金属等による地下水・土壌汚染問題の本質：ヒ素」『応用地質技術年報』29号，2009年，31-59頁。

原口大輔・小田祐史・所　千晴・大和田秀二「水酸化アルミニウムによる希薄As（V）含有廃水処理における共沈法と吸着法の比較」『J of MMIJ』127号，2011年，82-87頁。

劉　克俊・藤田豊久・松尾誠治・定木　淳・柴山　敦・中西康二「Fe（III）吸着剤による人工廃水からのヒ素（III）の除去および溶出」『資源と素材』121号，2005年，240-245頁。

第14章

地下水の水量・水質の持続的利用を目指したシステム構築の展望

I　はじめに

　湿潤温帯の我が国における水循環は極めて活発なため，地下水の帯水層構造と循環様式を把握して適切に管理すれば，水量の持続的確保は可能である。また，硝酸汚染に代表される面的な地下水質汚染に対しても，的確な水質モニタリング手法を用いた発生機構・変遷プロセスの把握と，それらの帯水層特性を踏まえた窒素負荷軽減策の構築により，持続的地下水利用システムの構築が可能となる。熊本大学のCREST研究では，特定地域の水循環の一環

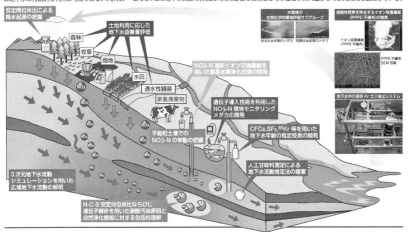

図14-1　熊本大学 CREST 研究の概念図

としての地下水流動機構の解明と，それを踏まえた水量・水質両面からの持続的な地下水利用システムの構築を目的として，これまで個別に実施されていた地下水量評価・水質負荷軽減の開発研究を地下水管理システムとして統合することを目指して研究を展開してきている。図14-1の熊大CREST研究のポンチ絵に示されているように，熊本地域という格好の地下水フィールドをベースに，地下水の水量や水質に関係するフィールド調査研究と関連装置の技術開発，およびシミュレーションを活用した持続利用システムの構築を行ってきた。本章では，これまでの成果を踏まえ，地下水の質と量に関する持続的利用システムの構築についてその展望をまとめる。

II　地下水の水量に関する持続的利用システム

　本書の冒頭で記載したように，湿潤気候下にある我が国を含むアジアモンスーン地域では，豊富な降水量のために活発な水循環が発現しており，地下水もまた活発に流動している。図14-2は，湿潤地域における地下水の『水量』と『水質』に関する持続的利用システムを如何に構築してゆくかを模式化したものである。CREST研究の前半4年間（平成22-25年度）は，主に地下水の水量に関するシステムの構築を，後半の4年間（平成25-27年度）は，水量に関する地下水流動モデルを受けて，水質に関するシステムの構築を，熊本地域に加えて，より流動規模が小さく硝酸汚染機構がシンプルな都城盆地や，佐田川扇状地（福岡県朝倉市）における事例研究を通して検討してきた。

　地下水の『量』を的確に評価し，それを基に持続的な利用システムを構築するためには，優れた地下水流動モデルの構築が不可欠である。モデルの構築に当たっては，まず地下水流動の場となる帯水層構造を詳細に把握する必要があり，その情報量如何でモデルの性能を大きく左右することになる。図14-2に記載しているように，通常地下水流動モデルの構築に当たっては，当該地域の地下水観測井戸や地質調査ボーリング等の資料を出来るだけ多く収集し，それらを基に地域を構成する地層の水理地質境界やそれぞれ透水性・間隙率等の水理物性を基にした水理地質構造情報を取りまとめる必要が

第14章　地下水の水量・水質の持続的利用を目指したシステム構築の展望　｜　257

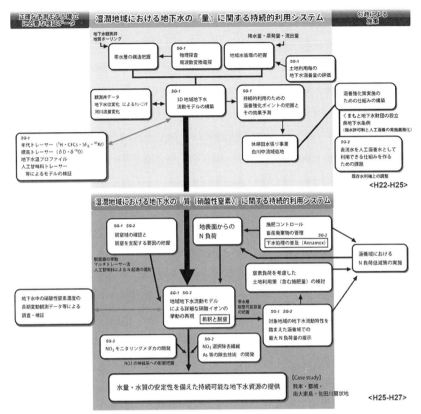

図14-2　湿潤地域における地下水の『量』と『質』に関する持続利用システムの構築

ある。これらに加えて，間接的な地質情報を提供する物理探査の資料も，ボーリング等の具体的な情報が無い地域においては2次的な資料としての利用価値は高い。熊本大学 CREST 研究では，水理地質構造把握手法として，従来の地層境界に加えて地下水面情報まで得ることが可能な周波数可変型3次元高精度電気探査装置の開発も行っている。このようにして確定された当該地域の地下水流動機構に対する水の入出力情報として，降水量・蒸発散量・河川流出量およびそれらの変動に影響を与える，土地利用・地形起伏・表層土壌層の透水特性・地下水涵養特性等のデータを適宜与えることで，当

該地域の3次元の地表水・地下水の流れをモデルによって再現することが可能となる。

　第6章で述べたように，熊大CRESTに於いては，地表水と地下水が一体的な流動として解析可能な，統合型流域モデルであるGETFLOWSと称する解析ソフトを活用して，熊本地域の広域地下水流動をモデル化した。モデル化に当たっては，まず，上記の水理地質構造を持ったモデルに水の入出力情報を与え，地域で長期的に観測されている河川流量や観測井戸地下水変化情報等を基に，それらが整合するように必要な調整を行い現実の流れ場のモデル化を行った。次に，これらに加える地下水流動の再現性確認項目として，地下水と共に流動する独立したトレーサ要素で，当該地域にそれらの長期的データの蓄積がある，地下水温，水の水素・酸素安定同位体比，地下水年代情報としてのトリチウム・放射性Kr（^{85}Kr）濃度等のデータについて，構築された地下水流動モデルを用いてそれぞれの時系列変化を再現することで，モデルの妥当性評価を行った。これらのトレーサの再現性が悪い場合には必要な修正を行い，より的確な3次元地下水流動モデルの構築に導くことを試みた。このように，従来，河川流量，地下水位の水量に関する観測データの再現のみでは困難であった帯水層中の地下水流速及び水収支を多地点，多種類のトレーサ濃度データを用いて評価・修正した点に，本CRESTで実施した3次元地下水流動モデルの特徴がある。これら一連の作業を経て，熊本地域を循環する水の量と質をほぼ矛盾なく再現できる地表水・地下水統合型流域モデルが開発されたと言えよう。この成果は，熊本地域におけるそれまでの継続的な水文観測と膨大な観測データの蓄積なしでは達し得なかったものである。

　このような地域の地下水流動を再現できる優れた3次元モデルを利用して，白川中流域の土地利用変化に伴う地下水流動変化の科学的評価や，中流域転作田水張事業の評価を行うことが可能となった。

　熊本地域での地下水の『量』に関する持続的利用を目指した，中流域低地での転作田水張事業やそれを背景とした熊本県地下水条例の改定等の取組は，実は上で述べてきたCREST研究による地下水流動モデルを用いた評価に先

立って既に地域が取り組んでいた事業である。図14-2に示されているように，本来地下水流動モデルの構築とそれを踏まえた地域の持続的利用システムの構築は，モデルの構築が先でそれを受けたシステムの構築は後に来る流れとなっており，熊本地域の展開では後先が逆になっている。熊本地域では，地域の自治体や関係者が，地下水資源の持続性に高い関心を寄せた積極的行動の結果と理解できる。結果的には，本CREST研究の展開によって地下水の『量』に関する持続的利用システムの構築がこのような流れで十分機能し得るものであることが，確認されたと言うことが出来よう。

Ⅲ 地下水の水質に関する持続的利用システム

地下水は地表水に比べて賦存量が多く安定した水源であるが，地表からの汚染物質の浸入に対しては極めて脆弱であり，またその滞留時間が長いことが災いして一度汚染が発現するとその解消には非常に長い時間を要する点が，水資源として地下水を利用する場合の弱点となっている。我が国における地下水汚染源として注目されているものとして，揮発性有機化合物（VOC），硝酸性窒素，ヒ素，フッ素等が挙げられている（第12章図12-1参照）。この中で，ヒ素，フッ素等の基本的に自然由来の汚染物質への対策は，第13章に示したような自然発生メカニズムを踏まえた地下水利用の在り方を検討することや，どうしても地下水を利用せざるを得ない場合には，同じく第13章に示したような揚水後に人為的な処理策を構築することで対処することになる。また，揮発性有機化合物は，原位置で気散処理するシステムが全国各地の汚染現場で実施されてきており，解消には長い時間がかかるが全体としては改善する傾向が示されている。一方地下水中の硝酸性窒素は，1999年から環境基準として設定されたもので，各地で施肥削減等の様々な取り組みが試みられて10年以上を経過してきているが，第12章の図12-1に見られるように目に見えた改善に至っておらず，現在および将来の地下水利用にとって水質面からの大きな課題となっている。

これらは，農地へ撒かれる化学肥料や堆肥，その他の地表からの窒素負荷

源により，地下水への硝酸性窒素（NO_3-N）汚染として発現しているもので，20世紀初頭のアンモニア人工合成の発明による大量の窒素固定を契機として，急増する世界人口を維持するための集約的農業と結びついた化学肥料の利用という人為的な窒素循環の増大に伴う環境問題と捉えることができる。世界的にも解決の難しい大きな環境問題として指摘されており，温室効果ガスによる全球温暖化現象よりもより逼迫した問題，と警告する研究者もいる（図14-3）。

地下水帯水層中で工学的に還元場を構築することにより，人工的な脱窒を発生させる地下水浄化壁の提案等も行われている（副島ほか，2012）が，施工や維持に多額の費用を要するため，特定の高濃度硝酸汚染地域での濃度低減対策としては利用できる可能性はあるものの，一般的な畑作農業地帯での施肥に伴う面的な硝酸性窒素汚染への対応策としての利用は難しいと思われる。

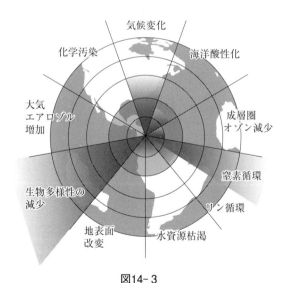

図14-3

地球・人間システムの状態を示す10の指標の現状。中心部の緑の枠（安定状態）を越えているシステムが3つ存在し，窒素循環は生物多様性に次ぐ大きな不安定要素となっている（Rockstrom et al., 2009）

第14章　地下水の水量・水質の持続的利用を目指したシステム構築の展望

　これに対し，帯水層内での希釈や脱窒という自然浄化機能による硝酸イオン濃度低減効果の定量的把握を行うことができれば，それに基づいた施肥削減方法や栽培作物の検討と組み合わせることで，地域毎に地下水中の硝酸性窒素濃度の環境基準を満たす土地利用の提案ができると考えられる。この観点に立って，本 CREST における地下水の水質に関する持続的利用システムの構築に当たっては，図14-2の下半分に示したように，地域の地下水流動モデルをベースにして，地域の地表面からの窒素負荷が，地表面からの地下水涵養プロセスを介して地下水帯水層に移送される地下水流動に伴う移流拡散モデルを構築し，当該地域の地下水を介した窒素循環プロセスを再現することで，地域に応じた適確な窒素負荷削減策を提示することを提案している。

　嶋田他（2015）では，帯水層中における脱窒現象が殆ど生じていないと考えられる福岡県の佐田川扇状地の不圧地下水において，農地施肥起源の窒素負荷や河川水・灌漑水等経由の窒素濃度も加味した全窒素負荷と地下水流動モデルから算出された地下水流動に伴う下流への窒素流出量から地域の窒素収支を詳細に検討している。その結果，現在の佐田川扇状地における地下水中の硝酸性窒素濃度は，年間 3 mg/L 程度を下回ることなく毎年の濃度季節変化が繰り返されており，現状の施肥による窒素負荷量ではそれを低減させることができない状態で窒素収支がほぼ定常状態になっていると考えられた。現状での下流域への窒素流出量は，実質的な流域への窒素負荷の過剰分として捉えることができ，この過剰分を対象の扇状地面積で除すと，毎年 106 kg/ha の過剰窒素が地下水流動により域外へ排出されていると見積もられた。このような上流域からの窒素流入量は，下流の窒素収支にとっては越境負荷要因となっており，この数値を低下させるには，施肥方法の更なる改善や，土地利用そのものの変更により現状負荷を下回るように窒素負荷を低減させる等の新たな検討が必要となることが示された。

　流域内における窒素収支の負荷を低減させる要因としては，佐田川扇状地（脱窒場が存在しない地域）で確認されたような帯水層貯留量と涵養量から決まる希釈効果に加えて，脱窒場が存在する地域では脱窒による負荷低減効果も合わせて期待できる。本 CREST 研究の一環として実施された熊本地域の地

下水調査の結果から，第5章に示したように地域の第二帯水層内の幾つかの地点で脱窒が発生している場所があることが確認された。CREST研究の中では，これらの脱窒場をモデルによって再現し，その脱窒可能容量の定量化を試みているが，複雑な現象のモデル化のためまだ完ぺきな回答は得られていない。水資源の対象として多く利用されている深層地下水帯水層においてはこのような脱窒場の存在が期待されるため，今後は，これらの定量化を合わせた窒素の自然浄化システムの定量的解明をおこなうことで，地下水の『水質』に関する持続的利用システムの構築を目指して更なる検討を進めてゆきたい。

(嶋田　純)

<参考文献>

嶋田　純・伊藤沙希・荒川祐介・多田和広・森　康二・中野　慧・利部　慎・松永　緑「二毛作水田地帯における施肥起源の窒素負荷による浅層不圧地下水中の窒素収支の検討―地下水観測結果を踏まえた地下水シミュレーションに基づいた考察―」『地下水学会誌』57（4），2015年，467-482。

副島敬道・寺尾　宏・伊藤雅子・今村　聡「硝酸性窒素汚染地下水に対する浄化壁の浄化効果の長期持続性―浄化壁設置8年後の地下水水質調査結果―」『地下水学会誌』54（3），2012年，139-150頁。

ROCKSTROM, J. et al., "A safe operating space for humanity," *Nature*, 461, 2009, pp. 472-475.

【資　　料】

○熊本県地下水保全条例

（平成2年10月2日条例第52号）

目次
　第1章　総則（第1条－第5条の2）
　第2章　地下水の水質の保全（第6条－第21条の5）
　第3章　地下水の水量の保全
　　第1節　総則（第22条・第23条）
　　第2節　地下水の適正な採取（第24条－第32条）
　　第3節　地下水の合理的な使用（第32条の2－第32条の6）
　　第4節　地下水の涵養（第33条－第35条の4）
　第4章　雑則（第36条－第44条）
　第5章　罰則（第45条－第50条）
　附則

　　　第1章　総則
（目的）
第1条　この条例は，地下水が県民の生活にとって欠くことのできない地域共有の貴重な資源であることに鑑み，地下水の汚染の防止，地下水の適正な採取，地下水の合理的な使用及び地下水の涵養に関し必要な措置を講ずることにより，県民が豊かで良質な地下水の恵みを将来にわたって享受できるよう地下水の保全を図り，もって県民の健康の保護及び生活環境の保全に資することを目的とする。
（基本理念）
第1条の2　地下水の保全は，地下水の流動が蒸発，降水，地下への浸透並びに河川及び海への流出を繰り返すという水の循環の一部をなすものであり，かつ，地下水が県民生活及び地域経済の共通の基盤となっていることを踏まえ，地下水は公共水（公共性のある水であることをいう。）であるとの認識に立ち，事業者，県及び県民が地下水の保全に係るそれぞれの責務を果たすとともに，連携し，及び協働して地下水の保全に取り組むことにより推進されなければならない。
（定義）
第2条　この条例において，次の各号に掲げる用語の意義は，それぞれ当該各号に定めるところによる。

(1) 地下水の採取に伴う障害 地下水の採取による地下水の水位の異常な低下，地下水の塩水化，地盤の沈下等をいう。
(2) 地下水の保全 地下水の水質の保全及び地下水の水量の保全（地下水の採取に伴う障害を防止することを含む。）をいう。
(3) 地下水の合理的な使用 節水（水の使用方法の工夫により水の使用を抑制することをいう。），雨水の使用，水の循環使用（一度使用した水を再び同じ用途に使用することをいう。），再生水（ろ過，化学処理等を行うことにより再利用できるようにした水をいう。）の使用等により地下水の使用量を抑制することをいう。

（事業者の責務）

第3条 事業者は，その事業活動を行うに当たっては，第1条の2に規定する基本理念（以下「基本理念」という。）にのっとり，地下水の保全の重要性に関する理解を深めるとともに，地下水の保全を図るために必要な措置を講ずるものとする。

2 事業者は，県が実施する地下水の保全に関する施策に協力しなければならない。

（県の責務）

第4条 県は，基本理念にのっとり，地下水の保全に関する基本的かつ総合的な施策を策定し，及びこれを実施する責務を有する。

2 県は，市町村と連携し，かつ，協力して，前項の施策を策定し，及び実施するよう努めるものとする。

3 県は，地下水の保全に係る広報活動の実施等事業者及び県民の意識の高揚に努めるものとする。

4 県は，その事務及び事業に関し，率先して地下水の保全を図るために必要な措置を講じなければならない。

（県民の責務）

第5条 県民は，基本理念にのっとり，地下水の保全の重要性に関する理解を深めるとともに，地下水の保全を図るために必要な措置を講ずるよう努めるものとする。

2 県民は，県が実施する地下水の保全に関する施策に協力しなければならない。

（地下水の保全のための協働の取組）

第5条の2 県は，地下水の保全に関する対策を推進する必要があると認められる地域があるときは，当該地域の市町村，事業者等と連携し，及び協働して，当該地域の地下水の保全に関する対策に総合的に取り組むための計画を定めるとともに，その計画を効果的に実施するための体制の整備を促進するものとする。

第2章　地下水の水質の保全
（地下水質保全目標）
第6条　知事は，地下水の水質の保全に関する対策の推進に当たり，地下水の水質の保全を図るうえで維持することが望ましい基準として，地下水の水質の保全に関する目標（以下この条において「地下水質保全目標」という。）を定めるものとする。
2　知事は，地下水質保全目標を定め，又はこれを改定しようとするときは，あらかじめ，熊本県環境審議会（以下「審議会」という。）の意見を聴かなければならない。
3　知事は，地下水質保全目標を定め，又はこれを改定したときは，速やかにその内容を告示しなければならない。
（用語）
第7条　この章において，次の各号に掲げる用語の意義は，それぞれ当該各号に定めるところによる。
　(1)　対象化学物質　カドミウムその他の人の健康に係る被害を生ずるおそれがある物質として規則で定める物質をいう。
　(2)　対象事業場　対象化学物質を業として使用し，物の製造（対象化学物質の製造を含む。以下同じ。），加工，洗浄，検査その他これに類する行為を行う工場又は事業場で，規則で定める業種に属するものをいう。
　(3)　地下浸透水　対象事業場から地下に浸透する水をいう。
　(4)　排出水　対象事業場から公共用水域（水質汚濁防止法（昭和45年法律第138号）第2条第1項に規定する公共用水域をいう。）に排出される水をいう。
（使用管理計画の届出）
第8条　対象化学物質を業として使用しようとする者は，対象事業場ごとに，規則で定めるところにより，次の事項を知事に届け出なければならない。
　(1)　氏名又は名称及び住所並びに法人にあっては，その代表者の氏名
　(2)　対象事業場の名称及び所在地
　(3)　対象化学物質の種類
　(4)　対象化学物質の使用の方法
　(5)　対象施設（対象化学物質を使用する機械，器具及び設備をいう。以下同じ。）の種類及び構造並びに使用の方法
　(6)　対象施設から排出される対象化学物質を含む汚水又は廃液（以下「汚水等」という。）の処理の方法
　(7)　地下浸透水の浸透の方法
　(8)　排出水の汚染状態及び量並びにその他規則で定める事項
（経過措置）

第9条　一の物質が対象化学物質となった際現にその物質を業として使用している者（その物質を業として使用する目的をもって現に対象施設又は汚水等の処理若しくは地下浸透水の浸透に要する施設若しくは設備を設置する工事（以下「対象施設等工事」という。）をしている者を含む。第17条第2項において同じ。）は，対象事業場ごとに，規則で定めるところにより，当該物質が対象化学物質となった日から30日以内に，前条各号に掲げる事項を知事に届け出なければならない。

2　一の工場又は事業場が対象事業場となった際現にその工場又は事業場において対象化学物質を業として使用している者（対象化学物質を業として使用する目的をもって現に対象施設等工事をしている者を含む。第17条第3項において同じ。）は，対象事業場ごとに，規則で定めるところにより，当該工場又は事業場が対象事業場となった日から30日以内に，前条各号に掲げる事項を知事に届け出なければならない。

（使用管理の変更の届出）

第10条　第8条又は前条の規定による届出をした者（以下「届出使用者」という。）は，その届出に係る第8条第4号から第8号までに掲げる事項の変更をしようとするときは，規則で定めるところにより，その旨を知事に届け出なければならない。

（計画変更命令等）

第11条　知事は，第8条又は前条の規定による届出があった場合において，地下浸透水が対象化学物質を含むものとして規則で定める要件に該当すると認めるとき，又は当該対象事業場の排水口（排出水を排出する場所をいう。以下同じ。）においてその排出水が規則で定める特別排水基準（以下「特別排水基準」という。）に適合しないと認めるときは，その届出を受理した日から60日以内に限り，その届出をした者に対し，その届出に係る対象化学物質の使用の方法若しくは対象施設の構造若しくは使用の方法若しくは汚水等の処理の方法に関する計画の変更（前条の規定による届出に係る計画の廃止を含む。）又は第8条の規定による届出に係る対象化学物質の使用に関する計画の廃止を命ずることができる。

2　知事は，前項に規定する規則で定める要件又は特別排水基準を定めようとするときは，あらかじめ，審議会の意見を聴かなければならない。

（実施の制限）

第12条　第8条又は第10条の規定による届出をした者は，その届出が受理された日から60日を経過した後でなければ，それぞれ，その届出に係る対象化学物質を使用し，又はその届出に係る対象施設の構造若しくは使用の方法若しくは汚水等の処理の方法の変更をしてはならない。

2　知事は，第8条又は第10条の規定による届出に係る事項の内容が相当であると認めるときは，前項に規定する期間を短縮することができる。
　（氏名の変更等の届出）
第13条　届出使用者は，その届出に係る第8条第1号又は第2号に掲げる事項に変更があったときは，その日から30日以内に，その旨を知事に届け出なければならない。
　（使用廃止の届出）
第14条　届出使用者は，その届出に係る対象化学物質を使用しなくなったときは，その日から30日以内に，その旨を知事に届け出なければならない。
　（承継）
第15条　届出使用者からその届出に係る対象事業場を譲り受け，又は借り受けた者は，当該届出使用者の地位を承継する。
2　届出使用者について相続，合併又は分割（その届出に係る対象事業場を承継させるものに限る。）があったときは，相続人，合併後存続する法人若しくは合併により設立した法人又は分割により当該対象事業場を承継した法人は，当該届出使用者の地位を承継する。
3　前2項の規定により届出使用者の地位を承継した者は，その承継があった日から30日以内に，その旨を知事に届け出なければならない。
　（地下浸透水の浸透の制限）
第16条　対象事業場から水を排出する者（地下浸透水を浸透させる者を含む。）は，第11条第1項の規則で定める要件に該当する地下浸透水を浸透させてはならない。
　（排出水の排出の制限）
第17条　排出水を排出する者は，その汚染状態が当該対象事業場の排水口において特別排水基準に適合しない排出水を排出してはならない。
2　一の物質が対象化学物質となった際現にその物質を業として使用している者の当該物質を使用している対象事業場以外の工場又は事業場から排出される水に係る特別排水基準及び一の物質が対象化学物質となった際現にその物質を使用している対象事業場からの排出水に係る特別排水基準（当該物質に係る特別排水基準に限る。）については，当該物質が対象化学物質となった日から6月間は，適用しない。
3　一の工場又は事業場が対象事業場となった際現にその工場又は事業場において対象化学物質を業として使用している者の対象化学物質を使用している当該工場又は事業場からの排出水に係る特別排水基準については，当該工場又は事業場が対象事業場となった日から6月間は，適用しない。
　（改善命令等）

第18条　知事は，第16条に規定する者が，第11条第1項の規則で定める要件に該当する地下浸透水を浸透させるおそれがあると認めるときは，その者に対し，期限を定めて，対象化学物質の使用の方法若しくは対象施設の構造若しくは使用の方法若しくは汚水等の処理の方法の改善を命じ，又は対象施設の使用若しくは地下浸透水の浸透の一時停止を命ずることができる。

2　知事は，排出水を排出する者が，その汚染状態が当該事業場の排水口において特別排水基準に適合しない排出水を排出するおそれがあると認めるときは，その者に対し，期限を定めて，対象化学物質の使用の方法若しくは対象施設の構造若しくは使用の方法若しくは汚水等の処理の方法の改善を命じ，又は対象施設の使用若しくは排出水の排出の一時停止を命ずることができる。

3　前条第2項の規定は，前2項の規定による命令をする場合について準用する。
（自主検査の実施等）

第19条　対象事業場の設置者は，規則で定めるところにより，当該事業場内の井戸水及び地下浸透水並びに排出水の水質検査を定期的に実施し，その結果を記録保存しておかなければならない。

2　対象事業場の設置者は，対象化学物質の使用等について規則で定める事項を記録保存しておかなければならない。
（対象化学物質の使用の抑制等）

第19条の2　対象化学物質を業として使用する者は，対象化学物質以外の物質の使用への転換又は対象化学物質の使用の抑制に努めるものとする。
（事故時の措置）

第20条　対象事業場の設置者は，当該対象事業場において，対象化学物質又は油（水質汚濁防止法第2条第5項に規定する油をいう。以下同じ。）の流出その他の事故が発生し，対象化学物質又は油を含む水が地下に浸透し，又は当該事業場から公共用水域に排出されたことにより，人の健康又は生活環境に係る被害を生ずるおそれがあるときは，直ちに，引き続く対象化学物質又は油を含む水の浸透又は排出の防止のための応急の措置を講ずるとともに，速やかにその事故の状況及び講じた措置の概要を知事に届け出なければならない。

2　知事は，対象事業場の設置者が前項の応急の措置を講じていないと認めるときは，その者に対し，同項の応急の措置を講ずべきことを命ずることができる。
（地下水の水質の浄化に係る措置命令等）

第21条　知事は，対象事業場又は貯油施設等（油を貯蔵する貯油施設又は油を含む水を処理する油水分離施設をいう。以下同じ。）を設置する工場若しくは事業場（以下「貯油事業場等」という。）において対象化学物質に該当する物質を含む水の地下への浸透があったことにより，現に人の健康に被害を生じ，若しくは生ずるおそれがあると認めるとき，又は油を含む水の地下への浸透があった

ことにより，現に生活環境に係る被害が生じ，若しくは生ずるおそれがあると認めるときは，規則で定めるところにより，その被害を防止するため必要な限度において，当該対象事業場又は貯油事業場等の設置者（相続，合併又は分割によりその地位を承継した者を含む。）に対し，地下水の水質の浄化のための措置をとることを勧告することができる。ただし，その者が，当該浸透があった時において当該対象事業場又は貯油事業場等の設置者であった者と異なる場合は，この限りでない。
2　前項本文に規定する場合において，知事は，同項の浸透があった時において当該対象事業場又は貯油事業場等の設置者であった者（相続，合併又は分割によりその地位を承継した者を含む。）に対しても，同項の措置をとることを勧告することができる。
3　知事は，前2項の規定による勧告を受けた者がその勧告に従わないときは，相当の期限を定めて，これらの勧告に係る措置をとることを命ずることができる。
4　対象事業場又は貯油事業場等の設置者（対象事業場若しくは貯油事業場等又はこれらの敷地を譲り受け，若しくは借り受け，又は相続，合併若しくは分割により取得した者を含む。）は，当該対象事業場又は貯油事業場等について前3項の規定による勧告又は命令があったときは，当該勧告又は命令に係る措置に協力しなければならない。

（定期点検の実施等）
第21条の2　対象事業場又は貯油施設等の設置者は，対象化学物質の貯蔵施設又は貯油施設等の定期的な点検及び整備を行うよう努めなければならない。

（事故の状況の公表）
第21条の3　知事は，対象化学物質，油等の流出その他の事故が発生した場合において，対象化学物質，油等を含む水が地下に浸透し，又は公共用水域に排出されたことにより，健康被害又は生活環境に係る重大な被害が生じ，又は生ずるおそれがあると認めるときは，規則で定めるところにより，直ちに，その事故の状況を公表するものとする。

（開発行為に伴う有害物質の地下浸透の禁止）
第21条の4　建築物（建築基準法（昭和25年法律第201号）第2条第1号に規定する建築物をいう。第32条の6第2項並びに第35条の3第1項及び第2項において同じ。）の建築又は特定工作物（都市計画法（昭和43年法律第100号）第4条第11項に規定する特定工作物をいう。第35条の3第1項及び第2項において同じ。）の建設の用に供する目的で行う土地の区画形質の変更その他規則で定める開発行為を行う事業者（設置の工事をしている者を含むものとし，第16条に規定する者を除く。以下この条及び第38条において「開発事業者」という。）は，

規則で定める要件に該当する水を地下に浸透させてはならない。
2　知事は，開発事業者が，前項の規則で定める要件に該当する水を地下に浸透させるおそれがあると認めるときは，当該開発事業者に対し，期限を定めて，施設の構造又は汚水等の処理の方法の改善を命ずることができる。
　　（硝酸性窒素等汚染対策の推進）
第21条の5　県は，地下水中における硝酸性窒素及び亜硝酸性窒素（以下この条において「硝酸性窒素等」という。）の濃度の低減を図るため，事業者，県民及び市町村（以下この条において「事業者等」という。）と連携し，及び協働して，事業者が排出する水の適正な処理，肥料の適正な使用，家畜排せつ物の適正な管理，生活排水対策（水質汚濁防止法第14条の5第1項に規定する生活排水対策をいう。）の推進等を図り，硝酸性窒素等の地下への過剰な浸透の抑制に取り組むものとする。
2　県は，硝酸性窒素等による地下水の汚染が広域的に生じている地域があるときは，事業者等と連携し，及び協働して，当該地域の調査を実施し，硝酸性窒素等の濃度の低減に関する目標及び計画を定め，その実現を図るものとする。
　　　第3章　地下水の水量の保全
　　　　第1節　総　則
　　（地下水の範囲）
第22条　この章にいう地下水には，温泉法（昭和23年法律第125号）第2条第1項に規定する温泉，鉱業法（昭和25年法律第289号）第5条に規定する鉱業権に基づいて掘採する同法第3条第1項の可燃性天然ガスを溶存する地下水並びに河川法（昭和39年法律第167号）第3条第1項及び第100条第1項に規定する河川の河川区域内の地下水は，含まないものとする。
　　（用語）
第23条　この章において，次の各号に掲げる用語の意義は，それぞれ当該各号に定めるところによる。
　(1)　揚水設備　動力を用いて地下水を採取するための設備をいう。
　(2)　自噴井戸　動力を用いずに地下水を採取することができる井戸をいう。
　　　　第2節　地下水の適正な採取
第24条　削除
　　（指定地域）
第25条　知事は，地下水の採取に伴う障害が生じ，及び生ずるおそれのある地域並びにこれらの地域と地下水理において密接な関連を有すると認められる地域を指定地域として指定する。
2　知事は，前項の規定により指定地域を指定しようとするときは，あらかじめ，審議会及び指定地域となる地域を管轄する市町村長の意見を聴かなければなら

ない。
3　知事は，第1項の規定により指定地域を指定したときは，速やかにその旨及びその区域を告示しなければならない。
4　前2項の規定は，指定地域の変更又は廃止について準用する。
　（重点地域）
第25条の2　知事は，前条第1項の指定地域の中で，特に地下水の水位が低下している地域及びこの地域と地下水理において密接な関連を有すると認められる地域を重点地域として指定する。
2　前条第2項及び第3項の規定は，重点地域の指定，変更又は廃止について準用する。
　（地下水採取の許可）
第25条の3　次に掲げる行為をしようとする者は，揚水設備ごとに，あらかじめ，知事の許可を受けなければならない。ただし，地下水を田畑等のかんがいの用に供するために採取する場合であって規則で定めるときは，この限りでない。
　(1)　重点地域において揚水機の吐出口の断面積（吐出口が2以上あるときは，その断面積の合計をいう。以下同じ。）が19平方センチメートルを超える揚水設備により地下水を採取すること。
　(2)　重点地域以外の地域において揚水機の吐出口の断面積が125平方センチメートルを超える揚水設備により地下水を採取すること。
2　前項の許可を受けようとする者は，規則で定めるところにより，次に掲げる事項を記載した申請書を知事に提出しなければならない。
　(1)　氏名又は名称及び住所並びに法人にあっては，その代表者の氏名
　(2)　揚水設備の設置の場所
　(3)　揚水設備のストレーナーの位置及び揚水機の吐出口の断面積
　(4)　揚水機の原動機の出力
　(5)　採取する地下水の用途
　(6)　地下水の採取量
　(7)　その他規則で定める事項
3　前項の申請書には，規則で定めるところにより，次に掲げる書類を添付しなければならない。
　(1)　規則で定める揚水試験による地下水の水位の変化等の試験結果書
　(2)　水量測定器の種類，位置，設置の時期等に関する書類
　(3)　揚水設備の設置の場所を示す図面
　(4)　地下水の利用に関する計画書
　(5)　その他規則で定める書類
4　第1項の許可を受けようとする者で揚水機の吐出口の断面積が125平方センチ

メートルを超える揚水設備により地下水を採取しようとするものは，規則で定めるところにより，地下水の採取による地下水の水質及び水量への影響に関する調査（次項及び第26条の2第2項において「影響調査」という。）を行わなければならない。
5　前項の規定により影響調査を実施した者は，第2項の申請書に，当該調査の結果を記載した書類を添付しなければならない。

（許可の基準）

第25条の4　知事は，前条第1項の許可の申請があったときは，その申請が次の各号のいずれかに該当する場合を除き，同項の許可をしなければならない。
　(1)　当該申請に係る地下水の採取が周辺の地域に地下水の水位の著しい低下，地下水の塩水化，地盤の沈下等の影響を与えるおそれがあると認めるとき。
　(2)　当該申請に係る採取において地下水の流出防止策が講じられていないと認めるとき。
　(3)　申請者が第3章の規定に違反して罰金以上の刑に処せられ，その執行を終わり，又はその執行を受けることがなくなった日から2年を経過しない者であるとき。
　(4)　申請者が第31条の2第1項（第1号，第3号及び第4号に係る部分に限る。）の規定により前条第1項の許可を取り消され，その取消しの日から2年を経過しない者であるとき。
　(5)　申請者が法人である場合において，その役員が前2号のいずれかに該当する者であるとき。
2　知事は，前条第1項の許可をしないときは，遅滞なく，その旨及びその理由を申請者に書面により通知しなければならない。
3　前条第1項の許可には，地下水の水量の保全上必要な条件を付し，及びこれを変更することができる。
4　知事は，前条第1項の許可をしようとする場合において，揚水設備の設置の場所，地下水の採取量，地下水の水位の状況等から必要があると認めるときは，あらかじめ，審議会及び関係市町村長の意見を聴かなければならない。

（地下水採取の届出）

第26条　次に掲げる行為をしようとする者は，揚水設備又は自噴井戸ごとに，当該行為をしようとする日の30日前までに，知事に届け出なければならない。
　(1)　重点地域において揚水機の吐出口の断面積が6平方センチメートルを超える揚水設備又は吐出口の断面積が19平方センチメートルを超える自噴井戸により地下水を採取すること（第25条の3第1項第1号に掲げる行為を除く。）。
　(2)　重点地域以外の指定地域において揚水機の吐出口の断面積が6平方センチメートルを超える揚水設備により地下水を採取すること（第25条の3第1項

第2号に掲げる行為を除く。）。
  (3)　指定地域を除く地域において揚水機の吐出口の断面積が50平方センチメートルを超える揚水設備により地下水を採取すること（第25条の3第1項第2号に掲げる行為を除く。）。
2　前項の規定により届出をしようとする者は，規則で定めるところにより，次に掲げる事項（自噴井戸に係る届出にあっては，第4号に掲げる事項を除く。）を記載した届出書を知事に提出しなければならない。
  (1)　氏名又は名称及び住所並びに法人にあっては，その代表者の氏名
  (2)　揚水設備又は自噴井戸の設置の場所
  (3)　揚水設備又は自噴井戸のストレーナーの位置及び揚水機又は自噴井戸の吐出口の断面積
  (4)　揚水機の原動機の出力
  (5)　採取する地下水の用途
  (6)　地下水の採取量
  (7)　その他規則で定める事項
3　前項の届出書には，規則で定めるところにより，次に掲げる書類を添付しなければならない。
  (1)　揚水設備又は自噴井戸の設置の場所を示す図面
  (2)　その他規則で定める書類
（経過措置）
第26条の2　重点地域の指定の際現に前条第1項第2号又は第3号の規定により知事に届け出て当該地域内において揚水機の吐出口の断面積が19平方センチメートルを超える揚水設備により地下水を採取している者は，当該地域が重点地域として指定された日から起算して3年間は，第25条の3第1項の許可を受けないで，引き続き当該揚水設備により地下水を採取することができる。
2　前項に規定する者が前項に規定する期間内に第25条の3第1項の許可の申請をするときは，申請書に同条第3項第1号に掲げる書類を添付すること及び影響調査を行うことを要しない。
第27条　重点地域の指定の際現に当該地域内において吐出口の断面積が19平方センチメートルを超える自噴井戸により地下水を採取している者は，当該地域が重点地域として指定された日から起算して60日以内に，規則で定めるところにより，第26条第2項各号に掲げる事項（同項第4号に掲げる事項を除く。）を知事に届け出なければならない。
2　指定地域の指定の際現に当該地域内において揚水機の吐出口の断面積が6平方センチメートルを超える揚水設備により地下水を採取している者は，当該地域が指定地域として指定された日から起算して60日以内に，規則で定めるとこ

ろにより，第26条第2項各号に掲げる事項を知事に届け出なければならない。ただし，既に同条第1項の規定による届出をしている者は，この限りでない。
3　第26条第3項の規定は，前2項の規定による届出について準用する。
　（氏名の変更等の手続）
第27条の2　第25条の3第1項の許可を受けた者は，同条第2項第1号及び第3号から第7号までに掲げる事項を変更しようとするときは，知事の許可を受けなければならない。ただし，規則で定める軽微な変更をしようとする場合は，この限りでない。
2　第25条の4の規定は，前項の許可について準用する。
3　第25条の3第1項の許可を受けた者は，第1項ただし書の規則で定める軽微な変更をしたとき，又は当該許可に係る揚水設備により地下水を採取することを廃止したときは，遅滞なく，規則で定めるところにより，その旨を知事に届け出なければならない。
4　第1項の規定による許可の申請又は前項の規定による届出には，規則で定める書類を添付しなければならない。
第28条　第26条第1項又は第27条第1項若しくは第2項の規定により届出を行った者は，その届出に係る第26条第2項第1号及び第3号から第7号（自噴井戸にあっては第4号を除く。）までに掲げる事項を変更しようとするとき，又は当該届出に係る揚水設備若しくは自噴井戸により地下水を採取することを廃止したときは，遅滞なく，規則で定めるところにより，その旨を知事に届け出なければならない。
2　前項の規定による届出のうち，第26条第2項第3号及び第7号に掲げる事項の変更に係る届出には，規則で定める書類を添付しなければならない。
　（承継）
第28条の2　第25条の3第1項の許可を受けた者又は第26条第1項若しくは第27条第1項若しくは第2項の規定により届出を行った者（以下「特定採取者」という。）について相続，合併又は分割（許可若しくは届出に係る揚水設備又は届出に係る自噴井戸を承継させるものに限る。）があったときは，相続人，合併後存続する法人若しくは合併により設立された法人又は分割により当該揚水設備若しくは自噴井戸を承継した法人は，特定採取者の地位を承継する。
2　前項の規定により特定採取者の地位を承継した者は，その承継があった日から起算して30日以内に，規則で定めるところにより，その旨を知事に届け出なければならない。
　（地下水の採取量の報告）
第29条　特定採取者は，規則で定めるところにより，揚水設備又は自噴井戸ごとに当該揚水設備又は自噴井戸により採取した地下水の採取量を測定し，毎年1

回その結果を知事に報告しなければならない。
2 　知事は，規則で定めるところにより，前項の報告の概要を公表するものとする。
（水量測定器の設置等）
第30条　揚水機の吐出口の断面積が50平方センチメートルを超える揚水設備（第25条の3第1項第1号の規定により知事の許可を要する場合にあっては，揚水機の吐出口の断面積が19平方センチメートルを超える揚水設備）により地下水を採取する者は，地下水の採取量を正確に把握するため，水量測定器を設置しなければならない。
2 　特定採取者（前項に規定する者を除く。）は，地下水の採取量を正確に把握するため，水量測定器の設置に努めるものとする。
3 　知事は，第1項に規定する者が，正当な理由なく水量測定器を設置しないときは，その者に対し，期限を定めて，水量測定器を設置するよう勧告することができる。
4 　知事は，前項の勧告に従わない者があるときは，その者に対し，水量測定器の設置を命ずることができる。
（地下水に代わる水源の確保）
第30条の2　知事は，地下水の水量の保全を図るため，地下水に代えて他の水源を確保することが困難でないと認めるときは，地下水を採取する者又は採取しようとする者に対し，地下水に代えて他の水源を確保するよう要請することができる。
2 　前項の規定による知事の要請を受けた者は，地下水に代えて他の水源を確保するよう努めるものとする。
（勧告等）
第31条　知事は，地下水の水量の保全のため特に必要があると認めるときは，特定採取者に対し，その判断の根拠を示して，期限を定めて，地下水の採取及びその使用に関し必要な措置を講ずるよう勧告することができる。
2 　知事は，正当な理由がなく前項の規定による勧告に従わない者があるときは，その者の氏名又は名称及び勧告の内容を公表することができる。
3 　知事は，前項の規定による公表をしようとするときは，当該公表に係る者にあらかじめその旨を通知し，その者又はその代理人の出席を求め，意見の聴取を行わなければならない。
（許可の取消し等）
第31条の2　知事は，次の各号のいずれかに該当するときは，第25条の3第1項又は第27条の2第1項の許可を取り消すことができる。
　（1）　偽りその他不正の手段により第25条の3第1項又は第27条の2第1項の許

可を受けたとき。
　(2)　第25条の3第1項又は第27条の2第1項の許可に係る採取が第25条の4第1項第1号又は第2号のいずれかに該当するに至ったとき。
　(3)　第25条の3第1項又は第27条の2第1項の許可を受けた者が，第25条の4第1項第3号又は第5号のいずれかに該当するに至ったとき。
　(4)　第25条の3第1項又は第27条の2第1項の許可を受けた者が，第25条の4第3項の規定により付された許可の条件に違反したとき。
2　知事は，前項第2号又は第4号に該当するときは，当該許可を受けた者に対し，期間又は期限を定めて，地下水の採取の停止，地下水の採取量の制限その他地下水の水量の保全上必要な措置を講ずべきことを命ずることができる。
3　知事は，第1項の規定による許可の取消し又は前項の規定による命令をしようとするときは，あらかじめ，審議会の意見を聴かなければならない。
　（緊急時の措置）
第31条の3　知事は，地下水の採取に伴う障害の発生により地下水の水量の保全を図るため緊急の必要があると認めるときは，当該障害の発生に影響を及ぼすと認められる区域において地下水を採取する者の全部又は一部に対し，期間又は期限を定めて，地下水の採取の停止，地下水の採取量の制限その他地下水の水量の保全上必要な措置を講ずべきことを命ずることができる。
2　知事は，前項の規定による命令をしようとするときは，あらかじめ，審議会の意見を聴かなければならない。
　（適用除外）
第32条　この節の規定は，工業用水法（昭和31年法律第146号）又は建築物用地下水の採取の規制に関する法律（昭和37年法律第100号）の規定の適用がある場合の地下水の採取については，適用しない。
　　第3節　地下水の合理的な使用
　（地下水使用合理化指針）
第32条の2　知事は，地下水の合理的な使用の促進に関する指針（以下「地下水使用合理化指針」という。）を定めるものとする。
2　地下水使用合理化指針においては，次に掲げる事項を定めるものとする。
　(1)　地下水の合理的な使用の促進の基本的方向
　(2)　地下水の合理的な使用の促進のための措置に関する事項
　(3)　その他地下水の合理的な使用の促進に関する重要事項
3　知事は，地下水使用合理化指針を定め，又はこれを改定しようとするときは，あらかじめ，審議会の意見を聴かなければならない。
4　知事は，地下水使用合理化指針を定め，又はこれを改定したときは，速やかに，これを公表しなければならない。

（地下水採取者が講ずべき地下水の合理的な使用の措置等）
第32条の3　地下水を採取する者は，地下水使用合理化指針を踏まえ，地下水の合理的な使用に努めるものとする。
2　知事は，地下水の合理的な使用を促進するために必要があると認めるときは，地下水を採取する者に対し，地下水使用合理化指針を勘案して，地下水の合理的な使用について必要な助言及び指導を行うことができる。
（地下水使用合理化計画等）
第32条の4　第25条の3第1項の許可を受けようとする者は，地下水使用合理化指針を踏まえ，規則で定めるところにより，地下水の合理的な使用に関する計画（以下この条及び次条において「地下水使用合理化計画」という。）を作成し，知事に提出しなければならない。地下水使用合理化計画を提出した者がこれを変更したときも同様とする。
2　知事は，地下水の合理的な使用の促進のために必要があると認めるときは，前項の規定により提出された地下水使用合理化計画について必要な助言及び指導を行うことができる。
3　第1項の規定により地下水使用合理化計画を提出した者は，当該計画を実施するとともに，毎年度，規則で定めるところにより，地下水使用合理化計画の実施状況を知事に報告しなければならない。
4　知事は，規則で定めるところにより，前項の規定による報告の概要を公表するものとする。
（勧告等）
第32条の5　知事は，前条第1項の規定により地下水使用合理化計画を提出した者の地下水の合理的な使用に関する措置が地下水使用合理化指針に照らして著しく不十分であると認めるときは，その者に対し，その判断の根拠を示して，地下水の合理的な使用に関し必要な措置を講ずるよう勧告することができる。
2　知事は，正当な理由がなく前項の規定による勧告に従わない者があるときは，その者の氏名又は名称及び勧告の内容を公表することができる。
3　知事は，前項の規定による公表をしようとするときは，当該公表に係る者に対し，あらかじめ，その旨を通知し，その者又はその代理人の出席を求め，意見の聴取を行わなければならない。
（地下水の合理的な使用に関する啓発等）
第32条の6　県は，市町村と連携して，地下水の合理的な使用に係る啓発及び地下水の合理的な使用に配慮した給水機器，給水設備等（次項において「給水機器等」という。）の普及に努めるものとする。
2　事業者及び県民は，建築物を建築（給水機器等の新設，増設又は変更を伴うものに限る。）しようとするときは，地下水使用合理化指針を踏まえ，当該建築

物において，地下水の合理的な使用に配慮した給水機器等の設置に努めるものとする。

　　　第4節　地下水の涵養
（地下水涵養指針）
第33条　知事は，地下水の涵養の促進に関する指針（以下「地下水涵養指針」という。）を定めるものとする。
2　地下水涵養指針においては，次に掲げる事項を定めるものとする。
　(1)　地下水の涵養の促進の基本的方向
　(2)　地下水の涵養を実施すべき量に関する目標
　(3)　その他地下水の涵養の促進に関する重要事項
3　知事は，地下水涵養指針を定め，又はこれを改定しようとするときは，あらかじめ，審議会の意見を聴かなければならない。
4　知事は，地下水涵養指針を定め，又はこれを改定したときは，速やかに，これを公表しなければならない。
（地下水採取者等が講ずべき地下水涵養の措置等）
第34条　地下水を採取する者は，地下水涵養指針を踏まえ，地下水の涵養に努めるものとする。
2　事業者は，地下水涵養指針を踏まえ，事業地における雨水の地下への浸透に努めるものとする。
3　地下水を採取する者及び事業者は，地下水の涵養に当たっては，地下水が汚染されることがないように必要な措置を講ずるよう努めなければならない。
4　知事は，地下水の涵養を促進するために必要があると認めるときは，地下水を採取する者及び事業者に対し，地下水涵養指針を勘案して，地下水の涵養について必要な助言及び指導を行うことができる。
（地下水涵養計画等）
第35条　第25条の3第1項の許可を受けようとする者は，地下水涵養指針を踏まえ，規則で定めるところにより，地下水の涵養に関する計画（以下この条及び次条において「地下水涵養計画」という。）を作成し，知事に提出しなければならない。地下水涵養計画を提出した者がこれを変更したときも同様とする。
2　知事は，地下水の涵養の促進のために必要があると認めるときは，前項の規定により提出された地下水涵養計画について必要な助言及び指導を行うことができる。
3　第1項の規定により地下水涵養計画を提出した者は，当該計画を実施するとともに，毎年度，規則で定めるところにより，地下水涵養計画の実施状況を知事に報告しなければならない。
4　知事は，規則で定めるところにより，前項の規定による報告の概要を公表す

（勧告等）
第35条の2　知事は，前条第1項の規定により地下水涵養計画を提出した者の地下水の涵養に関する措置が地下水涵養指針に照らして著しく不十分であると認めるときは，その者に対し，その判断の根拠を示して，地下水の涵養に関し必要な措置を講ずるよう勧告することができる。
2　知事は，正当な理由がなく前項の規定による勧告に従わない者があるときは，その者の氏名又は名称及び勧告の内容を公表することができる。
3　知事は，前項の規定による公表をしようとするときは，当該公表に係る者に対し，あらかじめ，その旨を通知し，その者又はその代理人の出席を求め，意見の聴取を行わなければならない。
4　知事は，第2項の規定による公表をされた後において，なお，正当な理由がなく第1項の規定による勧告に従わない者があるときは，期限を定めて，その勧告に係る措置を講ずるよう命ずることができる。
5　知事は，前項の規定による命令をしようとするときは，あらかじめ，審議会の意見を聴かなければならない。
（開発行為に伴う地下水涵養への配慮）
第35条の3　重点地域において面積が5ヘクタール以上の開発行為（都市計画法第4条第12項に規定する開発行為をいう。以下この条において同じ。）を行おうとする者（以下この条及び第39条において「開発行為者」という。）は，地下水涵養指針を踏まえ，規則で定めるところにより，水利用に関する計画及び地下水涵養に関する計画を知事に提出しなければならない。ただし，開発行為者が建築物の建築又は特定工作物の建設を行わない場合は，この限りでない。
2　前項ただし書の場合において，開発行為者は，当該開発行為の区域内で建築物の建築又は特定工作物の建設を行う者に対し，地下水の涵養についての配慮を求めるものとする。
3　知事は，開発行為者に対し，第1項に規定する計画について，地下水の水量の保全の観点から意見を述べることができる。
4　重点地域において第1項に規定する開発行為以外の開発行為を行おうとする者は，地下水涵養指針を踏まえ，地下水の涵養に努めるものとする。
（調査研究等）
第35条の4　県は，重点地域において，市町村，事業者等と連携し，及び協働して，地下水の涵養に係る調査研究の推進及び地下水の涵養の効果の高い地域の保全を図り，地下水の水量を保全するために必要な地下水の涵養量の確保に努めるものとする。

第4章　雑則

（常時監視）
第36条　知事は，地下水の水質及び水量並びに公共用水域の水質の状況を常時監視しなければならない。
2　知事は，前項の規定に基づき常時監視を行うため必要があると認めるときは，井戸の設置者に対し，協力を求めることができる。
（公表）
第37条　知事は，前条第1項の監視の結果の状況を速やかに公表しなければならない。
（報告及び検査）
第38条　知事は，第2章の規定の施行に必要な限度において，規則で定めるところにより，対象事業場及び貯油事業場等の設置者並びに開発事業者に対し，対象化学物質の使用の方法，汚水等の処理の方法その他必要な事項に関し報告を求め，又はその職員に，それらの者の事業場に立ち入り，施設，帳簿書類（その作成又は保存に代えて電磁的記録（電子的方式，磁気的方式その他人の知覚によっては認識することができない方式で作られる記録であって，電子計算機による情報処理の用に供されるものをいう。）の作成又は保存がされている場合における当該電磁的記録を含む。次条第1項において同じ。）その他の物件を検査させることができる。
2　前項の規定により立入検査をする職員は，その身分を示す証明書を携帯し，関係人に提示しなければならない。
3　第1項の規定による立入検査の権限は，犯罪捜査のために認められたものと解釈してはならない。
第39条　知事は，第3章の規定の施行に必要な限度において，規則で定めるところにより，地下水を採取する者及び開発行為者に対し，地下水の採取の状況その他必要な事項に関し報告を求め，又はその職員に，それらの者の事業場その他必要な場所に立ち入り，施設，帳簿書類その他の物件を検査させることができる。
2　前条第2項及び第3項の規定は，前項の規定による報告及び検査について準用する。
（土地の立入り）
第40条　知事は，この条例を施行するため地下水又は地盤の状況に関する測量又は実地調査を行う必要があるときは，その職員に他人の土地に立ち入らせることができる。
2　知事は，前項の規定によりその職員に他人の土地に立ち入らせようとするときは，立入りの日の5日前までに，その旨を土地の占有者に通知しなければならない。

3　第1項の規定により他人の土地に立ち入る職員は，立入りの際，あらかじめ，その旨を土地の占有者に告げなければならない。

4　日出前又は日没後においては，土地の占有者の承諾があった場合を除き，第1項の規定による立入りをしてはならない。

5　第1項の規定により他人の土地に立ち入る職員は，その身分を示す証明書を携帯し，関係人に提示しなければならない。

6　県は，第1項の規定による立入りにより損失が生じた場合においては，その損失を受けた者に対して，これを補償しなければならない。

7　土地の占有者は，正当な理由がなければ第1項の規定による立入りを拒み，又は妨げてはならない。

（援助）

第41条　県は，地下水の保全に係る施設の整備又は改善につき必要な資金のあっせん，技術的な助言その他の援助に努めるものとする。

2　前項の援助に当たっては，中小企業者に対し，特に配慮するものとする。

3　県は，市町村が行う地下水の汚染の防止に係る対策等に関し，技術的な助言に努めるものとする。

（研究の推進等）

第42条　県は，地下水の保全に関する調査研究を積極的に推進し，その成果の普及に努めるものとする。

（市町村条例との関係等）

第43条　知事は，市町村が制定した条例による施策の実施等により，この条例の目的の全部又は一部を達成することができると認めるときは，当該市町村について，この条例の全部又は一部の規定を適用しないこととすることができる。

2　前項の規定により，この条例の規定を適用しないこととする市町村及びこの条例の規定のうち当該市町村において適用しないこととする規定については，規則で定める。

3　知事は，地下水の保全上必要があると認めるときは，市町村に対し，調査，情報の提供その他の協力を求めることができる。

（規則への委任）

第44条　この条例に定めるもののほか必要な事項は，規則で定める。

　　　　第5章　罰則

第45条　次の各号のいずれかに該当する者は，1年以下の懲役又は50万円以下の罰金に処する。

　(1)　第11条第1項，第18条第1項若しくは第2項，第21条第3項，第21条の4第2項，第31条の2第2項又は第31条の3第1項の規定による命令に違反した者

(2)　第25条の3第1項又は第27条の2第1項の規定に違反して知事の許可を受けないで地下水を採取した者
第46条　次の各号の一に該当する者は，6月以下の懲役又は30万円以下の罰金に処する。
　(1)　第17条第1項の規定に違反した者
　(2)　第20条第2項の命令に違反した者
2　過失により，前項第1号の罪を犯した者は，3月以下の禁錮又は20万円以下の罰金に処する。
第47条　次の各号のいずれかに該当する者は，3月以下の懲役又は20万円以下の罰金に処する。
　(1)　第8条又は第10条の規定による届出をせずに対象化学物質を業として使用した者
　(2)　第8条又は第10条の規定による届出に虚偽の記載をした者
第47条の2　第30条第4項又は第35条の2第4項の規定による命令に違反した者は，50万円以下の罰金に処する。
第47条の3　第19条第1項の規定に違反して，記録をせず，虚偽の記録をし，又は記録を保存しなかった者は，20万円以下の罰金に処する。
第48条　次の各号の一に該当する者は，10万円以下の罰金に処する。
　(1)　第9条の規定による届出をせず，又は虚偽の届出をした者
　(2)　第12条第1項の規定に違反した者
　(3)　第38条第1項の規定による報告をせず，若しくは虚偽の報告をし，又は同項の規定による検査を拒み，妨げ，若しくは忌避した者
第49条　次の各号のいずれかに該当する者は，3万円以下の罰金に処する。
　(1)　第26条第1項，第27条第1項又は第2項の規定に違反して届出をせずに地下水を採取した者
　(2)　第26条第1項，第27条第1項又は第2項の規定による届出に虚偽の記載をした者
　(3)　第32条の4第1項又は第35条第1項の規定による計画を提出せず，又は虚偽の記載をした者
　(4)　第29条第1項，第32条の4第3項又は第35条第3項の規定による報告をせず，又は虚偽の報告をした者
　(5)　第39条第1項の規定による報告をせず，若しくは虚偽の報告をし，又は同項の規定による検査を拒み，妨げ，若しくは忌避した者
　(6)　第40条第7項の規定に違反して，同条第1項の規定による土地の立入りを拒み，又は妨げた者
（両罰規定）

第50条　法人の代表者又は法人若しくは人の代理人，使用人その他の従業者が，その法人又は人の業務に関し，前7条の違反行為をしたときは，行為者を罰するほか，その法人又は人に対して各本条の罰金刑を科する。

　　　附　則
（施行期日）
第1条　この条例は，平成3年4月1日から施行する。
（経過措置）
第2条　この条例の施行の際現に対象化学物質を業として使用している者（当該物質を業として使用する目的をもって現に第8条第4号から第7号までに係る工事をしている者を含む。）は，対象事業場ごとに，規則で定めるところにより，この条例の施行の日から30日以内に，第8条に掲げる事項を知事に届け出なければならない。
2　前項の規定による届出をせず，又は虚偽の届出をした者は，5万円以下の罰金に処する。
3　法人の代表者又は法人若しくは人の代理人，使用人その他の従業者が，その法人又は人の業務に関し，前項の違反行為をしたときは，行為者を罰するほか，その法人又は人に対して同項の刑を科する。
第3条　第16条又は第18条第1項の規定は，この条例の施行の際現に対象化学物質を使用している者（当該物質を業として使用する目的をもって現に第8条第4号から第7号までに係る工事をしている者を含む。）については，この条例の施行の日から6月間は，適用しない。
2　第17条第1項又は第18条第2項の規定は，この条例の施行の際現に対象化学物質を使用している者（当該物質を業として使用する目的をもって現に第8条第4号から第7号までに係る工事をしている者を含む。）については，この条例の施行の日から1年間は，適用しない。
（熊本県地下水条例の一部改正）
第4条　熊本県地下水条例（昭和53年熊本県条例第52号）の一部を次のように改正する。
　題名を次のように改める。
　熊本県地下水の採取に関する条例

　　　附　則（平成4年3月22日条例第28号）
　この条例は，公布の日から起算して30日を経過した日から施行する。

　　　附　則（平成6年3月29日条例第22号）

この条例は，平成6年8月1日から施行する。

　　　附　　則（平成7年10月2日条例第53号）抄
（施行期日）
1　この条例は，公布の日から起算して6月を超えない範囲内において規則で定める日から施行する。

　　　附　　則（平成8年7月2日条例第51号）
この条例は，公布の日から施行する。

　　　附　　則（平成12年3月23日条例第8号）抄
（施行期日）
1　この条例は，平成12年4月1日から施行する。

　　　附　　則（平成12年6月21日条例第63号）
（施行期日）
1　この条例は，平成13年1月1日から施行する。
（熊本県地下水の採取に関する条例の廃止）
2　熊本県地下水の採取に関する条例（昭和53年熊本県条例第52号）は，廃止する。
（経過措置）
3　この条例の公布の日前にあった対象事業場又は対象事業場以外の工場若しくは事業場で貯油施設等を設置するもの（以下「貯油事業場等」という。）における対象化学物質に該当する物質又は油を含む水の地下浸透については，改正後の第21条第1項から第3項までの規定は，適用しない。
4　この条例の施行の際現に指定地域外において改正後の第23条第2号の規定による揚水設備により地下水を採取している者は，この条例の施行の日から起算して60日以内に規則で定めるところにより，第26条第1項各号に掲げる事項を知事に届け出なければならない。
5　この条例による改正前の熊本県地下水質保全条例及び旧熊本県地下水の採取に関する条例の規定によりなされた処分，手続その他の行為は，この条例による改正後の相当規定によりなされた処分，手続その他の行為とみなす。
6　この条例の施行の日前にした行為に対する罰則の適用については，なお従前の例による。
（熊本県知事の権限に属する事務処理の特例に関する条例の一部改正）
7　熊本県知事の権限に属する事務処理の特例に関する条例（平成11年熊本県条

例第58号）の一部を次のように改正する。
　〔次のよう〕略

　　　附　則（平成13年3月23日条例第9号）
この条例は，平成13年4月1日から施行する。

　　　附　則（平成17年9月30日条例第72号）抄
（施行期日）
1　この条例は，公布の日から施行する。

　　　附　則（平成24年3月6日条例第18号）抄
（施行期日）
1　この条例は，次の各号に掲げる区分に応じ，当該各号に定める日から施行する。
　(1)　第1条の規定並びに次項及び附則第6項（別表第65号事務の欄(2)の改正規定及び同欄(6)の改正規定（「第34条第2項」を「第34条第4項」に改める部分に限る。）に限る。）の規定　平成24年4月1日
　(2)　第2条の規定並びに附則第3項から附則第6項（別表第65号事務の欄(2)の改正規定及び同欄(6)の改正規定（「第34条第2項」を「第34条第4項」に改める部分に限る。）を除く。）までの規定　平成24年10月1日
（準備行為）
2　第2条の規定による改正後の熊本県地下水保全条例（以下「新条例」という。）第25条の2の規定による重点地域の指定に関し必要な手続その他の行為は，前項第2号に掲げる規定の施行の日前においても，同条の規定の例により行うことができる。
（地下水採取の届出に関する経過措置）
3　附則第1項第2号に掲げる規定の施行の際現に第2条の規定による改正前の熊本県地下水保全条例（以下「旧条例」という。）第26条第1項の規定により知事に届出をしている者は，新条例第26条第1項の規定により知事に届出をしたものとみなす。
（特に大規模な地下水採取に係る経過措置）
4　附則第1項第2号に掲げる規定の施行の際現に旧条例第26条第1項の規定により知事に届け出て重点地域以外の地域において揚水機の吐出口の断面積が125平方センチメートルを超える揚水設備により地下水を採取している者は，附則第1項第2号に掲げる規定の施行の日から起算して3年間は，新条例第25条の3第1項の許可を受けないで，引き続き当該揚水設備により地下水を採取する

ことができる。
5 　前項に規定する者が前項に規定する期間内に新条例第25条の3第1項の許可の申請をするときは，申請書に同条第3項第1号に掲げる書類を添付すること及び同条第4項に規定する影響調査を行うことを要しない。
（熊本県知事の権限に属する事務処理の特例に関する条例の一部改正）
6 　熊本県知事の権限に属する事務処理の特例に関する条例（平成11年熊本県条例第58号）の一部を次のように改正する。
　　〔次のよう〕略

　　　附　　則（平成25年3月28日条例第20号）
　この条例は，公布の日から施行する。

○熊本県地下水と土を育む農業推進条例

(平成27年3月20日条例第23号)

目次
　前文
　第1章　総則（第1条－第8条）
　第2章　推進計画（第9条）
　第3章　基本的施策（第10条－第16条）
　第4章　熊本県地下水と土を育む農業推進県民会議（第17条）
　附則

　本県は、豊かでおいしい地下水と豊沃な土の恩恵を受け、水稲、野菜、果実、い草等の多様な農作物を豊富に生産するとともに、活力ある畜産業と相まって、均衡のとれた我が国有数の農業県として全国に誇る安全で安心な質の高い農産物を供給する役割を果たしている。その中で、本県の農業は、本県の経済発展や各地域の活性化に貢献するとともに、地下水の涵（かん）養、美しい景観の形成など本県の発展に多面的に寄与している。

　本県は、生活用水の多くを地下水で賄っている全国にも例を見ない地域である。特に、熊本地域の地下水は、江戸時代のかんがい用水の発達により白川中流域の水田面積が拡大し、地下水の涵養量が増大したことによって、その水量が豊かになったと考えられている。

　また、本県の土は、先人のたゆまぬ努力により育まれてきたが、化学的に合成された肥料等の適正量を超えた使用、単一作物の連作等によりその地力が損なわれた時期があった。しかし、農業者の土づくりへの熱意と努力により再び豊沃な土へと育まれつつある。

　このように、農業とともに育まれてきた地下水と土は、県民生活及び地域経済の基盤をなすもので、まさに本県の宝である。

　この貴重な公共水（公共性のある水であることをいう。）である地下水と農業生産に欠かせない土を、50年先、100年先の未来に引き継いでいくことが、将来にわたって県民が豊かで潤いのある生活を享受する上で重要である。

　このことから、土づくりを基本とした化学的に合成された肥料及び農薬の削減、家畜排せつ物の適正な管理や利用、水田を利用した地下水の涵養等の取組を全国に先駆けて進めてきたところである。この取組をさらに進め、本県の農業が地下水と土を育みながら健全に営まれ、安全で安心な食料を安定して生産する力が将来にわたって確保されるよう、農業を通じた地下水と土を育むための取組を恒久的なものとし、県民一体となって農業者を支えていくことが、今私たちに求められている。

　こうした考えに立ち、県民が協働して地下水と土を育む農業を推進し、本県の

宝である地下水と土を守る100年の礎を築くため，この条例を制定する。

第1章　総則

（目的）

第1条　この条例は，地下水と土を育む農業の推進に関し，基本理念を定め，並びに県，農業者及び農業に関する団体（以下「農業者等」という。），農産物の販売を業とする者（以下「農産物販売業者」という。）並びに県民の責務等を明らかにするとともに，地下水と土を育む農業の推進に関する施策の基本となる事項を定めることにより，地下水と土を育む農業の推進に関する施策を総合的に講じて，農業者等が安心して地下水と土を育む農業に取り組むことができるようにし，もって地下水と土を育む農業の発展を図ることを目的とする。

（定義）

第2条　この条例において「地下水と土を育む農業」とは，次の各号のいずれかに該当する取組を行う農業であって，地下水の水質の保全若しくは水量の保全又は地力の増進に資すると認められるものをいう。

(1)　土づくりを行うことにより，その地域において通常行われる施肥若しくは病害虫の防除と比較して化学的に合成された肥料及び農薬の使用を減少させ，又は化学的に合成された肥料及び農薬を原則として使用しない取組（第11条及び第12条において「土づくりを基本とした化学肥料及び農薬削減等取組」という。）

(2)　家畜排せつ物を主たる原材料とする堆肥（農作物の生産の増進に資するものに限る。）を生産し，及び流通させる取組（第12条において「家畜排せつ物を使用した良質な堆肥の生産及び流通取組」という。）

(3)　飼料，米穀粉その他の米穀等の加工品の原材料として用いられる米穀等の生産，その米穀等を原材料とする飼料の利用による畜産物の生産，農作物を栽培しない期間における湛（たん）水その他の水田の有効活用に寄与する取組（第13条において「飼料用米等の生産及び湛水等水田の有効活用寄与取組」という。）

2　この条例において「土づくり」とは，堆肥その他の有機質資材の施用により，土壌の性質に由来する農地の生産力を維持増進することをいう。

（基本理念）

第3条　地下水と土を育む農業の推進は，農業者等が主体的に取り組むこと及び農業者等が安定的かつ容易に従事できるようにすることを旨として，行われなければならない。

2　地下水と土を育む農業の推進は，県，農業者等，農産物販売業者及び県民がそれぞれの役割に応じて相互に連携し，及び協働することを旨として，行われなければならない。

3　地下水と土を育む農業の推進は，地下水及び土壌と農業とが密接に関連していることを踏まえ，その前提の下，地下水と土を育む農業及び地下水と土を育む農業により生産される農産物に対する県民の理解を深めることを旨として，行われなければならない。
4　地下水と土を育む農業の推進は，農業者等及び農産物販売業者が積極的に地下水と土を育む農業により生産される農産物の流通又は販売に取り組むことができるようにするとともに，消費者が容易に地下水と土を育む農業により生産される農産物を入手できるようにすることを旨として，行われなければならない。

（県の責務）

第4条　県は，前条に定める基本理念（以下「基本理念」という。）にのっとり，地下水と土を育む農業の推進に関する施策を総合的に策定し，及び実施しなければならない。

（市町村との連携）

第5条　県は，市町村が地下水と土を育む農業の推進に関する施策を策定し，又は実施しようとするときは，市町村に対して情報の提供，技術的な助言その他の必要な支援を行うものとする。
2　県は，市町村に対し，県が行う地下水と土を育む農業の推進に関する施策への協力を求めることができる。

（農業者等の努力）

第6条　農業者等は，基本理念にのっとり，地下水と土を育む農業に主体的に取り組むとともに，県が実施する地下水と土を育む農業の推進に関する施策に積極的に協力するよう努めるものとする。

（農産物販売業者の努力）

第7条　農産物販売業者は，基本理念にのっとり，その事業活動を行うとともに，地下水と土を育む農業により生産される農産物の供給が図られるよう努めるものとする。

（県民の役割）

第8条　県民は，基本理念にのっとり，自ら進んで地下水と土を育む農業に関する理解を深め，地下水と土を育む農業により生産される農産物を消費するなど，当該農産物の利用に自主的に取り組むよう努めるものとする。

　　　第2章　推進計画

（推進計画の策定等）

第9条　県は，地下水と土を育む農業の推進に関する施策の総合的かつ計画的な推進を図るため，地下水と土を育む農業の推進に関する計画（以下この条において「推進計画」という。）を策定するものとする。

2 県は，推進計画を策定し，又は変更しようとするときは，県民の意見を反映することができるよう必要な措置を講ずるものとする。
3 県は，推進計画を策定し，又は変更したときは，遅滞なく，これを公表するものとする。
4 県は，毎年度，推進計画に基づく施策の実施の状況を公表するものとする。

第3章 基本的施策

（県民と協働した運動の展開のための施策）
第10条 県は，地下水と土を育む農業を県民と協働して推進するため，第17条第1項に規定する熊本県地下水と土を育む農業推進県民会議を組織するほか，県民の地下水と土を育む農業に対する理解と関心を深めるために必要な施策を講ずるものとする。
2 県は，地下水と土を育む農業により生産される農産物の販売を促進するとともに，消費者が地下水と土を育む農業により生産された農産物であることを認識して入手できるよう必要な施策を講ずるものとする。

（土づくりを基本とした化学肥料及び農薬の削減等の推進のための施策）
第11条 県は，地下水と土を育む農業のうち土づくりを基本とした化学肥料及び農薬削減等取組に係るものを行い，又は行おうとする者の支援のために必要な施策を講ずるものとする。
2 県は，地下水と土を育む農業の推進に資するため，土づくりを基本とした化学肥料及び農薬削減等取組が調査等により把握された農地の土壌の性質に基づいて適正に行われるよう必要な施策を講ずるものとする。

（家畜排せつ物を使用した良質な堆肥の生産及び流通の推進のための施策）
第12条 県は，地下水と土を育む農業のうち家畜排せつ物を使用した良質な堆肥の生産及び流通取組に係るものを行い，又は行おうとする者の支援のために必要な施策を講ずるものとする。
2 県は，地下水と土を育む農業の推進に資するため，家畜排せつ物を使用した良質な堆肥の生産及び流通取組が土づくりを基本とした化学肥料及び農薬削減等取組と相まって広域にわたり行われるよう必要な施策を講ずるものとする。

（飼料用米等の生産及び湛水等の水田の有効活用の推進のための施策）
第13条 県は，地下水と土を育む農業のうち飼料用米等の生産及び湛水等水田の有効活用寄与取組に係るものを行い，又は行おうとする者の支援のために必要な施策を講ずるものとする。
2 県は，地下水と土を育む農業の推進に資するため，飼料用米等の生産及び湛水等水田の有効活用寄与取組の拡大が図られるよう必要な施策を講ずるものとする。

（技術開発等）

第14条　県は，地下水と土を育む農業の発展及び効果的な推進を図るため，地下水と土を育む農業に関する技術開発及び調査研究，技術の普及指導，情報の提供その他の必要な施策を講ずるものとする。
（農業の多面的機能の増進）
第15条　県は，地下水と土を育む農業の推進に関する施策の実施に当たっては，草原の保全，景観の形成等の農業の多面にわたる機能の増進に努めるものとする。
（他の施策との連携）
第16条　県は，地下水と土を育む農業の推進に関する施策の実施に当たっては，環境保全，教育等に関する施策と十分に連携を図るよう努めるものとする。
　　　第4章　熊本県地下水と土を育む農業推進県民会議
第17条　県は，地下水と土を育む農業を県民と協働して推進するため，県，農業者等，農産物販売業者，消費者団体，環境保全活動を行う団体その他の関係者（以下この条において「県等」という。）により構成される熊本県地下水と土を育む農業推進県民会議（以下この条において「県民会議」という。）を置くものとする。
2　県民会議は，県等が相互の連絡を図ることにより，地下水と土を育む農業の推進を図るために必要な取組の方向性を共有し，県等の連携の緊密化を図るとともに，県民が一体となって取り組む活動等について協議を行うものとする。
3　県等は，前項の協議の結果に基づき，協働して地下水と土を育む農業を推進するものとする。
4　県民会議の庶務は，農林水産部において処理する。
5　前各項に定めるもののほか，県民会議の運営に関し必要な事項は，知事が定める。
　　　附　則
この条例は，平成27年4月1日から施行する。

○熊本市地下水保全条例

(平成19年12月25日条例第90号)

目次
　第1章　総則(第1条—第7条)
　第2章　地下水の水質の保全(第8条—第10条)
　第3章　地下水のかん養(第11条—第14条)
　第4章　節水(第15条—第18条)
　第5章　地下水の管理(第19条—第24条)
　第6章　雑則(第25条—第33条)
　第7章　罰則(第34条—第36条)
　附則
　　　第1章　総則
(目的)
第1条　この条例は，熊本市環境基本条例(昭和63年条例第35号)の趣旨に基づき，市民生活にとってかけがえのない資源である地下水を将来にわたって市民が享受できるよう，水質及び水量の両面から地下水の保全を図ることにより飲料水その他市民生活に必要な水を確保し，もって市民の健康で文化的な生活に寄与することを目的とする。
(基本理念)
第2条　地下水は，雨水が本市及び他の市町村を含む広域的な範囲において，農林業活動等と相まって地下に浸透し，地中ではぐくまれ，流動していくという水循環の中で存在していることを踏まえて，その保全が図られなければならない。
2　地下水は，生活用水，農業用水，工業用水等として社会経済活動を支えている貴重な資源であることにかんがみ，公水(市民共通の財産としての地下水をいう。)との認識の下に，その保全が図られなければならない。
3　地下水の保全は，清れつな水質及び豊富な水量を将来にわたって維持していくものであることを旨として，市，市民及び事業者が，それぞれの責任と役割の下に，水質保全対策，かん養対策，節水対策等を総合的に推進することにより図られなければならない。
(地下水の定義)
第3条　この条例にいう「地下水」には，温泉法(昭和23年法律第125号)第2条第1項に規定する温泉，鉱業法(昭和25年法律第289号)第3条第1項に規定する可燃性天然ガスを溶存する地下水並びに河川法(昭和39年法律第167号)第3条第1項及び第100条第1項に規定する河川の流水であることが明らかなものは含まないものとする。

（市の責務）
第4条　市は，市民生活及び社会経済活動に支障が生じないようにするための総合的かつ広域的な地下水の保全対策に努めなければならない。
（国及び県その他の公共団体への要請）
第5条　市長は，国及び熊本県（以下「県」という。）その他の公共団体に係る事務について，この条例の目的達成のため必要と認めたときは，国及び県その他の公共団体に対し，必要な措置をとることを求めなければならない。
（市民及び事業者の責務）
第6条　市民及び事業者は，自ら地下水の保全に努めるとともに，市が行う地下水の保全のための取組に協力しなければならない。
（地下水採取者の責務）
第7条　地下水を採取する者（以下「地下水採取者」という。）は，地下水採取量の縮減に努め，自ら地下水の保全のために必要な措置を講ずるとともに，市が行う地下水の保全のための取組に協力しなければならない。
　　　第2章　地下水の水質の保全
（水質保全）
第8条　市は，市民及び事業者とともに，県及び近隣市町村との連携を図りながら地下水の水質の保全に努めるものとする。
（地下水質保全対策指針）
第9条　市長は，地下水の水質を保全するため，次に掲げる事項を定めた地下水質保全対策指針を策定し，当該指針の普及に努めるとともに，これに基づく行動を推進するものとする。
　(1)　地下水の汚染の防止及び早期発見のための取組に関すること。
　(2)　地下水が汚染された区域の監視及び改善に関すること。
　(3)　地下水における硝酸性窒素及び亜硝酸性窒素の濃度を低減させるための広域的取組に関すること。
　(4)　事業者，農業関係団体及び関係行政機関との連携協力に関すること。
2　市民及び事業者は，前項の地下水質保全対策指針を踏まえて，自ら地下水の水質の保全に努めるとともに，市が行う水質保全対策に協力しなければならない。
（硝酸性窒素等削減対策）
第10条　市長は，地下水における硝酸性窒素及び亜硝酸性窒素の濃度の低減を図るため，市民，事業者，農業関係団体及び関係行政機関と連携して，窒素化合物の土壌への過剰な浸透の抑制（以下「硝酸性窒素等削減対策」という。）に取り組むものとする。
2　農業者は，肥料の適正な使用及び家畜排せつ物の適正な管理に努めるととも

に，市が行う硝酸性窒素等削減対策に協力しなければならない。
　　　第3章　地下水のかん養
（地下水かん養対策の推進）
第11条　市は，市民及び事業者とともに，県及び近隣市町村との連携を図りながら地下水のかん養対策を推進するものとする。
（地下水かん養対策指針）
第12条　市長は，地下水のかん養を促進するため，次に掲げる事項を定めた地下水かん養対策指針を策定し，当該指針の普及に努めるとともに，これに基づく行動を推進するものとする。
　(1)　地下水のかん養に関する目標値の設定及び当該目標値を達成するための具体的取組に関すること。
　(2)　地下水かん養促進地域の指定に関すること。
　(3)　事業者，農業関係団体及び関係行政機関との連携協力に関すること。
2　市民及び事業者は，前項の地下水かん養対策指針を踏まえて，自ら地下水のかん養対策に努めるとともに，市が行うかん養対策に協力しなければならない。
（雨水浸透施設の設置）
第13条　次の各号のいずれかに該当する行為をする者は，当該行為を行う土地における雨水の地下浸透が妨げられることを緩和するため，前条第1項の地下水かん養対策指針を踏まえて，当該土地において雨水浸透ます，緑地その他雨水を地下に浸透させるための施設を設置しなければならない。ただし，急傾斜地，低湿地等雨水を地下に浸透させることが不適当な地域を除くものとする。
　(1)　都市計画法（昭和43年法律第100号）第4条第12項に定める開発行為
　(2)　建築基準法（昭和25年法律第201号）第2条第1号に定める建築物（屋根及び柱又は壁を有するもの（これに類する構造のものを含む。）に限る。）の建築
（大規模採取者の地下水かん養対策）
第14条　地下水採取者のうち規則で定める者（以下「大規模採取者」という。）は，第12条第1項の地下水かん養対策指針を踏まえて，近隣市町村の区域も含めた地域における地下水のかん養対策に努めなければならない。
2　大規模採取者は，前項のかん養対策の取組の状況について，規則で定めるところにより市長に報告しなければならない。
3　市長は，前項の規定による報告の内容について，規則で定めるところにより公表するものとする。
　　　第4章　節水
（節水型社会の形成）
第15条　市は，節水意識の啓発に努め，市民及び事業者とともに節水及び水の有

効利用を促進し，節水型社会の形成を推進するものとする。
（節水対策指針）
第16条　市長は，節水型社会の形成を促進するため，次に掲げる事項を定めた節水対策指針を策定し，当該指針の普及に努めるとともに，これに基づく行動を推進するものとする。
　(1)　節水に関する目標値の設定及び当該目標値を達成するための具体的取組に関すること。
　(2)　節水に関する市民運動及び節水教育の推進に関すること。
　(3)　節水型機器の推奨及び利用の促進に関すること。
２　市民及び事業者は，前項の節水対策指針を踏まえて，自ら節水及び水の有効利用に努めるとともに，市が行う節水対策に協力しなければならない。
（建築時の配慮）
第17条　建築物の建築（給水設備の新設，増設又は変更を伴うものに限る。）をする者は，前条第１項の節水対策指針を踏まえて，当該建築物において，節水に配慮した給水設備を設置しなければならない。
（大規模採取者の節水対策）
第18条　大規模採取者は，規則で定めるところにより節水計画を作成し，市長に提出するとともに，その内容を誠実に実施しなければならない。
２　大規模採取者は，前項の節水計画の実施の状況について，規則で定めるところにより市長に報告しなければならない。
３　市長は，前項の規定による報告の内容について，規則で定めるところにより公表するものとする。

第５章　地下水の管理

（地下水の常時監視）
第19条　市長は，地下水の水質及び水量の状況を常時監視しなければならない。
２　市長は，前項の規定に基づき常時監視を行うため必要があると認めるときは，井戸の設置者に対し，協力を求めることができる。
３　市長は，第１項の規定による常時監視の結果に基づき，地下水の水質及び水量の状況を定期又は臨時に公表するものとする。
（緊急時の措置）
第20条　市長は，有害物質（カドミウムその他の人の健康に係る被害を生ずるおそれがある物質として規則で定めるものをいう。），毒物（毒物及び劇物取締法（昭和25年法律第303号）第２条第１項に規定する毒物をいう。）その他の物質（以下これらを「汚染原因」という。）により地下水が汚染され，又は汚染されるおそれが明らかであり，速やかに汚染原因の除去その他の措置を講じなければ市民生活に重大な支障が生じると認めるときは，地下水の保全のため必要な

措置を講ずるものとする。
2　市長は，前項の措置を講ずるため必要な限度において，地下水を汚染させ，又は汚染させるおそれがある者に対し，汚染原因の除去その他必要な措置をとるよう命ずることができる。
3　市長は，第1項の規定による措置を講ずるときは，地下水の汚染の状況その他必要な情報を速やかに公表するものとする。
4　市長は，第1項の規定により措置を講じたときは，地下水を汚染させ，又は汚染させるおそれがある者に対し，当該措置に要した費用の全部又は一部を請求することができる。
（過剰な採取の抑制）
第21条　地下水採取者は，使用の用途に必要な量を著しく超えて採取をする等地下水の過剰な採取をしてはならない。
2　市長は，前項の規定に違反した地下水採取者に対し，地下水の採取量の縮減，地下水の有効利用その他必要な措置を講ずるよう勧告することができる。
3　市長は，前項の規定による勧告を受けた者が，正当な理由がなくその勧告に従わないときは，当該勧告に係る措置を講ずるよう命ずることができる。
（地下水利用管理者）
第22条　地下水採取者のうち規則で定める者は，地下水の合理的な利用を図るため，地下水利用管理者を選任しなければならない。
2　地下水利用管理者の職務は，規則で定める。
（地下工事における地下水への影響防止）
第23条　建築工事等において地下工事（杭打ち工事その他の工事で規則で定めるものをいう。）を行う者は，地下水の水質又は水量の保全に影響を及ぼさないよう措置を講じなければならない。
2　深さが10メートルを超える地下工事を行おうとする者は，規則で定めるところによりあらかじめ市長に届け出なければならない。
（水道水源周辺工事の事前協議）
第24条　市の水道事業における水道の水源となる井戸から規則で定める距離の範囲内で，水道事業の管理者が別に定める地域において地下工事を行おうとする者は，規則で定めるところによりあらかじめ水道事業の管理者と協議しなければならない。
　　　第6章　雑則
（立入調査等）
第25条　市長は，この条例の施行に必要な限度において，その職員又は市長が委任した者（以下「職員等」という。）に他人の土地又は建物に立ち入り，地下水又は土壌の状況に関する調査又は検査（以下「調査等」という。）をさせること

ができる。
2　前項の規定により調査等を行う職員等は，立入りの際，あらかじめその旨を土地の占有者に告げなければならない。
3　日出前又は日没後においては，土地の占有者の承諾があった場合を除き，第1項の規定による立入りをしてはならない。
4　第1項の規定により調査等を行う職員等は，その身分を示す証明書を携帯し，関係人に提示しなければならない。
5　市は，第1項の規定による立入りにより損失が生じた場合は，その損失を受けた者に対して，これを補償しなければならない。
6　土地の占有者は，正当な理由がなければ第1項の規定による調査等を拒み，又は妨げてはならない。

（報告の徴収及び助言等）
第26条　市長は，地下水を保全するため必要があると認めるときは，地下水採取者，地下水を利用する者及び地下水に影響を与え，又は与えるおそれがある者に対し，地下水の保全のための措置の状況その他必要な事項に関し，報告を求め，又は助言し，若しくは指導することができる。

（違反者等の氏名等の公表）
第27条　市長は，次の各号のいずれかに該当する者があるときは，その者の氏名等を公表することができる。
　(1)　第18条第1項の節水計画を作成せず，若しくは提出せず，又は実施しない者
　(2)　第18条第2項の規定による報告をしない者
　(3)　第20条第2項及び第21条第3項の規定による命令を受けた者
　(4)　第23条第2項の規定による届出をしない者
　(5)　前条の規定による指導を受け，正当な理由がなくその指導に従わない者
2　市長は，前項の規定による公表をしようとするときは，その者に対し，意見を述べ，及び証拠を提出する機会を与えなければならない。

（援助）
第28条　市は，地下水の保全を図るために必要な設備の設置又は改善を行う者に対して，必要な資金のあっせん，技術的な助言その他の援助に努めるものとする。

（表彰）
第29条　市長は，地下水の保全に関し，顕著な功績があった者又は団体を表彰することができる。
2　前項の規定による表彰に係る選定基準その他必要な事項は，市長が別に定める。

（熊本市地下水浄化対策検討委員会の設置）
第30条　地下水が汚染された区域の監視及び改善に関する重要な事項について調査審議するため，熊本市地下水浄化対策検討委員会（以下この条において「委員会」という。）を置く。
2　委員会の委員は，5人以内とし，市長が委嘱する。
3　委員会の委員の任期は，4年とする。ただし，再任を妨げない。
4　補欠委員の任期は，前任者の残任期間とする。
5　前3項に定めるもののほか，委員会の組織及び運営に関し必要な事項は，規則で定める。
　（熊本市硝酸性窒素対策検討委員会の設置）
第31条　硝酸性窒素等削減対策に関する重要な事項について調査審議するため，熊本市硝酸性窒素対策検討委員会（以下この条において「委員会」という。）を置く。
2　委員会の委員は，6人以内とし，市長が委嘱する。
3　委員会の委員の任期は，4年とする。ただし，再任を妨げない。
4　補欠委員の任期は，前任者の残任期間とする。
5　前3項に定めるもののほか，委員会の組織及び運営に関し必要な事項は，規則で定める。
　（熊本市家畜排せつ物適正処理検討委員会の設置）
第32条　家畜排せつ物の適正な処理に関する事項について調査審議するため，熊本市家畜排せつ物適正処理検討委員会（以下この条において「委員会」という。）を置く。
2　委員会の委員は，10人以内とし，市長が委嘱する。
3　委員会の委員の任期は，2年とする。ただし，再任を妨げない。
4　補欠委員の任期は，前任者の残任期間とする。
5　前3項に定めるもののほか，委員会の組織及び運営に関し必要な事項は，規則で定める。
　（委任）
第33条　この条例の施行に関し必要な事項は，規則で定める。
　　　　第7章　罰則
第34条　第20条第2項の規定による命令に違反した者は，30万円以下の罰金に処する。
第35条　次の各号のいずれかに該当する者は，3万円以下の罰金に処する。
　(1)　第21条第3項の規定による命令に違反した者
　(2)　第25条第6項の規定に違反した者
　(3)　第26条の規定による報告を求められて，これを拒み，又は虚偽の報告をし

た者
第36条　法人の代表者又は法人若しくは人の代理人，使用人その他の従業者が，その法人又は人の業務に関し，前2条の違反行為をしたときは，行為者を罰するほか，その法人又は人に対して，各本条の罰金刑を科する。

　　　附　　則
（施行期日）
1　この条例は，平成20年7月1日から施行する。
（経過措置）
2　この条例による改正前の熊本市地下水保全条例の規定によりなされた処分，届出その他の行為は，この条例による改正後の熊本市地下水保全条例の相当規定によりなされた処分，届出その他の行為とみなす。
3　この条例の施行の日前にした行為に対する罰則の適用については，なお従前の例による。

　　　附　　則（平成21年3月26日条例第15号）
（施行期日）
1　この条例は，平成21年4月1日から施行する。
（熊本市附属機関設置条例の一部改正）
2　熊本市附属機関設置条例（平成19年条例第2号）の一部を次のように改正する。
　　　〔次のよう〕略

　　　附　　則（平成25年3月27日条例第18号）
（施行期日）
1　この条例は，平成25年4月1日から施行する。ただし，附則第4項の規定は，公布の日から施行する。
（経過措置）
2　この条例の施行の日（以下「施行日」という。）前に生じた事由であってこの条例による改正前の熊本市地下水保全条例（以下「旧条例」という。）第22条第2項又は第23条第2項の規定により届け出なければならないとされているものに係る届出（旧条例第22条第2項の規定による届出にあっては，地下水利用管理者の変更に係るものに限る。）については，なお従前の例による。
3　旧条例第22条第2項の規定による届出（地下水利用管理者の選任に係るものに限る。）又は旧条例第23条第1項の規定による届出については，施行日前に開始された地下水の採取に係るものに限り，なお従前の例による。
4　施行日以後に地下水の採取を開始する者（この条例の公布の日前において旧条例第23条第1項の規定による届出をしていた者を除く。）は，当該地下水の採取に係る同項の規定による届出を要しないものとする。

5　この条例の施行前にした行為及び附則第3項の規定によりなお従前の例によることとされる場合における施行日以後にした行為に対する罰則の適用については，なお従前の例による。

おわりに

　本書は，2010年から2015年度にかけて実施された科学技術振興機構（JST）の戦略的創造研究事業（CREST）「持続可能な水利用を実現する革新的な技術とシステム」研究領域による，「地域水循環を踏まえた地下水持続利用システムの構築」研究プロジェクトで得られた研究成果を広く社会に還元するため，学生や地下水保全に携わる専門家の方々にわかりやすく解説することを目的としている。また奇しくも本年度末でご退職される嶋田純教授の退官記念出版という意味も兼ねることになった。

　この熊本大学のCREST研究は，嶋田教授を研究代表に学内教員をメンバーとして，水循環解明グループ，水質浄化グループ，水質評価グループの3グループが研究を分担し，さらにその知見を統合して持続可能な地下水管理システムの構築と島嶼地域への適用という，理論から技術開発そして政策提言までを目指した。

　研究のフィールドである熊本地域は，地下水に100％水資源を負っている地域であり，地下水はまさに生命や産業の源である。熊本地域の地下水循環の詳細な解明はもとより，地下水汚染を回復する工学的技術開発や，淡水生物による遺伝子導入センサーの開発など，これまでにない多面的な地下水保全に関連する研究をも包含している。また熊本モデルと呼べる産官学そして農業者や市民も参画する地下水保全の仕組みの有効性についても明らかにしている。研究成果はすでに南大東島や九州の他地域の地下水保全にも応用されはじめている。

　それぞれ幅広い学問分野から集まった研究チームであったが，ほぼ毎月合同研究会を開催し，また積極的に学会やシンポジウムを企画したりと，単なる共同研究の集合体ではない，分野横断的チームによる理論，技術開発，政策化までを一体化した総合的地下水循環研究であったことが大きな特徴である。

この6年の共同研究の間，異分野の研究者が定期的に集まり構想発表，議論，研究報告と，繰り返しチームとして理解しあい切磋琢磨するなかで，知らず知らずに異なる専門家が持続可能な地下水利用の研究という同じ目標に向かって共同していた。その結果，所期の成果を挙げることができ，それを一冊の本にまとめ上梓できたことは，ひとえに研究代表である嶋田教授のあふれる情熱，お人柄の魅力と，きめ細やかなご配慮があったからに他ならない。

　また共同研究には膨大で煩雑な事務処理や研究の進捗管理がつきものである。それらの下支えを，一柳錦平准教授や細野高啓准教授，そしてCREST地下水持続利用研究室事務の佐藤紀子さん，下田智子さん，政創研の山下美希さんなど多くの方々に献身的に貢献をいただいたことは大きかった。本研究の遂行に，さまざまな形でご支援いただいた機関および個人の方々（松永緑さん（第4・12・13章），熊本市環境局水保全課（第4・5・13章），熊本市上下水道局（第4・12章），熊本県環境生活部（第4・7・8章），長谷祥子さん・梁　熙俊さん（第5・13章），白石絵吏博士・長船奈津美さん（第11章），日本原子力研究開発機構（第12章），Shahadat Hossainさん（第13章））にこの場を借りて感謝の意を表したい。また第2章（長谷義隆氏他）および第10章（坂本公一氏）については，CREST関係者以外であったにも拘らず本書の執筆担当を快諾して頂いたことにも感謝申し上げる。

　最後に，本プロジェクトの成果が，アジアモンスーンの水循環に恵まれた風土のわが国で地下水資源の持続可能な利用がさらにすすむこと，また世界の水問題にささやかでも貢献できれば望外の幸せである。

上野眞也

事項索引

あ　行

赤信号メダカ……………………… 211
アジアモンスーン地域……………… ii
アセスルファムカリウム……………69
阿蘇火砕流堆積物………………28, 129
阿蘇カルデラ………………9, 11, 17, 31
阿蘇‐4/3間堆積物　15, 19, 23, 25, 28, 29
圧力水頭………………………… 54, 55
有明粘土層………………57, 115, 239
安定同位体………59, 63, 83, 119, 142, 242
ER …………………………… 202, 204
イオン交換樹脂・イオン交換反応…… 225
1時間最大降水量……………………40
位置水頭………………………… 54, 55
江川の湧水……………………………63
エストロゲン……………………… 200
江津湖……………… 9, 29, 54, 55, 56, 61
江津湖の湧水量……………46, 47, 49, 137
越境地下水管理…………………… 132
FTAA繊維 …………………… 230
オガララ帯水層……………………… 6
置き換え流（DFM）モデル………… 143
温暖化……………………………40, 117

か　行

加圧層……………………………… 131
化学肥料………………………78, 174, 259
火砕流堆積物…………………… 53, 115
可視化………… 106, 123, 124, 171, 175
過剰揚水……………………… 4, 5, 221
加藤清正…………………… 98, 134, 137
カラム法…………………………… 225
カルバマゼピン………………………72
灌漑期……………………………… 133
灌漑用水………………………… 44, 45
環境基準……………… 78, 235, 237, 246
環境ストレス………………… 209, 210
環境同位体…………………… 112, 142
環境トリチウム………………………59
環境トレーサ…… 53, 60, 113, 119, 121
慣行水利権………………… 133, 156, 164, 171
観測井…………………………… 56, 119
気温の分布……………………………33
起源判別………………………………84
気候値…………………………… 33, 34
希釈………………………………86, 223
季節変化………………………… 57, 58
揮発性有機化合物…………… 221, 259
吸着……………………………… 242, 244
吸着速度…………………………… 225
吸着等温線……………………… 252, 253
吸着法…………………………… 245
行政境界を越えた地下水管理………… 132
協働……… 102, 124, 169, 186, 187, 188, 193
許可制…… 186, 188, 189, 190, 192, 194, 195, 196
菌叢解析………………………………79
金峰山…………………………………57
金峰山火砕流堆積物……………… 115
熊本県地下水条例………………… 258
熊本県地下水と土を育む農業推進条例

　　　　……………………………… 168, 173, 195, 196
くまもと地下水財団…… 166, 168, 169, 193
熊本流域圏…………………………… 112
熊本流域圏モデル………………… 102, 125
グラフト重合……………………… 227
クリプトン85（85Kr）……………… 66
クロロフルオロカーボン類……………… 65
下水マーカー……………………… 71
GETFLOWS ……………………… 109, 258
減水深 …………………………… 59, 172
減反政策 ………………………… 131, 162
現地実証試験 …………………… 230
高温ストレス …………………… 210
降下浸透 ………………………… 144
公共水 …………………… 168, 187, 195, 196
公水 ……………………… 157, 160, 165, 168
降水量 …………………………… 111, 148
鉱物資源的な地下水揚水（groundwater mining）………………………… 6
湖成堆積物 ……………………… 129
コモンズ ………………………… 158, 161

さ　行

サッカリン ……………………………… 69
酸化還元 ………………………………… 91
酸化還元境界 …………………………… 77
酸化還元電位 ………………………… 237
酸化鉄 ………………… 245, 246, 247, 252, 253
酸化鉄焼結体 ………………………… 247
CPR ………………………… 158, 160, 166
自然涵養 ………………………………… 4
自然浄化 …………………………… 86, 261
持続的地下水管理方策 ………………… iii
持続的利用システム ………………… 256
湿潤温帯 ………………………………… i

指定地域 ……………………………… 180, 189
自噴井 ………………………………… 55
シミュレーション ……………… 54, 56, 64, 68
重金属 ………………………………… 221
従属栄養脱窒 ………………………… 86
重点地域 …………………… 189, 190, 194
浄化処理技術 ……………………… 236
硝酸イオン ………………… 213, 215, 225, 228
硝酸イオン選択性 ………………… 226
硝酸性窒素…… 69, 119, 174, 183, 184, 185, 187, 188, 199, 221, 222, 259
硝酸低減機能 ……………………… 223
硝酸濃度 ……………………………… 78, 79
白川中流域・白川中流域低地… 45, 47, 49, 58, 59, 61, 131
人工甘味料 …………………………… 69
水酸化鉄 ………………… 245, 246, 247
水質保全 ……………………………… 174
水道水質基準項目 ………………… 232
水文学 ………………………………… 1
水文特性 ……………………………… 2
水利権 …………………… 157, 159, 172
水理水頭 ……………………………… 54, 55
水理地質 ……………………………… 53, 60
水理地質基盤 ……… 10, 11, 13, 14, 16, 17, 18
水理地質構造 ……………………… 257
スクラロース ………………………… 69
生物モニタリング法 ……………… 217
赤色蛍光 ……………………………… 211
ゼブラフィッシュ ………………… 200
セロトニン ……………………… 206
先阿蘇火山岩類… 13, 14, 15, 17, 18, 19, 30, 115, 239
繊維状イオン交換体 ……………… 225
戦略的創造研究推進事業（CREST）…… i,

事項索引 | 307

102, 109, 112

た 行

第一帯水層……10, 15, 19, 20, 23, 28, 29, 30, 32, 79, 237
帯水層…… i, 10, 19, 20, 21, 27, 28, 53, 101, 108, 122, 125
帯水層貯留量…………………………… 261
第二帯水層……10, 15, 19, 20, 23, 28, 29, 30, 32, 46, 79, 130, 138, 237
堆肥……………………………………… 259
第四アンモニウムイオン……………… 226
滞留時間………………………… 1, 48, 62, 119
対流性降水………………………………37, 40
高遊原溶岩台地……………………………56
多孔質酸化鉄………………… 250, 251, 252, 253
脱窒…… 80, 84, 86, 91, 115, 223, 224, 261
湛水……………………… 154, 164, 166, 171, 172
地下水汚染……………………………56, 221, 235
地下水温……………………………………63
地下水涵養………47, 79, 141, 181, 192, 193, 194, 195, 196
地下水涵養指針……………… 192, 193, 195
地下水資源……………………… 7, 53, 86, 125, 153
地下水循環…………………………………53
地下水障害………………………………… 4
地下水浄化壁…………………………… 260
地下水使用合理化指針……………… 192, 195
地下水ヒ素汚染………………………… 235
地下水プール……………………… 30, 110, 163
地下水保全条例……115, 168, 180, 181, 183, 184, 185, 187, 188, 190, 196
地下水ポテンシャル………… 54, 55, 56, 57, 58
地下水盆…… 11, 12, 159, 160, 162, 163, 165, 167, 171, 172

地下水流動…… 53, 54, 57, 58, 61, 105, 109, 110, 122
地下水流動シミュレーション…… 102, 124
地下水流動プロセス………………… 47, 49
地下水流動モデル…………………… 148
畜産排泄物…………………………………83
地上・地下連成…………………… 107, 108
窒素収支………………………………… 261
窒素循環………………………………… 260
柱状堆積物……………………………… 239
長期的なトレンド…………… 40, 44, 46, 48
鉄水酸化物……………………………… 244
転作田………………… 132, 162, 163, 164, 171
統合型流域モデル…… 101, 106, 107, 124, 258
導水堰…………………………………… 135
ドーパミン……………………………… 201
砥川溶岩……………… 20, 21, 24, 28, 30, 31, 115
毒性……………………………………… 235
独立栄養脱窒………………………………86
都市化………………………… 37, 40, 131, 154
土壌水…………………………………… 143
土地利用…… 45, 46, 61, 102, 104, 110, 111, 114, 122, 142
届出制………………………… 185, 188, 194
トリチウム………………… 65, 119, 121, 142

な 行

内陸型の気候……………………………33, 34
難透水層…………………… 10, 13, 20, 53, 58
難分解性有機化学物質……………………69
熱ショックタンパク質・転写因子…… 210, 215
年較差……………………………………33, 34
年平均涵養量……………………………… 5
農林業センサス……………………………82

は　行

破過曲線 …………………………… 227
破過点 ……………………………… 230
破過容量 …………………………… 230
被圧地下水 ………………… 10, 19, 28, 55
PCR 法 ………………………………… 91
ピエゾメータ ………………………… 54
ヒストリーマッチング ……… 105, 114, 118, 119, 121, 124
ヒ素 ………………………… 235, 238, 242, 259
ヒ素吸着能 ………………… 245, 246, 252
不圧地下水 ……………………… 10, 19, 55
負荷 ………………………………… 110, 111
賦存量 ……………………………… 259
フッ素 ……………………………… 259
物理探査 …………………………… 101, 257
不透水層 ……………………… 10, 13, 20
不飽和域・不飽和層・不飽和帯 … 95, 105, 106, 108, 143
フリーライダー …………………… 166
pH ………………………… 213, 215, 216
放射性同位体 ………………… 63, 65, 142
ボーリング柱状図 ………………… 9
ポリオレフィン繊維 ……………… 227

ま　行

マグネタイト焼結体 …… 249, 250, 251, 252, 253
マッチング ………………… 101, 114, 118, 119

水資源 …………………………… 125, 125
水収支 … 72, 109, 121, 122, 123, 125, 162, 170
水循環 ………………………………… 1, 105
水循環解析 ………………………… 112
水循環型営農推進 ………………… 164, 165
水循環基本計画 …………………… iii
水循環基本法 ……………………… ii, 196
水の国 ……………………………… 179, 196
水張り ……………………………… 163
水余剰量 …………………………… i
水利用 ……………… 110, 111, 114, 122, 123
名水百選 …………………………… 53
メダカ ……………………………… 209
methanotroph ……………………… 92
モンスーンアジア地域 …………… 125

や　行

UC-DHR 解析 ……………………… 46
湧水量 ……………………………… 58
誘発涵養 …………………………… 2
溶出実験 …………………………… 240
揚水機 ……………………… 180, 189, 190
揚水規制 …………………………… 4
揚水設備 ………………… 180, 188, 189, 190, 194

ら　行

粒状イオン交換体 ………………… 225
老朽化 ……………………………… 71
漏出率 ……………………………… 72
六フッ化硫黄 ……………………… 65

【各章の執筆者一覧】

第1章　モンスーンアジア地域での地下水循環特性
　嶋田　純　　　熊本大学大学院自然科学研究科　教授

第2章　熊本地域の水理地質構成とその地史的背景
　長谷　義孝　　元熊本大学大学院自然科学研究科　教授，現御所浦化石資料館　館長
　中山　洋　　　元九州東海大学工学部　教授
　古澤　二　　　元八洲開発株式会社　社長
　荒牧昭二郎　　元九州東海大学工学部　教授

第3章　熊本地域の水文気象環境とその長期変化
　一柳　錦平　　熊本大学大学院自然科学研究科　准教授
　市川　勉　　　東海大学　熊本教養教育センター　教授
　田上　雅浩　　元熊本大学大学院自然科学研究科博士後期課程院生，現東京大学大学院工学系研究科　特任研究員

第4章　地下水中の環境トレーサーからみた地下水流動状況
　利部　慎　　　元熊本大学大学院自然科学研究科　特任助教，現長崎大学環境科学部　助教
　中田　晴彦　　熊本大学大学院自然科学研究科　准教授
　渡辺　裕太　　元熊本大学大学院自然科学研究科博士前期課程院生，現熊本大学工学部　技官

第5章　地下水硝酸汚染の現状と自然浄化の実態
　細野　高啓　　熊本大学大学院先導機構（大学院自然科学研究科併任）　准教授
　森村　茂　　　熊本大学大学院自然科学研究科　准教授

第6章　統合型流域モデリングによる地下水流動の数値シミュレーション
　森　康二　　　株式会社地圏環境テクノロジー　取締役　ソリューション事業本部長

第7章　白川中流域低地の水理地質学的特殊性と水田涵養量の定量的評価
　嶋田　純　　　熊本大学大学院自然科学研究科　教授
　田原　康博　　株式会社地圏環境テクノロジー　取締役　第二技術部長

第8章　地下水涵養量の定量的評価と土地利用との対応
　嶋田　純　　　熊本大学大学院自然科学研究科　教授
　工藤　圭史　　元熊本大学大学院自然科学研究科博士後期課程院生，現国際航業株式会社関西支社
　田原　康博　　株式会社地圏環境テクノロジー　取締役　第二技術部長

第9章　コモンズとしての地下水保全政策
　上野　眞也　　熊本大学政策創造研究教育センター　教授

第10章　地下水管理のための法制度の整備
　坂本　公一　　熊本県環境生活部環境局　環境立県推進課　審議員

第11章　地域住民意識啓発のための生物モニタリング法の提案
　北野　健　　　熊本大学大学院自然科学研究科　准教授
　岸田　光代　　熊本大学大学院自然科学研究科　教授

第12章　硝酸イオン選択性陰イオン交換繊維の開発とその背景
　　　松浦　博孝　　熊本大学大学院自然科学研究科　助教
　　　利部　慎　　　元熊本大学大学院自然科学研究科　特任助教，現長崎大学環境科学部　助教

第13章　地下水中の天然由来ヒ素汚染の実態とその対応策の提案
　　　河原　正泰　　熊本大学大学院自然科学研究科　教授
　　　細野　高啓　　熊本大学大学院先導機構（大学院自然科学研究科併任）　准教授

第14章　地下水の水量・水質の持続的利用を目指したシステム構築の展望
　　　嶋田　純　　　熊本大学大学院自然科学研究科　教授

熊本大学政創研叢書 9
持続可能な地下水利用に向けた挑戦
―地下水先進地域熊本からの発信―

平成28年2月26日　初版第1刷発行

編著者	嶋　田　　　純
	上　野　眞　也
発行者	阿　部　成　一

〒162-0041　東京都新宿区早稲田鶴巻町514

発行所　株式会社　成　文　堂

電話 03(3203)9201(代)　FAX03(3203)9206
http://www.seibundoh.co.jp

製版・印刷・製本　藤原印刷
Ⓒ2016　嶋田・上野　　　　Printed in Japan
☆落丁・乱丁本はおとりかえいたします☆
ISBN 978-4-7923-9257-4 C1036

定価(本体2500円＋税)

熊本大学政創研叢書

① 政令指定都市をめざす地方都市

上野眞也 編　　　　　　　　　　Ａ５判・211頁・3,000円＋税

はじめに
第1章　大都市制度の新しい潮流 ……………………………上野　眞也
　　　　――新しいタイプの政令指定都市の誕生と道府県改革――
第2章　都市内「分権」の位置づけとその課題……中川　義朗・豊永　信博
第3章　地方行財政制度改革が市町村運営に与える影響 ……今長　岳志
第4章　道州制と政令指定都市に向けた首長の受け止め ……平岡　義裕
第5章　地方都市における都市機能と中心商店街 ……………岩永　祥三
第6章　規制緩和後の生活交通対策の動向 ……………………柿本　竜治
第7章　道州制議論の動向と課題……………石和田二郎・山本　國雄

② 坪井川とともにくらす

柿本竜治 編　　　　　　　　　　Ａ５判・180頁・2,500円＋税

まえがき
古写真にみる坪井川のくらし ……………………………………冨重　清治
口絵
第1章　坪井川の歴史とくらし
　第1節　熊本城と坪井川の変遷 ……………………………富田　紘一
　第2節　坪井川の舟運と城下町 ……………………………熊本地名研究会
第2章　坪井川への想いとくらし ………………………………市民活動家
第3章　サイエンスショップと坪井川流域ネットワーク ………畑中　寛
第4章　坪井川の洪水誌――明治33年の洪水記録―― …………山中　進
第5章　白川および坪井川の影響を受ける熊本市
　　　　中心市街地の治水安全度について ……………………大本　照憲
第6章　水害リスクコミュニケーションによる
　　　　地域防災力向上の試み………………………山田　文彦・柿本　竜治
第7章　洪水被害と地域防災意識 ………………………………柿本　竜治

③ 山間地集落の維持と再生
山中　進 編　　　　　　　　　　　　　Ａ５判・163頁・2,500円＋税

まえがき
第1章　地域資源と小さな産業づくり …………………………山中　　進
第2章　地域の再生 ………………………………………………山中　　進
　　　　──暮らしの絆づくり──
第3章　農村集落のソーシャル・キャピタル …………………上野　眞也
第4章　中山間地域における生活交通行動の現状と課題 ……柿本　竜治
第5章　土地利用からみた中山間地域の条件不利性 …………鈴木　康夫
　　　　──芦北町を事例として──

④ Minamataに学ぶ海外－水銀削減
井芹道一 著　　　　　　　　　　　　　Ａ５判・225頁・2,500円＋税

まえがき
第1章　教訓踏まえ，行動計画進める北米
第2章　米環境保護庁（EPA）の取り組み
第3章　メキシコ水銀削減ワークショップ
第4章　米マジソン水銀国際会議報告
第5章　欧州連合（EU）のリーダーシップ
第6章　日本の現状と課題
第7章　日・中・韓環境連携
第8章　世界が報じたMinamata
あとがき

⑤ 地方分権と道州制
上野眞也 編　　　　　　　　　　　　　Ａ５判・290頁・2,500円＋税

はじめに
第1部　地方分権と道州制論
　第1章　地方分権と区域改革 …………………………………上野　眞也
　第2章　九州における道州制の議論 …………………………内田　安弘

第3章	北海道における道州制論と道州制特区 ………………上野　眞也
第4章	市町村合併効果の検証 ……………………………………山本　國雄
第5章	道州制における地方財政制度の課題 ……………………前　　健一
第6章	九州観光推進機構に見る道州制のハードル …………井芹　道一
第7章	産業からみた道州制 ………………………………………内田　祐史
第8章	フランス型地方分権改革と広域行政制度 ……………吉住　　修

第2部　地方分権と道州制シンポジウム
　基調報告「九州における道州制議論について」………………内田　安弘
　報告1　「地方分権と地方自治の視点からの道州制について」
　　　　　………………………………………………………………中川　義朗
　報告2　「都市経済学的視点からの地方分権改革と道州制について」
　　　　　………………………………………………………………柿本　竜治
　報告3　「政治学的視点からの地方分権改革と道州制について」
　　　　　………………………………………………………………上野　眞也
　報告者による討論

⑥ 肥後ハマグリの資源管理とブランド化

内野明徳 編　　　　　　　　　　　Ａ5判・237頁・2,500円＋税

はじめに
第1章	有明海の起源と特徴 ………………………………………内野　明徳
第2章	有明海の変貌と現状 ………………………………………福田　　靖
第3章	ハマグリの文化誌 …………………………………………上村　　彰
第4章	ハマグリの生物学 …………………………………………逸見　泰久
第5章	日本各地におけるハマグリの現状 ………………………逸見　泰久
第6章	熊本におけるハマグリの資源管理 ………………中熊健二・逸見泰久
第7章	肥後ハマグリのブランド化 ………………………………畑中　　寛
第8章	提　言 ………………………………………………………内野　明徳

　　　　　──肥後ハマグリの資源管理とブランド化にむけて──

⑦ 地域を創る大学の挑戦

山村研一・上野眞也 編　　　Ａ５判・286頁・2,500円＋税

はじめに ……………………………………………………………山村研一
第１部　21世紀型社会の構想
政策創造研究教育センター創設５周年記念フォーラム
　第１章　記念講演「21世紀型社会の構想」…………………佐々木毅
　第２章　パネルディスカッション「20世紀までの世界を総括し、
　　　　　21世紀のゆくえを考える」
　　　　　　………佐々木毅・姜尚中・マニュエル・シャスタニャレ・上野眞也
第２部　"地域を創る"大学の挑戦
　第３章　創設から５年を迎えて
　　１　センターのさらなる発展を期待する！ ………………﨑元達郎
　　２　市民と共にさらなる歩みを ……………………………小野友道
　　３　政創研５周年に寄せて …………………………………平山忠一
　　４　政策創造研究教育センターへの統合 …………………阪口薫雄
　　５　提言力とネットワークの強化を ………………………田川憲生
　　６　いっそうの飛躍を ………………………………………岩岡中正
　第４章　"地域を創る"大学の役割 ……………………………上野眞也
　第５章　政創研の挑戦に参加して
　　１　熊本大学政策創造研究教育センター５周年に寄せて
　　　　政創研に期待する ………………………………………井芹道一
　　２　政策創造研究教育センターでの経験 …………………松本洋司
　　３　政策創造研究教育センターの思い出 …………………森　顕信
　第６章　挑戦－地域課題解決のためのプロジェクト研究，政策提言
　　１　山間地の集落機能維持システム構築のための政策研究
　　　　（平成17年度〜）………………………………山中　進 ほか14名
　　２　地域資源としての五高記念館の活用整備研究（平成17年度）
　　　　　………………………………………………伊藤重剛 ほか13名
　　３　政令指定都市・道州制に関する研究
　　　　政令指定都市・道州制に関する研究会（平成17年度〜20年度）
　　　　地方自治に関する研究会（平成21年度〜）…上野眞也 ほか20名
　　４　土木遺産を核とした野外博物館化による街づくりに
　　　　関する研究（平成17年度〜18年度）………山尾敏孝 ほか６名
　　５　地域水害リスクマネジメントの構築と実践
　　　　【第１期】白川・緑川流域圏における洪水危機管理
　　　　　システムの構築（平成17年度〜19年度）………大本照憲 ほか５名
　　　　【第２期】水害リスクマネジメントシステムの構築と実践
　　　　　（平成20年度〜）……………………………山田文彦 ほか９名

6 公立病院,消防署の最適配置について(平成17年度〜18年度)
    ……………………………………………………倉津純一 ほか 5 名
  7 有明海・八代海の生物棲息環境の評価・保全・再生
    (平成17年度〜20年度)……………………………内野明徳 ほか 5 名
  8 熊本地域での水循環保全とその健全な水利用に関する研究
    (平成19年度〜)……………………………………川越保徳 ほか11名
  9 熊本都市圏政策インデックス研究(平成19年度〜)
    ……………………………………………………円山琢也 ほか13名
 10 地域医療政策を担う人材育成に関する研究(平成22年度〜)
    ……………………………………………………安川文朗 ほか 6 名
 11 市民・学生・行政による熊本城城下町地区でのまちづくり
    活動－熊本大学坪井川サイエンスショップの取り組み－
    (平成17年度〜)…柿本竜治 ほか市民メンバー11名,学識メンバー 3 名
資料編
  1.政策創造研究教育センター歴代職員一覧
  2.政策創造研究教育センター発行研究書等一覧
  3.政策創造研究教育センターが実施した公開講座・ＴＶ講座
  4.政策創造研究教育センターの活動紹介記事
  おわりに …………………………………………………………上野眞也

エンターテイメント・エデュケーション
―社会変化のためのコミュニケーション戦略―

河村洋子〔訳〕 Arvind Singhal　〔著〕 Ａ5判・348頁・2,500円＋税
　　　　　　　Everett M. Rogers

翻訳者より　ひとこと
著者より　はじめに
第1章　エンターテイメント・エデュケーション
第2章　シンプレメンテ・マリア
第3章　ミゲル・サビドとエンターテイメント・エデュケーション戦略
第4章　インドでのハム・ローグの物語
第5章　音楽におけるエンターテイメント・エデュケーション戦略
第6章　ラジオにおけるエンターテイメント・エデュケーション戦略
第7章　エンターテイメント・エデュケーションの効果
第8章　エンターテイメント・エデュケーションの効果の研究
第9章　エンターテイメント・エデュケーションから得た教訓